HUNDE

Teil 1 Yvonne Kejcz

HUNDEHALTUNG

Kosmos

Welcher Hund passt zu mir? ▸ 4

Der Hund zieht ein ▸ 27

Gesunde Ernährung ▸ 45

Richtige Pflege ▸ 57

Rundum gesund ▸ 65

Erziehung leicht gemacht ▸ 77

Freizeitpartner Hund ▸ 97

Service ▸ 115

Welcher Hund passt zu mir?

Welcher Hund passt zu mir?

▶ **Am Anfang war der Hund**
Wissenschaftler rücken den Start der Partnerschaft zwischen Mensch und Hund immer weiter zurück in graue Vorzeiten. Was heute unsere Archäologen mühsam beweisen, davon erzählen die Mythen der Naturvölker schon immer: Hund und Mensch gehören danach von Anbeginn der Zeiten zusammen. Der Hund bringt in vielen dieser Mythen den Menschen das Feuer, manchmal stiehlt er es für seine

Freunde. Mit dem »Besitz« des Feuers aber wurde die menschliche Entwicklung erst möglich. Der Hund steht in diesen Legenden also als zentraler Entwicklungshelfer für die menschliche Geschichte.

Und bevor es Menschen gab, hatten die Götter schon Hunde, die sie begleiteten, die wachten und die Botschaften brachten. Gudrun Beckmann beschreibt in ihrem Buch viele dieser wunderbaren Geschichten, die alle eine Botschaft haben: Ohne Hunde keine Kultur, keine effektiven Jagdtechniken, keine Kenntnis von Nutzpflanzen. Hunde helfen Menschen von der Welt der Lebenden in die der Toten und sie wachen über die Grenze zwischen beiden. Für seine Leistungen für die Menschen darf der Hund an ihrem Lager leben und wird gefüttert.

Von Anbeginn der Zeiten bis heute eine Geschichte, in der immer die Menschen profitierten, manchmal auch Hunde, meist zogen sie aber deutlich

Gemeinsam mit Freunden spazieren gehen ist mit das Schönste, was es gibt. Erziehen Sie Ihren Hund so, dass er und Sie dieses Vergnügen genießen können.

den Kürzeren. Für mehr oder weniger gutes Futter und mehr oder weniger gute Behandlung stellen sie uns ihre fantastischen Fähigkeiten zur Verfügung, als Wächter, als Hüter, als Supernase.

▶ **Der Wolf im Hundepelz**

Auch wenn unsere Beziehungsgeschichte schon weit über hunderttausend Jahre dauert, stecken in unseren Hunden immer noch eine Menge Verhaltensweisen ihrer wölfischen Ahnen. Diese Verhaltensweisen machen sie zum idealen Partner für uns und wir müssen sie kennen, damit wir unsere Freunde besser verstehen.

Ihr Hund will es Ihnen recht machen. Er will lernen, Sie zu verstehen. Es ist daher Ihre wichtigste Verpflichtung, wenn Sie einen Hund zu sich

nehmen, sein Verhalten und seine »Sprache« zu lernen.

Wölfe leben in einem Zweckverband zur optimalen Futterbeschaffung und zur effektiven Familienplanung. Gemeinsame Jagd und gemeinsame Aufzucht von Welpen sind Ziel und Gegenstand des Rudels. Damit das funktioniert, gibt es eine klare Arbeitsteilung, bei der jeder seinen Platz hat und seinen Beitrag für die Zielerreichung leistet. Ein Chef und eine Chefin leiten gemeinsam die Truppe. Nur die beiden bekommen in der Regel Nachwuchs, aber alle kümmern sich um die Jungen, wenn sie da sind. Das Leitungsteam ist klug, selbstbewusst, führt und verlangt perfekte Ausführung der Jobs. Man mag sich in dieser klaren Hierarchie und zeigt sich das auch: die »Mitarbeiter« durch Körpersprache, soziale Fellpflege, durch Schmusen und gemeinsames Heulen, die Chefs durch freundliche Herablassung.

▶ **Hundesprache**

Tief in die Augen schauen darf bei Hunden nur der Ranghöhere dem Rangniederen. Das Anstarren ist ein aggressiv-dominanter Akt. Tun Sie das bei einem selbstbewussten fremden Hund, können Sie in Schwierigkeiten kommen. Der Rangniedere wendet den Blick ab, um zu demonstrieren, dass er friedliche Absichten hat.

Hochspringen und »Küsschen geben« ist kein aggressiver Akt und eigentlich auch keine Ungezogenheit. Rangniedere Hunde und Welpen versuchen durch Hochspringen und Stossen der Schnauzen in den Mundwinkel der Ranghöheren zu demonstrieren, dass sie die lieben Kleinen sind. Mutti hat in Welpenzeiten nämlich nach so einer netten Begrüßung schnell noch etwas Futter hochgewürgt. Ihr Hund demonstriert damit: »Ich bin lieb, du bist der Boss, wir sind ein Team.« Also nicht böse ab-

wehren, das kann der Wolf in Ihrem Hund nicht verstehen, sondern besser ablenken oder ihn ein anderes Begrüßungsritual lehren, z.B. hinsetzen und Pfötchen geben.

Verbeugung – also Po in die Höhe, Vorderläufe auf den Boden – machen Hunde nicht aus Ehrfurcht, sondern als Spielaufforderung.

Gähnen und kratzen tun Hunde, weil sie müde sind und weil es sie juckt, aber genau wie bei uns kann das auch Unsicherheit, Überforderung und Stress bedeuten.

Aufreiten bei anderen Hunden, gleich welchen Geschlechts, und auch bei Menschen, insbesondere bei Kindern, ist keine sexuelle »Perversion«, sondern meist eine so genannte Dominanzgeste, mit der Ihr Angeber seinen höheren Rang demonstrieren will. Gestatten Sie ihm eine solche Demonstration bloß nicht, das ist eine Frechheit.

Wenn Zeit ist, spielt man miteinander und zeigt den Jungen spielerisch, wie man jagt und Beute macht.

Ihr Hund will auch nach hunderttausend Jahren nichts anderes von Ihnen: einen Platz im Rudel, eine Aufgabe, Ihre Führung und Ihre Zuneigung.

▶ Eine unendliche Geschichte

Könige und Präsidenten, Verbrecher und Heilige, Arme und Reiche, Sesshafte und Nichtsesshafte, Familien und Singles, Schauspieler und Schullehrer, Genies und Einfältige – es gibt keine Gruppe von Menschen, in der man

Viele Menschen sehen in einem Hund einen wichtigen Bestandteil des Familienglücks – sie haben Recht!

nicht auch Hunde trifft. Hunde mögen Menschen ohne Ansehen ihrer Klasse oder Kasse. Menschen mögen Hunde – nicht immer ohne Ansehen ihrer Rasse, aber schon immer. Und meist ging die Beziehung zwischen Mensch und Hund tiefer, als es den Anschein hatte, auch bei den vielen Arbeitshunden.

Die Geschichten berühmter Dichter und Schriftsteller über ihre Hunde fül-

len Bibliotheken. Hunden wurden Denkmäler errichtet. Jeder, der einmal einen Hund hatte, kann Menschen, die diese wunderbare Erfahrung nicht machen durften oder gar nicht machen wollen, nur bemitleiden. Jeder, der diese Erfahrung machen durfte, weiß um den ganz besonderen Zauber, der in dieser Partnerschaft zwischen zwei Arten, zwischen Mensch und Hund, liegt.

Sie möchten diese Erfahrung auch machen? Dazu wünsche ich Ihnen Glück beim Finden Ihres Hundes. Ich wünsche Ihnen aber auch den Verstand und die Vernunft bei der Entscheidung, ob Sie und Ihre Lebensverhältnisse »hundetauglich« sind. Hunde brauchen zwar keine Villa und keine Millionen, aber sie brauchen Sie, sie brauchen Ihre Nähe und Ihre Zeit. Wenn Sie das nicht bieten können, dann ist es echte Hundefreundschaft, wenn Sie keinen Hund halten. Jedes Tierheim freut sich über ehrenamtliche Gassigeher oder Paten für Hunde, die nicht mehr vermittelbar sind. Vielleicht ist die Entscheidung gegen einen eigenen Hund die bessere Entscheidung für Sie und für den Hund. Dieses Buch soll Ihnen helfen, sich darüber klar zu werden, welche Entscheidung die richtige ist.

▶ Sie wollen einen Hund?!

Ihren Hundewunsch verstehe ich sehr gut. Aber überlegen Sie sich das ganz genau. Ich gebe Ihnen in diesem Kapitel einiges zu bedenken. Vier Gesichtspunkte sollten Sie bei ihrer endgültigen Entscheidung würdigen: 1. das Umfeld, in dem Sie sich mit Ihrem Hund bewegen, 2. die Bedürfnisse des Hundes, 3. Ihre persönlichen Voraussetzungen für eine gute Beziehung mit einem Hund, 4. die Ansprüche der unterschiedlichen Rassen oder Hundetypen (wenn es ein Mischling ist).

HUNDE IN UNSERER GESELLSCHAFT

▶ Früher Lassie, heute Kommissar Rex – der edle, treue und überdurchschnittlich intelligente Hund hat gute Karten. Der aufopferungsvolle Blindenhund, der Katastrophensuchhund, der mit blutenden Pfoten aus den Trümmern des zusammengestürzten Hauses schleicht, der Polizeihund, der den Verbrecher dingfest macht, und sogar der arbeitende Jagdhund werden geschätzt und gelobt.

    Dabei leisten all die berufslosen Familienhunde eine enorm wichtige gesellschaftliche Aufgabe: Sie verbreiten gute Stimmung, sind Tröster, Spaßmacher, Gesellschafter von allen Altersgruppen. Hunde sind wunderbare Begleiter und öffnen unseren Blick für unsere Umwelt auf ganz besondere Weise. Fast fünf Millionen steuerzahlende und Tausende, die steuerpflichtig sind, für die aber keine bezahlt wird, leben unter uns und mit

Bei den großen Erdbeben sind sie zu Berühmtheit gelangt: Rettungshunde von ehrenamtlichen Helfern.

uns. Geliebt meist, oft auch so sehr, dass es ihnen schon wieder schadet.

    Aber obwohl wir so viele sind, denn auf einen Hund kommen oft ja mehrere Menschen, sind Hundefans nicht unbedingt eine gesellschaftliche Kraft. Nur so kann es sein, dass Hunde derzeit keine besonders guten Karten bei uns in Deutschland haben. Ihr Anteil an der »Bevölkerung« rangiert weit hinter dem ihrer Artgenossen in Frankreich, England und vielen anderen Ländern Europas.

Unseren Hunden geht es so gut wie nie?!

Ja klar, wenn man an Gesundheitsvorsorge und Ernährung, an Zubehör und Spielzeug denkt. Schlecht geht es unseren Hunden dann, wenn sie nur gefüttert und gepflegt werden. Hunde brauchen eine Aufgabe, brauchen Beschäftigung und Herausforderungen, sonst verwahrlosen sie seelisch und dann haben wir die Probleme mit Hunden, die den Hundefeinden in der Gesellschaft Recht geben.

HUNDEFREUNDE UNTER SICH ▶

Hundefreund ist nicht gleich Hundefreund. Viele Vorurteile gibt es untereinander. Man könnte Seiten damit füllen, was Halter von kleineren Hunden über die von größeren Schlechtes denken und umgekehrt. Fans einer bestimmten Rasse oder Fans von Mischlingen haben gegenüber Menschen mit anderen Favoriten geballte Vorurteile. Und schließlich weiß fast jeder Hundebesitzer alles besser als jeder andere. Und manchmal haben sie alle auch leider Recht. Es gibt sie schon, die Rücksichtslosen, die nur den eigenen

Verkehrserziehung und Umwelttraining – nicht nur für Großstadthunde ein absolutes Muss

Hund sehen und nicht die Ansprüche und Bedürfnisse der anderen. Es gibt sie schon, die arroganten Vertreter einer bestimmten Rasse, die alle anderen für minderwertig erachten. Es gibt sie schon, die unerträglichen Besserwisser. Aber wir sind so viele – man kann sich auch unter uns Hundefreunden seine Freunde aussuchen.

Hunde dürfen vieles nicht: frei laufen in vielen Städten, auch dann nicht, wenn sie gehorchen. Leinenzwang gilt meist auch in Parks, vielerorts sogar in Feld, Flur und im Wald. Menschen geraten in Panik, wenn ein frei laufender Hund kommt. Das journalistische Sommerloch und andere Ausfälle werden regelmäßig mit Berichten über die unendliche Geschichte mit dem Hundekot gefüllt. Wenn Sie mit Ihrem Hund durch ein Wohngebiet flanieren, machen Sie sich augenblicklich »verdächtig«. Als Hundehalter sind Sie

auch in der Sippenhaft: Wann immer Ihr Nachbar Kot – von welchem Tier auch immer – in seinem Garten gefunden hat, ernten Sie einen vorwurfsvollen Blick.

Hunde dürfen meist nicht mit in Büros, ins Kino oder zur Gemeinderatssitzung, dabei sind sie meist verschwiegen und äußerst angenehme Gesellschafter.

Hunde werden besteuert, und zwar meist deutlich höher als ein Kleinwagen, obwohl dieser entschieden umweltfeindlicher, gefährlicher und lauter ist als jeder Hund.

Hundehalter müssen sich für ihre Hundeliebe rechtfertigen. Autorennfahrer, Briefmarkensammler oder Skifahrer müssen das für ihr Hobby nicht tun.

Wenn Sie einen Hund haben, könnte es sein, dass Sie einige Dinge nicht mehr tun können oder nicht mehr so tun können, wie Sie das gewohnt waren. Einige Ihrer Freunde werden Sie vielleicht vor die Alternative stellen: »Er oder ich!« Wenn Sie trotzdem einen Hund wollen, bedenken Sie die folgenden Punkte.

► **Das will ein Hund von Ihnen**

Hunde sind deshalb als einziges Tier eine Partnerschaft mit den Menschen eingegangen, weil Sie uns – das ist ihr fataler Irrtum – für einen Artgenossen der besonderen Art halten. Wenn Sie Ihrem Hund ein guter »Hund« sind, hat er alles, was er sich nur wünschen kann, und Sie haben einen Traumpartner auf vier Pfoten.

► Ihr Hund will wissen, dass er zu Ihnen gehört und dass Sie ihm zeigen, was sie von ihm erwarten – er will Sie als seinen Leithund.

► Ihr Hund will mit Ihnen zusammen sein und etwas zusammen tun, er ist ein Rudeltier, das darin seinen Lebenssinn sieht – er will nicht weggesperrt und bei Bedarf herausgezerrt werden.

► Ihr Hund braucht Ihre Fürsorge für sein körperliches und seelisches Wohlbefinden – er kann erwarten, dass Sie sich über artgerechte Beschäftigung, Ernährung und Gesundheitsvorsorge kundig machen und diese anwenden.

► Ihr Hund hat keine Wahl, wenn Sie ihn kaufen oder übernehmen – er darf erwarten, dass Sie ihn nicht verraten.

► **Passen Sie zu einem Hund?**

Diese Fragen sollten Sie sich ernsthaft stellen, auch wenn manche scherzhaft formuliert sind.

☐ Sie freuen sich auf den Hund und wollen alles lernen und wissen, was es über Hunde zu wissen gibt?

☐ Ihre Familie freut sich gemeinsam auf den Hund und unterstützt Sie in allen (Hunde-)Dingen?

☐ Ihr Mietvertrag gestattet Hundehaltung ausdrücklich?

☐ Sie wissen, dass bestimmte Ansprüche an eine gepflegte Wohnumgebung nur noch mit erhöhtem Aufwand befriedigt werden können? Wenn Sie ein Hundehaar in der Suppe entdecken, können Sie das aushalten, auch wenn Sie die Suppe nicht auslöffeln?

☐ Wenn Ihre eitle Hündin sich eben mal kurz in frisch ausgebrachter Gülle »parfümiert« hat, bekommen Sie keinen Nervenzusammenbruch und nur mäßigen Brechreiz beim Säubern?

☐ Sie sind entschlossen, Ihrem Hund die Beschäftigung zu bieten, die seinem Typ und seinem Alter entspricht?

☐ Sie wollten Ihre Garderobe ohnehin um mehr sportive Stücke erweitern und freuen sich über freundschaftliche Tipps anderer Hundebesitzer über wasserdichte Jacken und Schuhe?

☐ Für Sie ist Ihr Auto eine praktische fahrbare Hundehütte: Haare, Dreckspritzer, Hundekram aller Art auf dem Rücksitz machen Ihnen überhaupt nichts aus? Auch der Hundegeruch, der sich irgendwann im Auto festsetzt, stört Sie nicht?

☐ Sie gehen davon aus, dass Sie ein ganz ausgezeichneter Rudelchef für Ihren Hund sein werden: geduldig, überlegen, cool, konsequent und auf jeden Fall klüger als er?

☐ Sie wissen, dass Hunde sehr an Ihren Menschen hängen und planen Ihre künftigen Urlaube entsprechend?

☐ Sie wissen, dass alle Angaben in Ratgebern über den täglichen Zeitbedarf für Hunde zu knapp bemessen sind? Sie sorgen dafür, dass Ihr Hund tatsächlich an Ihrer Seite leben kann und organisieren Ihr Leben entsprechend?

☐ Sie haben für Notfälle einen »Paten«, der Ihren Hund betreut, falls Sie oder Ihre Familie einmal nicht zur Verfügung stehen?

☐ Sie wissen, dass Sie mit Ihrem Hund auch Verantwortung für andere Hunde und für das Ansehen aller Hunde übernehmen? Sie wählen deshalb einen Hund, der zu Ihnen passt, und prägen ihn gut auf die Umwelt und den Umgang mit anderen Hunden?

☐ Ein Garten ist für Ihren Hund und für Sie ausgesprochen angenehm und nützlich, Zwingerhaltung dagegen halten Sie für hundefeindlich?

☐ Auch wenn man natürlich nicht darüber spricht: ein Hund kostet Geld und nicht wenig. Sie können sich Tierarzt, Versicherung, Steuer, Futter, Spielzeug usw. wirklich leisten?

▶ Ein Hund für Ihr Kind?

Bei vielen gehört zum Bild einer idealen Familie der Hund zum Kind. Selbst die Waschmittelreklame hat das jetzt übernommen. Das ist auch durchaus in Ordnung. Hunde und Kinder passen ganz ausgezeichnet zusammen. Körperkontakt, wilde Spiele, Spaß an der Bewegung, all das teilen sie gerne. Hunde genießen die Aufmerksamkeit ihrer Menschen und sind deshalb ganz tolle Zuhörer und das wiederum ist für

Kinder ganz prima. Hunde lehren Kinder neben der sprachlichen Verständigung, in gleicher Weise auf die Körpersprache zu achten. Hunde lehren Kinder, dass man sofort Rückmeldung bekommt, und das lehren Hunde ihre kleinen Freunde schnell und drastisch.

Hunde lehren Kinder viele soziale Kompetenzen. Amerikanische Forscher haben das erst kürzlich nachgewiesen: die soziale Intelligenz ist deutlich höher bei Kindern, die mit Hunden aufwachsen. Und gewusst haben wir das, die wir mit Hunden aufgewachsen sind, auch ganz ohne Forschung, einfach durch das Glück, das wir in der Kindheit dabei erfahren durften.

Aber: Es gibt keinen Hund für Ihr Kind, gleich welchen Alters. Es ist letztlich immer *Ihr* Hund, Sie müssen ihn wollen und Sie sind für ihn verantwortlich, Sie tragen auch die pädagogische Verantwortung dafür, dass beide Partner das Beste aus dem gemeinsamen Leben ziehen.

Es gibt keine Hunde, die von vornherein kinderfreundlich oder kinderfeindlich sind. Hunde werden durch ihre Erfahrungen mit Kindern in die eine oder andere Richtung tendieren. Je nachdem wie alt Ihre Kinder sind und wie stark sie in die Verantwortung für den Hund eingebunden werden sollen, sollten Sie die Rasse wählen. Prinzipiell gilt,

▸ dass der Hund nicht zu klein sein sollte und ein stabiles Nervenkostüm mitbringt, ein Kinderknuff darf nicht gleich einen Nervenzusammenbruch auslösen;

▸ dass der Hund nicht zu groß sein soll, sonst können auch ältere Kinder nicht alleine mit ihm raus;

▸ dass kleine Kinder und Hunde niemals ohne Aufsicht bleiben sollten, im wohlverstandenen Interesse von beiden.

▸ Erst denken, dann handeln!

Jetzt sind Sie sich also sicher: ein Hund soll Ihr Leben mit Ihnen teilen. Es gibt, das wissen Sie, jede Menge vernünftiger Gründe dagegen. Sie haben sie alle abgewogen. Es gibt aber jede Menge unvernünftiger, ganz wunderbarer Gründe für die Partnerschaft mit einem Hund. Trotzdem, gerade wenn Sie jetzt in die entscheidende Phase treten und sich für einen bestimmten Hund entscheiden wollen, benutzen Sie Ihren Verstand! Stellen Sie Maßstäbe auf, formulieren Sie Ziele, machen Sie Pläne, überlassen Sie möglichst wenig dem Zufall und überlassen Sie sich vor allem nicht vollständig Ihrem Gefühl.

▸ Welche Rasse passt zu Ihnen?

Die meisten Menschen suchen sich den Hund nach seinem Aussehen aus. Das ist normal, die einen mögen den

Mini und Maxi –
den Hunden ist es
gleich, aber Vor-
sicht ist angesagt
bei Hundebegeg-
nungen mit solch
extremen Größen-
unterschieden.

frechen Terrierblick, andere fühlen sich
bei den Stehohren der Schäferhunde
nicht so wohl, wieder andere mögen
große puschelige Bären, andere kleine
kecke Kerlchen. Meine Nessy ist eine
Hovawart-Hündin; Hovawarte gibt es
in drei Farbschlägen, und viele Interessenten wollen unbedingt einen Hovi
einer bestimmten Farbe und unter keinen Umständen einen andersfarbigen
Welpen.

Manche Leute schwärmen für eine
bestimmte Rasse, weil sie damit einen
Traum verbinden, den sie im Alltag
nicht leben können. Der Husky zum
Beispiel steht oft für Freiheit, Wildheit
und Abenteuer. Der majestätische
Berghund steht oft für Naturverbun-
denheit und selbstbewusste Kraft. Man
könnte ganze Psychologiebücher mit
den Träumen füllen, die Menschen in
bestimmte Hunderassen hinein-
deuten. Die Autohersteller leben von

solchen Träumen und bauen ihre Autos
danach. Aber Hunde sind keine Autos,
die sich nur in Design, Lack, PS-Zahl
und im Preis unterscheiden. Unter
ihrem unterschiedlichen Fell stecken
ganz unterschiedliche Persönlichkei-
ten.

Menschen haben sich in vielen Jahr-
tausenden den Hund nach ihren Wünschen gezüchtet. Rassen gab es schon
lange. Unsere Vorfahren hatten wahrscheinlich schon sehr früh Hunde zur
Zucht verwendet, die besondere Begabungen hatten: gute Jagdhunde, selbstbewusste Wächter für Hof und Habe,
gehorsame Helfer beim Viehhüten und
beim Viehtrieb. Die über 350 heute
weltweit anerkannten Rassen zeigen,
welche Vielfalt von »Hundespezialis-
ten« aus dieser Geschichte hervorge-
gangen sind. (Die große Zahl der
Rassen könnte sicherlich beträchtlich
verkleinert werden, weil es sich manch-

mal um gleiche Rassen handelt, die lediglich in verschiedenen geografischen Regionen entstanden sind und sich nur in Kleinigkeiten unterscheiden.)

Wichtig für Ihre Überlegung ist aber, dass jede Rasse oder jeder Hundetyp bestimmte Begabungen hat, bestimmte Eigenheiten und bestimmte Anforderungen an Sie als Halter stellt. Auch wenn Sie in eine bestimmte Rasse absolut vernarrt sind, sind die allerwichtigsten Fragen nicht: Gefällt er Ihnen? Haart er? Entspricht die Größe Ihren Vorstellungen?

Sie müssen vielmehr wissen, welchen genetisch verankerten »Beruf« Ihr Welpe hat, dann können Sie entscheiden, ob Sie ihm die richtige »Stelle« anbieten.

Wenn Sie diese »Hundeberufe« kennen, können Sie gut beurteilen, ob eine bestimmte Rasse oder ein bestimmter Rassemix zu Ihren Lebensbedingungen passt. Ich stelle Ihnen ab

> ### Die wichtigsten Fragen bei der Rassewahl
>
> Für welchen Zweck wurde die Rasse gezüchtet?
> Welche Ansprüche stellt diese Rasse an Erziehung?
> Wie sieht eine angemessene Beschäftigung für diese Rasse aus?

Seite 23 diese Hundeberufe vor und die Rassen, die dazugehören. Dann können Sie selbst überlegen:

▶ Wie sind meine Lebensverhältnisse (häusliche Umgebung, Familie, Kinder, Haustiere, bevorzugte Urlaubsgegenden, bin ich viel unterwegs, soll mein Hund überall mit)?

▶ Welcher Hund passt zu meiner Wohngegend (Stadt könnte ein Problem sein, aber auch das flache, wildreiche Land)?

▶ Wie sind meine Fähigkeiten als »Leithund« (bin ich jemand, der fünfe

Das Spiel mit anderen Hunden gehört zu dem artgerechten Leben, das Sie Ihrem Hund bieten müssen.

grade sein lässt, oder setze ich mich problemlos und gewaltfrei durch)?

▶ Will ich mit meinem Hund arbeiten, d.h. eine Ausbildung in einem Hundesportfach absolvieren?

▶ Soll er mich beim Freizeitsport begleiten?

▶ Sollen meine Kinder mit dem Hund spielen und spazieren gehen, vielleicht sogar Hundesport machen können?

Fast alle Rassehunde gehen heute nicht mehr ihren vorbestimmten Berufen nach, fast alle sind sie Familienhunde geworden. Es ist Ihre Pflicht, dazu beizutragen, dass Sie einen Hund zu sich holen, dessen Begabungen und Anlagen Sie gerecht werden können.

Viele unserer gegenwärtigen Probleme mit Hunden kommen daher, dass wir uns Hunderassen ins Haus nehmen, deren Ansprüchen wir nicht gerecht werden und die sich dann halt selbst »verwirklichen«. Wenn Sie einen Hund möchten, der aufs Wort hört, einmal am Tag mit Ihnen durch den Park spaziert und ansonsten ruhig in Haus und Garten döst, und sich einen Husky kaufen, haben Sie garantiert bald Probleme. Wenn Sie für sich und Ihre Kinder einen bärigen Owtcharka kaufen, der Sie täglich am Rad begleitet oder allein mit den Kindern Gassi geht, haben Sie bald wirkliche Probleme. Wenn Ihr Hund bei Ihnen glücklich sein soll und wenn Sie mit Ihrem Hund glücklich werden wollen, dann suchen Sie sich eine Rasse aus, die zu Ihnen passt, nicht eine Rasse, die Ihnen vom Aussehen oder vom Image zunächst am besten gefällt. Wir helfen Ihnen ab Seite 23 bei der Wahl und jeder verantwortungsbewusste Züchter wird Sie entsprechend beraten.

▶ **Wenn es kein Welpe sein soll**

Rassehunde und Mischlinge gibt es bei Zuchtvereinen, in Tierheimen und aus privater Hand.

> ### TIPP
> *Um die Notvermittlung von erwachsenen Rassehunden kümmern sich zumeist die Rassevereine. Sie finden sie über den VDH, die Welpenvermittlungsstellen, in Hundezeitschriften oder im Internet.*

Es ist nicht einfacher, einen erwachsenen Hund zu sich zu nehmen als einen Welpen. Erwachsene Hunde haben immer eine Geschichte und oft kennen die, die Ihnen den Hund vermitteln, diese gar nicht – oder nur Bruchstücke davon. Der erste Eindruck kann trügen. Hunde, die in Tierheimgruppen unauffällig und angepasst sind, können sich nach einigen Wochen im neuen Heim als rechte Rambos entpuppen. Zuchtvereine und Tierheime, die Ihnen einen solchen Hund vermitteln, helfen meist auch noch mit Rat und Tat, wenn der Hund bei seiner neuen Familie ist. Anders ist das oft bei Anzeigen. Hier ist äußerste Vorsicht zu empfehlen.

Beim erwachsenen Hund müssen Sie sich genau über Ihre Ansprüche klar werden, wenn Sie die richtige Wahl treffen wollen: Soll er mit anderen Haustieren verträglich sein? Braucht er Erfahrungen mit Kindern? Kann er allein bleiben, Auto fahren oder andere wichtige Dinge Ihres gemeinsamen Lebens oder muss er es erst lernen? Was muss er überhaupt schon können, was können Sie ihm beibringen?

▶ Wenn es kein Rassehund sein soll

Mischlinge sind statistisch die belieb-
testen Hunde. Viele Legenden werden
um Ihre Gesundheit und Intelligenz
gestrickt. Einige mögen stimmen, andere nicht. Ein Mischling ist auf jeden
Fall ein vollwertiger Hund. Anders als
der Rassehund ist der Mischling allerdings ein Blankoscheck. Man kann sich
beim Welpen – auch wenn man die Eltern kennt – nicht genau vorstellen, wie
er später aussehen wird, und – das ist
wichtiger – man weiß auch nicht genau,
wie sein Wesen sein wird. Wenn Sie
also ein Mensch sind, der eher auf
Nummer sicher geht, dann wählen Sie
besser einen Rassehund oder einen
Mischling aus zwei typähnlichen Eltern.

Meist ist aber der Mischlingskauf,
sofern man etwas dafür bezahlt, eine
spontane Handlung aus Mitleid oder
Zuneigung. Sofern eine solche Liebesgeschichte ein Hundeleben lang hält,
ist nichts dagegen zu sagen. Schlimm
ist es, wenn daraus eine der vielen Weg-
werfbeziehungen zwischen Hund und
Mensch entsteht. Aber Sie machen sich
ja Gedanken, sonst würden Sie sich
nicht so gründlich informieren.

Legen Sie bei der Auswahl Ihres
Mischlingswelpen die gleichen Maßstäbe an, die wir bei den Rassehunden

formuliert haben. Achten Sie vor allem
darauf, dass Ihr Welpe eine gute Kin-
derstube hatte. Die vielen Mischlingswelpen, die die Landwirte in ihren
Wochenblättern anbieten, mögen gute
Gene haben, sind in aller Regel aber
schlecht und nicht artgerecht ernährt,
sie sind meist gesundheitlich in mäßi-
gem bis schlechtem Zustand und sie
sind vor allem anderen schlecht geprägt
und nicht auf uns und unsere Umwelt
sozialisiert. Gesundheitsprobleme
können Sie vielleicht heilen, Versäum-
nisse in der Prägungsphase belasten
meist ein Leben lang. Auch wenn
Ihnen die Kleinen in einer der vielen
Scheuern und Schweinekoben Leid
tun, überlegen Sie genau, ob Sie bereit
sind, an den Defiziten, die solche
Welpen auf jeden Fall haben, zu arbeiten.

Ein gut sozialisierter Mischling aus
guten Eltern wird ein guter Begleiter
für Sie – kein besserer, aber auch kein
schlechterer als ein Rassehund, sofern
seine Veranlagung und ihre Veranlagung gut harmonieren.

▶ Rassehunde vom VDH

Sie denken jetzt vielleicht, diese Vereinsmeierei auch bei Hunden, die brauchen Sie nicht. Sie möchten einfach
einen netten gesunden Hund, der so
aussieht wie der Rassehund, den Sie
sich wünschen. Das wollen die meisten. Nur, damit Ihr Hund so aussieht
und charakterlich so ist, wie ein bestimmter Rassehund sein sollte, dafür
ist jede Menge Sachkunde und Erfahrung nötig. Es reicht nicht, zwei Hunde
einfach »heiraten« zu lassen. Das ist
keine Zucht, sondern gedankenlose
Vermehrung.

Zucht sollte darauf abzielen, den

Nachwuchs im Wesen, in der Gesundheit und im Aussehen mindestens so gut, wenn nicht besser zu machen als die Eltern. Deshalb muss man sich bei den Vorfahren auskennen, deshalb muss man kontrollieren, dass nur gesunde Tiere in die Zucht kommen, und deshalb muss man bestimmte Richtlinien auch für die Züchter und die Aufzucht aufstellen.

In Deutschland gibt es nur einen seriösen Dachverband der Hundezucht- und Hundesportvereine. Es ist der VDH (Verband für das Deutsche Hundewesen).

In Österreich ist es der ÖKV (Österreichischer Kynologenverband), in der Schweiz ist es die SKG (Schweizerische Kynologische Gesellschaft). Diese Verbände stellen für die Rassehundezucht verbindliche Richtlinien auf und kontrolliert deren Umsetzung. Alle drei Dachverbände sind Mitglied im Weltverband FCI (Fédération Cynologique Internationale).

TIPP

Kaufen Sie niemals einen Hund, gleich welcher Rasse, der nicht VDH-Papiere oder – wenn Sie im Ausland kaufen – entsprechende Papiere von FCI-Mitgliedsverbänden hat. Es kann schon sein, dass auch ein Hund aus einem anderen Verband oder die Welpen aus Nachbars zufälliger Hundehochzeit gute Hunde werden können. Nur: das ist zufällig!

Sie wollen einen Welpen, der sorgfältig auf Gesundheit und gutes Wesen gezüchtet und bestmöglich aufgezogen wurde? Dann geben Sie sich mit keinem anderen Hund zufrieden. Unterstützen Sie keinesfalls die unkontrollierte Hundevermehrung, die andere so genannte Hundezuchtverbände oder gar die abscheulichen Hundehändler betreiben.

Lassen Sie sich nicht von farbenprächtigen Ahnentafeln und prunkvollen anderen Nachweisen ablenken. In Deutschland darf jeder, der sechs Gleichgesinnte findet, einen Verein gründen, auch einen Hundezucht-

Hundehändler sind tabu

Es ist völlig unverständlich und macht mich immer wieder wütend, dass trotz vieler Bücher, trotz aktueller Berichte in Zeitschriften und Fernsehsendungen, Hundehändler immer noch Kunden finden. Hunde sind keine Sachen und keine Waren. Schlecht aufgezogene Hunde sind nicht nur krank, sie haben meist auch große psychische Schäden, und das hat schlimme Auswirkungen auf die Halterfamilie und die Umwelt. Jeder, der einen Hund von einem der tierfeindlichen Händler oder gar aus einem Kofferraum auf einem Parkplatz kauft, verlängert das Leiden der Hündinnen und ihrer Welpen. Jeder neue Kunde wird somit zum Tierquäler, auch wenn er glaubt, einen Hund zu retten. Und wer Geld sparen will, sollte sich besser erst gar keinen Hund anschaffen. Die Anschaffungskosten selbst des teuersten Rassehundes stehen in keinem Verhältnis zu dem, was er im Laufe seines Lebens noch kosten wird. Händlerhunde sind meist die teuersten, denn Tierarzt und Tiertrainer verdienen meist jede Menge an ihnen, im Laufe des Hundelebens.

verein. Bei uns kann auch jeder mit Hilfe seines Grafikprogramms im PC einen Stammbaum für seine Asta entwerfen. Nichts ist geschützt, es gibt keine Normen und keine Kriterien für die Hundezucht, die solchen Missbrauch verhindern. Also machen Sie keine Experimente beim Hundekauf, suchen Sie Ihren Welpen in einem Rasseverein des VDH bzw. einem anderen FCI-Verband, sonst nirgends.

▶ Guter Rat ist nicht teuer

Rassezuchtvereine im VDH stehen Interessenten mit Rat und Tat zur Seite. Lange vor der eigentlichen Kaufentscheidung findet man Rat bei der Grundsatzfrage: »Passt ein bestimmter Rassehund zu mir, passe ich zu ihm?« Der Verein begleitet Sie auch bei der Suche nach einem Züchter.

Kontakt zum zuständigen Rassezuchtverein bekommen Sie über die Geschäftsstellen der nationalen Dachverbände, deren Adressen Sie hier im Buch auf Seite 117 finden (VDH, ÖKV und SKG), oder Sie finden die An-

▶ Ein Zwinger

Zwinger bedeutet bei Hundeleuten keineswegs, dass Hunde in Drahtkäfigen gehalten werden. Zwinger ist das Wort für Zuchtstätte. Der Züchter überlegt sich einen Namen, und das ist dann der Zwingername, der geschützt wird und der dann quasi der Familienname Ihres Hundes ist. Alle Welpen eines Wurfs haben »Vornamen«, die mit demselben Buchstaben beginnen. Der erste Wurf in einer Zuchtstätte ist der A-Wurf, der zweite der B-Wurf usw.

schriften in aktuellen Hundezeitungen. Ganz aktuell ist natürlich das Internet. Viele Rassezuchtvereine im VDH haben schon eine eigene Homepage.

▶ Der Züchter macht den Hund

Obwohl der Rassezuchtverein seine Züchter kontrolliert und bestimmte Auflagen für die Aufzucht vorgibt, sind natürlich nicht alle Züchter gleich. Im Rahmen der Zuchtbestimmungen gibt es jede Menge unterschiedlicher Auf-

Ein guter Züchter macht seine Welpen umweltsicher.

fassungen davon, wie ein guter Hund sein sollte, was besonders wichtig ist und wie die Welpen am besten aufgezogen werden.

Züchter lieben alle ihre Hunde, aber jeder halt auf seine Weise. Sie sind so unterschiedlich, wie die Hunde unterschiedlich sein können. Ob also ein Züchter zu Ihnen passt, das müssen Sie selbst herausfinden, dabei kann Ihnen keine Welpenvermittlungsstelle helfen. Besuchen Sie möglichst verschiedene Züchter und machen Sie sich ein Bild von ihnen und ihren Hunden.

▸ TIPP

Gute Zuchtstätten erkennen Sie nicht zuletzt daran, dass die Ausläufe der Welpen richtigen Abenteuerspielplätzen für Hunde gleichen. Blitzsaubere, aufgeräumte Zwinger (Käfige) sollten Sie immer misstrauisch machen. Je reizloser die Umgebung des Welpen, desto »wilder« ist Ihr Hund und desto mehr Arbeit haben Sie später damit, ihn selbstbewusst, umweltsicher und menschenfreundlich zu machen.

Die Hündin hat deutlich mehr Einfluss auf die Welpen als der Rüde. Hündinnen sind in aller Regel allein erziehende Mütter. Die Väter kommen bei den Hunden meist nur zum Fototermin zu ihren Kindern, damit die Familie wenigstens für das Familienalbum vollständig ist. Die Hündin dagegen ist das Vorbild ihrer Welpen und sie prägt sie auch im Verhalten. Es ist also schon aufschlussreich, sich diese wichtige Persönlichkeit für Ihren Welpen ganz genau anzusehen, eben nicht nur ihr Outfit, sondern vor allem ihr Verhalten.

Mit der Entscheidung für eine Hündin haben Sie sich ein Stück weit festgelegt. Dass dann später alles trotzdem ganz anders werden kann, liegt erfreulicherweise daran, dass wir – solange wir die Welpen nicht klonen – eben Hundepersönlichkeiten züchten und keine baugleichen Prototypen.

▸ Züchter machen Hundebesitzer

Wenn Sie ernsthaftes Kaufinteresse äußern, wird jeder verantwortungsbewusste Züchter Sie einer genauen Prüfung unterziehen. Seine Welpen bedeuten ihm viel, er will sie nur in die besten Hände abgeben. Der Züchter hat schließlich durch die Auswahl der künftigen Halter einen großen Anteil daran, wie das Ansehen der Hunde in der Öffentlichkeit ist.

Er wird Sie nach den äußeren Bedingungen fragen, unter denen der Hund bei Ihnen leben wird. Er wird Sie nach Ihren Lebensverhältnissen fragen und dabei manchmal auch in den ganz persönlichen Bereich gehen. Nehmen Sie ihm das nicht übel. Im Gegenteil: An der Art, wie kritisch und wie eingehend sich der Züchter ein Bild von Ihnen machen will, erkennen Sie meist geradezu seine Qualität.

Er muss wissen, ob Sie von Ihren Lebensbedingungen, von Ihrem Wissen, Ihrer Einstellung und nicht zuletzt von Ihrer Lernbereitschaft her in der Lage sind, dem Hund ein guter Chef zu sein.

Helfen Sie dem Züchter also aktiv, sich ein solches Bild von Ihnen zu machen. Das hat nämlich auch noch den weiteren Vorteil, dass er Sie dann besser bei der Wahl des geeigneten Welpen unterstützen kann.

▶ **Welcher Welpe soll es sein?**

Das dürfen Sie erwarten, wenn Sie einen Wurf besichtigen: Sie werden bei Ihrem Besuch stürmisch von den Welpen begrüßt, sofern sie schon laufen können. Sie sind munter – falls sie nicht gerade ein Verdauungsschläfchen machen – ganz offensichtlich gesund und so zutraulich, dass es Ihnen anfangs vielleicht fast zu viel des Guten ist.

Obwohl alle Welpen eines Wurfs dieselben Eltern haben, sind sie nicht gleich. In jedem Wurf gibt es Bosse und Mitläufer, ruhigere und temperamentvollere, das ist von Mutter Natur auch so gewollt. Würden unsere Hunde sich nämlich mit Frau Mama selbstständig machen wollen als freie Wildhunde, brauchte man in einem Rudel für das Überleben alle möglichen Begabungen: den Draufgänger, der bedenkenlos auch mal in eine gefährliche Situation geht, für das Rudel damit eine Schutzfunktion übernimmt (und dabei vielleicht auch stirbt), den ruhigen Arbeiter, der für viele Aufgaben einsetzbar ist, keinen großen Ehrgeiz entwickelt, aber für die Stabilität des Rudels und den Alltag unverzichtbar ist, und man braucht auch den ängstlichen, vorsichtigen Typ, der Gefahren schnell erkennt und anzeigt.

Welcher Welpe eher welchem Typ ähnelt, weiß der Züchter ganz genau. Seine Welpen kennt er fast genauso gut, wie es die Mutterhündin tut. Vertrauen Sie also seinem Rat, wenn er Ihnen nicht zum Rambo, sondern zur Rosy rät. Ihr Züchter kennt seine Pappenheimer und wird gemeinsam mit Ihnen den Welpen auswählen, der zu Ihnen und Ihren Lebensbedingungen am besten passt.

Ihr allerwichtigster Partner beim Kauf eines Rassehundes: der verantwortungsbewusste und kompetente Züchter

TIPP

Ab und an gibt es in einem Wurf Welpen, die schon von Geburt an nicht zur Zucht zugelassen werden, weil sie einen so genannten zuchtausschließenden Fehler haben. Das kann eine »falsche« Fellfarbe, ein Knick- oder Stehohr sein, das nicht vorgesehen ist, und andere »Schönheitsfehler«. So einen Welpen können Sie bedenkenlos nehmen, wenn Sie ohnehin nicht die Absicht haben, später mit ihm zu züchten. Manchmal gibt es auch Fehler wie bestimmte Gebissdeformationen, Knickruten und ähnliches. Die können, müssen aber nicht, Folgen für das Wohlbefinden des Hundes haben. Beraten Sie sich im Zweifel vorher mit einem Tierarzt. Sie bekommen meist vom Züchter auch einen entsprechenden Preisnachlass eingeräumt.

▶ Rüde oder Hündin?

Bei den meisten Hunden unterscheiden sich die Geschlechter sehr stark – für jeden erkennbar im Aussehen. Der Rüde ist deutlich größer und eindrucksvoller als die Hündin. Manche sagen auch, er sei stets der schönere Hund, aber das ist wie immer Geschmackssache. Der größte Unterschied zwischen Andra und Andrax besteht in ihrem Wesen. Die Läufigkeit, die oft als wichtigster Unterschied genannt wird, ist dagegen eine Bagatelle. Hündinnen werden zwischen dem 6. und 14. Lebensmonat das erste Mal läufig und dann immer wieder in einem persönlichen Zyklus, der bei den meisten 6 bis 8 Monate beträgt. Die meisten Hündinnen halten sich selbst

sehr sauber und oftmals wird die erste Läufigkeit von den Besitzern erst am Verhalten des männlichen Nachbarhundes entdeckt. Eine ungewollte Schwangerschaft muss es bei der heutigen Hundehaltung und beim derzeitigen Stand der Tiermedizin auch nicht geben. Unter der Läufigkeit leiden nur manchmal die Hundesportler, die während dieser Zeit auf die Teilnahme an Turnieren und Wettkämpfen verzichten müssen.

Der Rüde fordert Ihre Kompetenz und Konsequenz als Rudelchef, denn die meisten Rüden stellen sich gerne und entschieden jeder Herausforderung ihrer Männlichkeit. Je nach Rasse kann das sehr anstrengend sein.

Die Hündin neigt weniger zur Dominanz, wenigstens nicht zur offenen. Im Unterschied zum Rüden passt sie sich einfacher in den Sozialverband ein. Wenn sie nicht viel an Ihnen und Ihrer Familie auszusetzen hat, wird sie keine großen Anstalten machen, die Rangordnung zu verändern. Wozu auch? Hündinnen sind pragmatischer als Rüden. Hündinnen setzen ihr Köpfchen halt auf irgendwelchen Umwegen durch.

Rüde und Hündin, meist kann man sie schon an der Statur unterscheiden. Im Verhalten werden die Unterschiede allerdings noch augenfälliger.

lustlos, andere neigen zu ausgeprägten Symptomen von Scheinschwangerschaft. Rüden sind beständiger in ihrem Verhalten, allerdings sind sie ja das ganze Jahr »läufig«, weil bestimmt irgendwo eine Hundedame gerade »ihre Tage« hat.

Meist ein Dream-Team: ältere Menschen und Hunde haben einander viel zu geben.

▶ **Die richtige Rasse**

Jeder Hund hat eine eigene Persönlichkeit, jede Hundepersönlichkeit ist mit das Ergebnis seiner Prägung und seiner Erfahrungen. Aber nicht jeder Hund kann alles und ist für alles einsetzbar. Jeder Hund ist auch das, was seine Ahnen ihm mitgegeben haben, jeder Rassehund und jeder Mischling.

Wenn Sie den »Beruf« kennen, für den die Rasse ursprünglich gezüchtet wurde, haben Sie das wichtigste Kriterium, nach dem Sie sich entscheiden sollten. Prüfen Sie stets, welche Vorteile und welche Nachteile die speziellen Begabungen für Ihre Lebenssitua-

Für alle Fälle muss aber auch darauf hingewiesen werden, dass es ausnahmsweise auch einmal rüdenhafte Hündinnen und hündinnenhafte Rüden geben kann. Außerdem ist zum Beispiel eine Hovawart-Hündin immer dominanter als ein Golden-Retriever-Rüde. Neben dem Geschlecht spielt natürlich die Rasse oder der Rassecocktail bei Mischlingen eine wichtige Rolle dafür, wie einfach die Integration in die Familie gelingt.

Hündinnen sind auch wegen der hormonellen Prozesse im Zusammenhang mit der Läufigkeit Stimmungsschwankungen unterworfen. Viele Hündinnen sind zum Beispiel vor der Läufigkeit aggressiver als sonst, viele sind nach der Läufigkeit träge und

Einer der legendärsten Hundeberufe: Führer des blinden Menschen

tion haben. Größe, Farbe, Fellstruktur und Ohrenstellung sind zweitrangig.

OBJEKTSCHÜTZER ▶ Hunde wurden immer schon gerne eingesetzt, um Haus und Herden zu bewachen. Dazu mussten sie groß und beeindruckend sein, so stark, dass sie auch gegen größeres Raubwild und gegen menschliche Räuber bestehen konnten. Selbstbewusst mussten sie sein und selbstständig arbeiten, ohne Anweisung ihres Menschen, der ja meist gar nicht da war, wenn Not am Hund war. Klug mussten sie sein, denn nicht jede Katze, die am Hof vorbeischleicht, sollte verbellt, nicht jeder Bote gleich gebissen werden. Den Freundlichen sollte er ein Freund sein, der große Beschützer, den Feindlichen sollte er aber schnell und kompromisslos zeigen, dass sie besser verschwinden.

Ein solcher Hund ist gerne am Haus. Er passt ganz entschieden auf. Er ist Fremden gegenüber eher abweisend. Er hat ein großes Selbstbewusstsein und damit verbunden auch ein deutliches Dominanzstreben. Solche Hunde entscheiden gerne selbstständig. Perfekter Gehorsam ist bei ihnen nur schwer zu erreichen. Sie sind nicht immer freundlich zu Geschlechtsgenossen. Sie brauchen einen Menschen, der sie mit Konsequenz und ohne Gewalt erzieht und ihnen einen klaren Platz zuweist. Gelingt dies nicht, wird der Hund schnell, entschlossen und selbstbewusst zum Boss und zum Problem. Er will nicht ständig beschäftigt werden, aber er braucht eine Aufgabe. Herdenschutzhunde wie zum Beispiel die Owtcharki mit ihrem beachtlichen Dominanzstreben sind völlig ungeeignet für Anfänger.

Einige Rassen, die das Erbe der alten Hofhunde angetreten haben, sind Leonberger, Bernhardiner, Hovawart, die Schweizer Sennenhunde, Spitze, Rottweiler, Doggen, Mastiffs, Boxer, Neufundländer, Landseer, Schnauzer, Eurasier.

Rassen, die das Erbe der Herdenschutzhunde angetreten haben, sind z.B. Kuvacz, Owtcharki der verschiedenen Länder, Maremma-Abruzzenhund, Pyrenäenberghunde, Komondor, Sarplaniac.

JAGDHELFER ▶ Wild aufspüren, zutreiben, apportieren, nachsuchen und anzeigen ist einer der ältesten Hundeberufe. Es gibt unzählige Spezialisten unter den Jagdhunden. Von den Dachshunden, die so gebaut sind, dass sie in den Dachsbau passen, aber den Mut eines Löwen haben, wenn ihnen dort unten der »Feind« begegnet, bis hin zu den Pointern, denen das Vorstehen angeboren ist.

Alle Jagdhunde, mit Ausnahme derer, die selbstständig auf Beute geschickt werden wie Dackel oder Terrier, sind »führig«, das heißt leicht zu erziehen. Das mussten sie auch sein, denn nur so kann man Hunde, die auf Jagdpassion gezüchtet sind, bei der Jagd unter Kontrolle halten und zur Kooperation bringen. Weil bei Jagdgesellschaften manchmal Hunde verliehen werden und oft auch zusammen mit anderen Hunden gearbeitet wird, sind Jagdhunde in aller Regel nett zu anderen Hunden und mögen alle Menschen.

Jagdhunde sind deshalb meist gute Hunde für Anfänger. Fast alle Kleinhunde sind übrigens Jagdhunde oder aus Jagdhunden gezüchtet. Man kann sich mit ihnen problemlos unter Hun-

Die gemeinsame Jagdpassion hat aus Hund und Mensch einmal ein effektives Team geschweißt

den und Menschen bewegen. Aber, und das ist unerlässlich: Jagdhunde sind nur dann diese prima Partner, wenn man sie fordert, wenn man ihnen »Ersatzjagden« bietet, das heißt sehr viel spielt und arbeitet. Tut man das nicht, geht der Hund seiner Bestimmung nach und macht sich selbstständig auf die Jagd. Und auch in unserer dicht besiedelten Welt findet er jede Menge Objekte zum Jagen, da können Sie ganz sicher sein. Wenn Sie einen solchen wunderbaren Hund zu sich holen, müssen Sie das wissen, sonst werden Sie und Ihr Hund unglücklich.

Rassen, die das Erbe der Jagdhunde in sich tragen und als Familienhund geeignet sind, sind z.B. fast alle Kleinhunde sowie Terrier, Dackel, Beagles, Setter, Pudel, Spaniels, Retriever (Golden und Labrador).

SCHÄFERHUNDE ▶ Ohne Hunde hätten unsere Vorfahren nie wirklich Viehzucht treiben können. Mit Hunden konnten sie die Weidetiere zusammenhalten, verirrte Tiere finden und zurücktreiben und die Herde über Land bewegen. Hundliche Helfer der Hirten und Schäfer mussten mitden-

Ein Deutscher Schäferhund in seinem ursprünglichen Metier

ken, auf Wink und Zuruf perfekt gehorchen, durften sich durch kein Wild von ihrer Aufgabe abbringen lassen und die Weidetiere nicht jagen. Jede Region, jedes Land hat seine Hirten- und Schäferhunde: die Collies der Briten sind Legende, die zotteligen Hunde der Ungarn, der Superhund Deutscher Schäferhund und seine Verwandtschaft in Belgien und Holland.

Hirtenhunde sind absolute workaholics. Sie und ihr Mensch und ihr Job, dann sind sie im Element. Sie lernen leicht, sind schnell zu beeindrucken.

Es sind fast immer gute Familienhunde. Sie machen alle sehr gerne Hundesport. Sie arbeiten für ihr Leben gerne und sie mögen Familien. Sie sind sehr, sehr lauffreudig. Wenn Sie

ihm Arbeit, Bewegung und Führung bieten, haben Sie einen wunderbaren Hund.

Rassen, die das Erbe der Hirtenhunde tragen, sind z.B. Collie, Sheltie, Australian Shepherd, Deutscher Schäferhund, PON, Corgie, Pyrenäen-Schäferhund, Picard, Briard, Beauceron, Belgische und Holländische Schäferhunde.

SPEZIALISTEN ▶ Manche Hunde-rassen mögen nur »das eine«. Bestimmte Windhunde und Schlittenhunde zum Beispiel sind genetisch so auf eine Aufgabe »programmiert«, dass man sie wirklich nur dann halten sollte, wenn man ihnen ein rassegerechtes Leben bieten kann.

Schlittenhunde sind Spezialisten im Schnee. Wer sie zu uns nach Mitteleuropa holt, übernimmt eine große Verantwortung für artgerechte Haltung und Beschäftigung.

Der Hund zieht ein

Der Hund zieht ein

Was im folgenden Kapitel über das Eingewöhnen steht, gilt vorwiegend für Welpen. Sehr vieles können Sie aber natürlich auch für Ihren erwachsenen Schützling anwenden.

Beim ihm ist vor allem Ihre Aufmerksamkeit und Ihre Beobachtungsgabe gefragt. Was kann er, was versteht er, wie mache ich mich am besten verständlich, was macht ihm Angst, was macht ihn stark, wann ist er nett, wann muss man vorsichtig sein, wie kann ich ihn beeindrucken, welche Führung braucht er? Sie werden eine genauso intensive »Einarbeitungszeit« brauchen wie bei einem Welpen.

▶ Hundekauf ist Adoption

Wenn Sie sich mit dem Züchter, dem abgebenden Tierheim oder dem Vorbesitzer geeinigt haben, kann nach den mündlichen Vereinbarungen auch der schriftliche Vertrag folgen. Auch wenn Sie einen Hund von seinem Vorbesitzer übernehmen, sollten Sie eine schriftliche Vereinbarung treffen. Obwohl dies alles ein ganz normales Rechtsgeschäft ist, wie der Kauf einer Waschmaschine, ist das nur die rechtliche Seite des Vorgangs. Tatsächlich sollte der Hundekauf immer so etwas wie eine Adoption sein. Mit dem Kauf eines Rassehundes beginnt zwischen Züchter und Käufer eine Beziehung, die manchmal zu einer richtigen Dreiecksgeschichte wird, die ein Hundeleben und länger dauert. Fast alle Züchter bleiben an ihren Welpen interessiert und freuen sich über Berichte, Fotos und Besuche. Die meisten Züchter bleiben für ihre Welpenkäufer immer auch die wichtigsten Ansprechpartner und Ratgeber in Sachen Hund. Auch die Tierheime kümmern sich meist um die Sorgen der Menschen, die einen Hund übernommen haben.

Mit dem Begriff Kauf und Kaufvertrag ist die Übernahme eines Hundes nicht beschrieben. Schon die Begriffe kaufen, Käufer und Kaufvertrag sind meines Erachtens entwürdigend und treffen den Kern der Angelegenheit nicht. Sie kennen vielleicht die Geschichte vom »Kleinen Prinzen« von Antoine de Saint-

Exupéry. Dort steht ein Satz, den sich jeder Tierhalter an die Wand hängen sollte, denn man »kauft« sich keinen Hund, man »schafft« sich keine Katze an. Wenn man ein Tier aufnimmt, begründet man eine Beziehung. So wie es in dem zauberhaften Buch heißt: »Du bist zeitlebens für das verantwortlich, was du dir vertraut gemacht hast.«

Unterschreiben Sie Ihren Vertrag, aber seien Sie sich bewusst, dass Sie damit nicht eine Sache erwerben, sondern ein Lebewesen, dass Sie sich damit zu Ihrer Verantwortung bekennen, ein Hundeleben lang dafür zu sorgen, dass Ihr Freund möglichst hundegerecht leben kann, dass er seine rassespezifischen Anlagen entwickeln kann und dass er sich auf Sie unter allen Umständen verlassen kann, bis zuletzt!

Wenn Sie einen Kaufvertrag unterschreiben, unterstreichen Sie Ihre Pflicht, den Hund wichtig zu nehmen, seine Ansprüche an Sie zu akzeptieren, und Ihren Willen, ihm das beste aller Hundeleben zu ermöglichen.

Wenn Sie das nicht wollen, dann »kaufen« Sie bitte gar keinen Hund.

▶ **Wichtige Papiere**

Wenn Sie einen Rassehund kaufen, übergibt Ihnen der Züchter die Ahnentafel Ihres Hundes. Sie ist ein gültiger Abstammungsnachweis, eine Art Auszug aus dem Familienbuch der jeweiligen Hunderasse. Ihr Hund wird mit seiner Zuchtbuch-Nummer, die ihm einige Tage vor Abholung in die Ohren tätowiert wurde, als anerkanntes Mitglied in die große Familie der Rassehunde aufgenommen. Die Ahnentafel

TIPP

Die Tätowierung oder neuerdings der tierschutzgerechtere Microchip ist nicht nur für Rassehunde wichtig. Auch für Mischlinge oder Hunde ohne Papiere empfiehlt sich eine solche Kenntlichmachung. Manche Staaten verlangen den Microchip als Einreisevoraussetzung. Aber auch bei Verlust Ihres Freundes ist es hilfreich, wenn Polizei oder Tierschutz den Hund identifizieren können. Es hilft ihm und Ihnen, einen für alle schlimmen Zeitabschnitt zu verkürzen.

Gleich und gleich gesellt sich gern: Wenn Sie das so möchten, wird Ihr Hund jedes Ihrer Haustiere hüten – aber ob er's liebt?

ist eine Art Personalausweis, eine Urkunde, die Sie sorgfältig aufbewahren sollten, auch wenn Sie mit Ihrem Hund keine großen Ambitionen in Sachen Ausstellung und Zucht haben.

Die Umgebung sichern

- Offene Treppen und Balkone durch Gitter oder Maschendraht sichern.

- Zäunen Sie Ihr Grundstück ein, falls Sie das noch nicht getan haben, eine hübsche Hecke reicht nicht!

- Grundstück, Gartenteich, Pool und alle Bereiche des Gartens, in die der Welpe nicht soll, einzäunen bzw. abdecken.

- Bodennahe Steckdosen mit Kindersicherungen versehen, elektrische Kabel welpensicher anbringen (z.B. hochlegen).

- Keine wertvollen Bücher oder Dokumente in den unteren Regalfächern des Bücherschrankes lassen (vorerst wenigstens!).

- Kleinteile, die für den Welpen erreichbar sind und von ihm verschluckt werden können, wegpacken.

- Türen evtl. so sichern, dass Welpen sich nicht einklemmen können.

- Reinigungsmittel, Medikamente u.ä. für Welpen unerreichbar machen.

- Keine giftigen oder ätzenden Putzmittel oder Handwerksmittel verwenden.

- Haus- und Gartenpflanzen auf Giftigkeit prüfen und entspr. Vorkehrungen treffen.

▶ Steuer und Versicherung

Ganz unerlässlich ist, dass Sie vor Ankunft des Welpen über eine gültige Hundehaftpflichtversicherung verfügen. Sie können mit dem Abschluss nicht warten, bis Ihr Welpe groß genug ist und (hoffentlich nie) einen anderen Hund oder einen Menschen beißt. Einen Haftpflichtfall kann auch Ihr kleiner Spatz ganz schnell verursachen, wenn jemand über ihn stürzt, wenn er in der Pizzeria auf den Orientteppich pinkelt oder die italienischen Maßschuhe Ihres Gastes schnell mal verkostet. Also sparen Sie hier nicht am falschen Fleck.

Etwas warten können Sie mit der Anmeldung Ihres Welpen bei Ihrer Gemeinde. Die meisten Steuerämter lassen dem Welpen noch ein paar Wochen Schonfrist, bis sie dann kassieren.

▶ Die welpensichere Wohnung

Bevor Ihr kleiner Prinz zu Ihnen zieht, sollten Sie zwei Aufgaben erledigt haben. Einmal sollten Ihr Haus und gegebenenfalls Ihr Garten welpensicher sein und zum anderen sollten Sie all die Dinge besorgt haben, die der Kleine jetzt braucht.

Haus und Garten müssen sorgfältig auf Gefahrenquellen für den Welpen abgesucht werden, und diese Gefahrenquellen müssen Sie entweder beseitigen oder absichern.

Denken Sie bitte daran, dass Ihr Welpe fast alles schlucken könnte, was in seinen neugierigen Fang passt! Ist einmal ein Missgeschick passiert und ein Fremdkörper verschluckt, lassen Sie sich gleich von Ihrem Tierarzt beraten. Es empfiehlt sich, immer ein Döschen Sauerkraut im Haus zu haben. Wenn

Ihr Hund nach dem Lego-Baustein nämlich noch eine Portion Sauerkraut schluckt, sind seine Chancen, unbeschadet aus dieser Sache herauszukommen, deutlich besser. Das Sauerkraut wickelt sich nämlich um den Fremdkörper und hilft so, ihn schadlos wieder auszuscheiden.

Sie sollten natürlich auch Dinge sichern oder vorübergehend wegräumen, für die der Welpe eine Gefahrenquelle ist, zum Beispiel den wertvollen Teppich.

▶ Die Grundausstattung

Es macht Ihnen sicher auch Spaß, die Grundausstattung für Ihren Welpen zu besorgen. Ein kleines Leder**halsband** in der Größe, die Ihnen der Züchter sagt, genügt für den Anfang. Sie können auch ein praktisches verstellbares Nylonhalsband kaufen, das einige Wochen mit Ihrem Welpen mitwächst. Kaufen Sie keinesfalls ein Leder- oder Kunststoffhalsband mit so genanntem »Zug«. Das ist Tierquälerei und Sie brauchen solche Hilfsmittel der Gedankenlosen und Unfähigen nicht!

Ob Sie eine Leder- oder eine Nylon**leine** kaufen, ist reine Geschmacksache. Sie sollte für Ihren kleinen Hund etwa einen Meter lang sein. Ganz nützlich ist es natürlich auch noch, eine zweite Führleine zu kaufen, die Sie mit verschiedenen Ringen auf Längen zwischen ein Meter und zwei Meter verlängern können. Achten Sie darauf, dass die Leinen stabile Karabiner haben. Wer mag, kann sich auch ein Brustgeschirr für seinen Welpen kaufen. Das ist ganz nützlich, wenn er viel an der Leine gehen muss (Stadt, Leinenzwang). Mit Geschirr können Sie ihn »ziehen« lassen, am Halsband sollten Sie es nie erlauben. Außerdem können Sie Ihren kleinen Tunichtgut mit dem Brustgeschirr auch ziemlich sicher im Auto auf der Rückbank fixieren, wenn Sie allein mit ihm reisen.

Sie sollten natürlich unbedingt auch **Futter** bereithalten und einen **Futter-** und **Wassernapf** schon haben. Anfangs füttern Sie am besten dasselbe Futter wie der Züchter, um die Umstellung nicht zu erschweren. Gerade bei schnell wachsenden Rassen sind

Ein Welpe braucht Sie, aber er braucht auch einiges Zubehör für Fressen, Schlaf und Spiel.

Futterständer, die höhenverstellbare Näpfe haben, recht empfehlenswert für die Entwicklung des jungen Hundes. Ihr Hund kann so immer entspannt und recht komfortabel speisen.

Kamm und **Bürste** brauchen Sie ebenso. Bei Hunderassen, die mehr Pflegeutensilien benötigen, weist Sie der Züchter oder der Verein sicher gründlich ein. Vorbereiten sollten Sie auch einige Ihrer nicht mehr benötigten Frotteehandtücher und Lappen zum Trockenrubbeln. Alte Lappen eignen sich darüber hinaus herrlich für alle möglichen Spiele.

Eine **Zeckenzange** sollten Sie auch für alle Fälle bereithalten.

Des weiteren brauchen Sie eine **Hundepfeife** aus Horn oder Kunststoff, falls Sie damit arbeiten wollen.

Ganz wichtig für Ihren Welpen ist sein **Schlafplatz** in Form eines Korbes oder einer Kiste. Dieses Bett wird mit waschbaren Decken ausgepolstert. Viele Hunde schätzen auch Kissen. Einige, die ich kenne, darunter meine Nessy, benützen alte Sofakissen auch ganz korrekt, um ihre müden Häupter darauf zu lagern. Ihr Hund wird Ihnen bald schon zeigen, wie er es gerne gemütlich hat. Besorgen Sie – wenn er auf das Sofa darf – auch gleich die Hunde-Sofadecke. Gewöhnen Sie ihn von Anfang an daran, dass er nur dort auf das Sofa darf, wo diese spezielle Decke liegt. So können Sie Ihrem Hund einen Sofaplatz einräumen, ohne dass Ihr Sofa und das Sofa in der Ferienwohnung verschmutzt werden. Im Zoofachhandel gibt es praktische Decken in unterschiedlicher Größe und Farbe, die gut waschbar und preiswert sind.

Wenn Sie eine große Wohnung haben, können Sie Ihrem Welpen verschiedene Eckchen oder Plätzchen als Rückzugsmöglichkeiten anbieten. Sein nächtlicher Schlafplatz sollte aber stets in Ihrem Schlafzimmer sein.

TIPP

Auch wenn Sie das vielleicht albern finden, ein Plüschtier, etwa in der Größe Ihres Welpen oder größer, wird ihm eine ganz große Freude bereiten. Er wird an seinen »Teddy« geschmiegt schlafen, er wird ihn packen und schütteln, wird mit ihm spielen. Das Plüschtier kann auch beim Welpen eine Art Geschwisterfunktion übernehmen. Wie lange allerdings ein solcher Spielgefährte die Liebesbezeugungen eines kleinen Hundes überlebt, ist recht unterschiedlich. Unsere Nessy hat schon einen beachtlichen Friedhof der Kuscheltiere hinterlassen, und in ihrer Spielzeugkiste lagern greulich amputierte Giraffen, Hasen und geköpfte Hunde aus Plüsch.

Spielsachen können gar nicht genug da sein. Sie regen die Fantasie Ihres Welpen an, fordern seine Geschicklichkeit heraus und helfen seine Intelligenz zu entwickeln. Sie müssen bei Bällen und Ringen, bei Hanteln und Reifen aber immer schauen, dass sie Ihrem Welpen

TIPP

Spielzeug darf nie so klein sein, dass Ihr Welpe es schlucken könnte: er wird es nämlich schlucken, wenn er kann! Das gilt übrigens auch für die Plastiknase und die Plastikaugen seines Plüschtiers. Diese müssen Sie gegebenenfalls entfernen.

nicht gefährlich werden. Die Milch-
zähne Ihres Welpen sind ausgesprochen kräftig. Schnell ist ein Stück
Plastik abgebissen und verschluckt.

▸ **Die Autofahrt nach Hause**
Die meisten Welpen machen keinerlei
Probleme auf der Fahrt in ihr neues
Zuhause. Aber es ist besser, Sie sorgen
vor. Eine Rolle Küchenkrepp und eine
Plastiktüte sollte man schon dabeihab-
en, falls dem Welpen doch aus irgendwelchen Gründen schlecht wird. Halsband und Leine sollten Sie auch ein-
packen, ebenso eine Flasche Wasser
und einen Napf. Ihr Züchter wird den
Welpen nicht gerade gefüttert haben,
wenn Sie ihn abholen. Und damit sind
eigentlich die wichtigsten Vorbereitun-
gen getroffen.

Wenn es eine sehr lange Autofahrt
ist, dann planen Sie bitte schon vorher,
wo Sie Rast machen können.

Man sagt auch, dass Welpen sich
ganz besonders eng demjenigen an-
schließen, auf dessen Schoß sie vom
Welpenrudel fortgeholt wurden. Vielleicht ist das eine der vielen Hunde-
legenden. Sie sollten es sich jedenfalls
nicht nehmen lassen, diese erste gemeinsame Fahrt mit Ihrem Hundchen
zusammen auf dem Rücksitz zu genießen. Vergessen Sie all die albernen
Ratschläge in veralteten Hundebüchern, nach denen der Welpe im Fuß-
raum des Beifahrers befördert werden
soll, und ähnlichen Unsinn. Packen Sie
Ihren Welpen auch nicht in den Laderaum Ihres Kombis, wenn Sie nicht
wollen, dass er lernt, das Autofahren zu
verabscheuen. Ihr Hund ist Ihr Freund
an Ihrer Seite, das soll er von Anfang
an merken.

Die meisten Züchter haben Ihren

Autofahren: für fast
alle Hunde ein
großes Vergnügen

Welpen schon mal Autoerfahrungen
ermöglicht, und ganz sicher werden die
meisten Heimfahrten so ablaufen, wie
bei uns zuletzt mit unserer Nessy: Die
zwei Stunden Heimreise verbrachte
Nessy zur Hälfte mit Schlafen auf
meinen Schoß gekuschelt, ansonsten
mit intensivem Untersuchen, Beknab-
bern und Schütteln einer kleinen Stoff-
hantel. Heimfahren – kein Problem für
gut geprägte Hunde.

▸ **Ab jetzt ändert sich Ihr Leben**
Was immer Sie sich vielleicht vorgestellt haben über Ihr gemeinsames
Leben mit Ihrem neuen Freund – vergessen Sie es! Ihr Hundchen wird
ziemlich schnell und gründlich Ihr
Leben verändern. Ein Welpe kostet
Nerven, beansprucht Ihre Aufmerksamkeit, fordert Ihre Fantasie, Ihre
Führungsqualitäten und natürlich auch
Ihre Lachmuskeln. Auf jeden Fall haben Sie einige ausgesprochen anstrengende Wochen vor sich. Richten Sie
sich darauf ein und seien Sie vorbereitet, denn die ersten acht Wochen bei
Ihnen legen in mehrerlei Hinsicht den
Grundstein für ein harmonisches
gemeinsames Leben.

▶ **Gut geprägt
  ist halb gewonnen**

Die Verhaltensforscher sprechen bei
der 4. bis zur 16. Lebenswoche von der
Prägephase. Das ist ein bildhafter Ausdruck dafür, dass alles, was der kleine
Hund bis dahin erlebt, ihn prägt, wie
ein Stempel einer Münze ihr Aussehen
gibt. Natürlich lernt Ihr Hund sein
ganzes Leben lang – täte er das nicht,
könnte er kaum überleben. Gerade in
unserer modernen Welt nicht. Aber
dieses Lernen erfolgt nie mehr in seinem Leben so leicht, so schnell und so
nachhaltig wie eben jetzt. Nie mehr
kann er so viel lernen und nie mehr
wird er es bereitwilliger tun.

Diese Prägephase kann von uns erwünschtes Verhalten begründen, sie
kann aber auch weitreichende negative
Konsequenzen haben. Da ein großer
Teil dieser Prägephase beim Züchter
abläuft, bestimmt er wesentlich darüber mit, was später für ein Hund aus
dem Hundchen wird. Dort hat Klein-

Arko schon viele verschiedene Menschen gesehen/gerochen, dort ist er
Auto gefahren, dort hat er Radio, Fernseher, das Telefon und das Faxquiet-
schen kennen gelernt. Er weiß, dass der
Staubsauger kein Ungeheuer ist, sondern nur eines der vielen unerklärli-
chen Geräte, mit denen Menschen
unverständliche Dinge tun, um die
man sich als weltgewandter Hund aber
nicht weiter zu scheren braucht. Knallen und Rasseln, Klappern und Getöse
– gute Züchter stellen das absichtlich
her: sie lassen Topfdeckel fallen, stop-
fen leere Konservendosen in Säcke und
ziehen diese Rasseldinger durch die
Gegend. Sie tun eine Menge, damit
ihre Welpen auf unsere laute, manchmal für sie erschreckende Umwelt
vorbereitet sind. Solche Welpen sind
ein Leben lang von Lärm und anderem
»Menschenkram« schwer zu beeindrucken.

Klein-Bello, der ausschließlich in
einem Zwinger aufgewachsen ist, wird

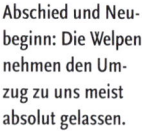

Abschied und Neu-
beginn: Die Welpen
nehmen den Um-
zug zu uns meist
absolut gelassen.

ebenfalls geprägt. Aber leider schlecht, denn er erlebt wenig oder gar nichts, er hat keine Chance etwas zu lernen, Erfahrungen zu machen und Selbstbewusstsein zu entwickeln. Umweltsicher, menschenbezogen und voll Selbstvertrauen wird ein solcher Welpe nicht sein, wenn Sie ihn holen. Sie haben dann die doppelte Arbeit: Sie müssen einen »Verlernprozess« und einen Lernprozess bei Ihrem neuen Freund einleiten. Aber Sie kaufen ja gar keinen Welpen aus einer solchen Zucht, nicht wahr!

Was der gute Züchter begonnen hat, müssen Sie fortsetzen. Sie haben nur noch wenig Zeit – acht Wochen, die Sie unbedingt nutzen sollten.

Prägungs-Fahrplan

Machen Sie – vor Ankunft des Welpen – eine Art Lehrplan für sich und Ihren neuen Freund. Überlegen Sie: Was soll er können? Was soll er kennen (lernen)? Welche Erfahrungen soll er machen?
Im Kapitel »Erziehung leicht gemacht« (Seite 77) mache ich Ihnen einen Vorschlag, wie so ein gemeinsamer Lernprozess aussehen könnte. Hier wollen wir zunächst einmal nur darüber sprechen, wie man den kleinen Hund stilgemäß in seinem neuen Heim empfängt.

▶ Richtig eingewöhnen

Stellen Sie sich vor, was dem kleinen Kerl da zugemutet wird: er wird zu einem Zeitpunkt aus dem Rudelverband gerissen, der in der Natur unweigerlich seinen Tod bedeuten würde. Wir nehmen ihn weg von Geschwistern und Mutter, von seinen Artgenossen, die bisher seine Welt bestimmt haben, mit denen zusammen er gespielt, gelernt, gefressen und geschlafen hat, bei denen und mit denen er sich sicher gefühlt hat.

Wir gehen davon aus, dass in der Zeit nach der Abgabe nach der achten Lebenswoche der Welpe ganz besonders gut in seine neue Familie einzuordnen ist. Wir beschneiden ihm damit aber eine wichtige Entwicklung, nämlich das Erlernen einer erfolgreichen Auseinandersetzung mit seinen Geschwistern. Die Verhaltensforscher nennen das Rudelordnungsphase. Als kleinen, aber unerlässlichen Geschwisterersatz sollten wir unserem Welpen deshalb Spielmöglichkeiten mit anderen Welpen bieten.

Es ist immer wieder beeindruckend, wie gelassen Welpen die Übernahme in Ihre neue Familie wegstecken, mit wie viel Vertrauen sie sich in unsere Hände geben. Es ist nur recht und billig, dass Sie sich bemühen, dieses Vertrauen zu rechtfertigen.

Also zeigen Sie dem Welpen, dass er einen guten Tausch gemacht hat. Dazu gehört, dass Sie ihm von Anfang an Sicherheit geben: machen Sie ihm die Spielregeln des Zusammenlebens mit Ihnen klar und halten Sie sich dann bitte auch selbst daran.

Ihr kleiner Hund wird in der Regel mit acht Wochen an Sie abgegeben. Also mittendrin in seiner Prägephase. Er will jetzt lernen, er will sich einfügen in sein neues Leben, er will es Ihnen, seinem neuen Boss, recht machen. Verständigen Sie sich also bitte unbedingt vor Ankunft des Welpen in der Familie darüber, was der Kleine darf und was er nicht darf.

▶ Regeln einhalten

Es ist absolute Geschmacksache, ob Ihr Hund zu Ihnen auf das Sofa oder ins Bett darf oder ob er auf der Eckbank das gemeinsame Essen der Familie mitverfolgt. Von unseren gepflegten Hunden gehen kaum Gesundheitsgefahren aus. Sie verlieren nur jede Menge Haare. Wie immer Sie es haben wollen – entscheiden Sie sich. Und dann gilt das auch.

Falls Sie es Ihrem Hund erlauben möchten, auf Sessel und Sofa Platz zu nehmen, sprechen nur zwei praktische Gründe dagegen. Erstens haben Sie später neben dem ausgewachsenen Bernhardiner möglicherweise keinen Platz mehr auf der Couch und zweitens wird Ihr Hund auch bei Erbtante Emma auf das Sofa steigen, wenn Sie dort zu Besuch sind; auch die Sessel und Sofas in Hotels und Ferienwohnungen müssen dann »geschützt« werden. Am besten ist es, wenn Sie Ihrem Welpen beibringen, dass er nur auf die Sofaecke darf, wo seine spezielle Decke liegt.

Ihr Welpe wird auf das Sofa drängen, weil das ein erhöhter Platz ist. Und er wird zu Ihnen ins Bett krabbeln, weil das ein ebenso wichtiger Platz ist: der Schlafplatz des Rudelführers! Wären Sie ein Hund, würde der Kleine beim ersten Versuch in hohem Bogen aus dem Bett fliegen wegen dieser Unbotmäßigkeit – aber wir sind ja keine Hunde. Falls Sie es also dulden möchten, dass Ihr Welpe bei Ihnen im Bett schläft, tun Sie es, Sie befinden sich in Gesellschaft der überwiegenden Mehrheit aller Hundehalter, wie kürzlich eine Zeitschrift behauptete. Aber achten Sie bei Ihrem Hund unbedingt und unter allen Umständen darauf, dass er stets nach Ihnen unter die Federn schlüpft. Warum? Hunde achten stark auf die Rangordnung. Ehe Sie sich versehen, geht Ihr dann halbstarker Rüde davon aus, dass das Bett jetzt sein Platz ist und lässt Sie nicht

Spielen, spielen, lernen, fressen, schlafen, spielen. Spielend verändert der Welpe Sie und Ihr Leben.

mehr rein. Dann haben Sie zum Beispiel bei einem Hovawart ein ungefähr 40-kg-Durchsetzungsproblem. Also nutzen Sie hier und in vielen anderen Fällen, die ich Ihnen noch zeige, gleich die Möglichkeit, Ihren Rang zu demonstrieren. Ins Bett darf er nur nach Ihnen oder gar nicht!

Sofa und Bett, Küche und Bad, was ist in Haus und Garten tabu, mit was darf er spielen, welche Hörzeichen wollen Sie verwenden? All das sprechen Sie bitte in der Familie ab und halten es dann auch durch. Sie machen es sich und dem Welpen einfacher, ein problemloses gemeinsames Leben aufzubauen.

Zeigen Sie dem kleinen Hund, dass er in sein neues Rudel aufgenommen ist, und schließen Sie ihn nicht aus. Zeigen Sie ihm seinen Platz in der familiären Rangfolge. Es gibt für Ihren Lehrling auf vier Pfoten nur schwarzweiß, ein »ja – aber« oder »vielleicht« deutet er immer in seinem Interesse. Machen Sie es also ihm und sich nicht schwerer, als es sein muss.

▶ Ein Name für den Hund

Spätestens wenn Sie Ihren Welpen holen, muss er einen Rufnamen bekommen. Einen Geburtsnamen hat er natürlich schon. Die Züchter geben sich große Mühe bei der Namenswahl. Die meisten Namen sind auch wirklich nett. Wir hatten uns bei unserem neuen Welpen vorher auch alle möglichen Namen überlegt. Dann hat uns aber das »Nessy« des Züchters gut gefallen. Und zu unserer temperamentvollen, klugen und stets zu neuen Streichen aufgelegten Hündin passt der Name obendrein ganz ausgezeichnet.

Wenn Sie schon vor dem Wurftermin Kontakt mit dem Züchter haben, dürfen Sie sich den Namen vielleicht sogar selbst aussuchen, sofern Sie sich an den festgelegten Anfangsbuchstaben halten.

Aber falls Ihnen Quasimodo oder Xanthippe als Rufnamen zu kompliziert sind oder falls Sie schon immer einen Hund wollten, der Hasso heißt – Ihrem kleinen Hund ist das ganz egal.

> ### TIPP
> *Ein zweisilbiger Name ist ideal, weil Sie ihn einfach besser rufen können. Ihr Welpe wird nach ein, zwei Tagen wissen, dass er gemeint ist. Benutzen Sie den Namen nur im schmeichelnden, anerkennenden Ton, niemals drohend. Ihr Welpe soll seinen Namen immer mit etwas Angenehmem verbinden.*

▶ Die erste Nacht

Auch wenn es in irgendwelchen Hundebüchern anders empfohlen wird: der Welpe gehört zu Ihnen ins Schlafzimmer. Warum? Ganz einfach: Sie haben Mutterstelle an dem Welpen übernommen, als Sie ihn vom Züchter holten. Jeder normal veranlagte Welpe wird die Nähe des Alttieres suchen, vor allem und gerade in der Nacht. In der freien Natur streifen dann viele Beutegreifer auf der Suche nach einem schnellen Abendessen durch die Gegend. Ein Welpe nachts allein ist draußen mit Sicherheit ein toter Welpe. Ihr kleiner Hund wird in Ihrer Küche, im Flur oder wo immer mittelalterliche Hundehaltung den Hund hin verbannte, wahrscheinlich nicht von einem Luchs geschlagen. Aber woher soll Ihr Welpe das wissen? Sein Instinktwissen sagt ihm, dass er unbedingt und unter allen Umständen bei Ihnen bleiben muss. Wenn Sie ihn gerade nachts isolieren, begehen Sie einen ganz massiven Vertrauensbruch an dem hoch sozial veranlagten Rudeltier Hund.

Natürlich gibt es Welpen, die auch in der Küche, im Flur oder im Zwinger »groß« geworden sind. Aber Sie wollen ja das Beste für Ihren Hund. Sie wollen ja einen Hund, der eine innige, feste und unverbrüchliche Bindung an Sie entwickelt. Sie wollen einen Hund, der im Urvertrauen auf Ihren Schutz und auf Ihre Führungsqualitäten baut und ein wunderbarer Begleiter, selbst in den schwierigsten Situationen, wird. Also, dann tun Sie etwas dafür, zeigen Sie ihm, dass er der Hund an Ihrer Seite ist: immer, nicht nur zu bestimmten Zeiten am Tag. Wenn Sie das nicht wollen, dann lassen Sie lieber die Finger von einem Hund, er wäre zu schade für jede andere Auffassung von Partnerschaft.

Wenn Sie finden, dass Ihr Hund im Schlafzimmer nichts zu suchen hat, können Sie ihm das beibringen, aber erst dann, wenn Ihr neuer Freund es halbwegs verkraftet, also frühestens ab dem siebten Lebensmonat.

Sie schieben dann sein Hundebett einfach immer näher zur Schlafzimmertür und nach ein, zwei Wochen stellen Sie es einfach vor die Tür. Bis dahin ist Ihr Junghund so selbstbewusst und so sicher, dass er das ohne Probleme verkraften wird. Vielleicht wollen Sie bis dahin aber diese Ver-schiebeaktion gar nicht mehr. Vorher jedenfalls gehört Ihr Welpe zu Ihnen, möglichst nah an Ihr Bett.

▶ **Stubenreinheit**

Viele Hundeanfänger sehen das größte Problem darin, einen Hund stubenrein zu machen. Ein großes Problem ist es aber nicht. Diese Aufgabe wird jedenfalls so schnell und so perfekt bewältigt, wie Sie selbst sich dabei engagieren und wie konsequent Sie dabei sind.

Das Sauberhalten des »Baus« ist ein Instinktverhalten. Jeder Wildhundwelpe wird seine Geschäfte nicht im »Schlafzimmer« machen, sobald er selbstständig gehen kann. Mutter Natur kennt schließlich die hygienischen Gefahren besser als jeder Arzt und sorgt über das Instinktwissen dafür, dass Jungtiere entsprechend handeln.

Jeder gute Züchter bietet seinen Welpen die Möglichkeit, ihr Geschäftchen in deutlicher Entfernung von der Wurfkiste zu erledigen. Wenn die Welpen schon gut zu Pfote sind, wird der Züchter sie nach dem Füttern und nach dem Schlafen in den Garten führen und sie loben, wenn sie sich lösen. »Lösen« nennen die Hundeleute übrigens das Absetzen von Urin und Kot.

Wenn Sie das einfach genauso machen, ist in drei, vier Wochen die ganze Aufregung vergessen. Also: nach dem Schlafen, Spielen, Fressen »muss« Ihr kleiner Freund. Am besten tragen Sie ihn raus, dann kann er unterwegs zum Löseplatz keinen »Fehler« machen. Wenn Sie ihm danach stets die Möglichkeit geben, sich zu lösen, und jedes Mal seine Tätigkeit mit zustimmenden Lauten begleiten und dabei auch noch das »Losungswort« sagen, kann eigentlich nichts mehr schief gehen.

TIPP

Auch für die Sauberkeitserziehung ist es praktisch, wenn der Welpe nachts bei Ihnen ist: Sie merken gleich, wenn er unruhig wird.

Jeder Welpe »meldet« sich anders, wenn er raus muss. Manche winseln und rennen zur Tür, das verstehen Menschen am einfachsten. Andere schauen einen nur unverwandt an, wieder andere bekommen Schluckauf oder kratzen an Ihrem Schienbein. Sie beobachten Ihren kleinen Liebling ja ohnehin ständig ganz verliebt und werden seine spezielle Art, sich zu melden, bald verstehen.

Welpen müssen oft nach draußen, sie vespern viel und Ihre Verdauungseinrichtungen sind verhältnismäßig klein. Deshalb müssen sie in der ersten Zeit auch manchmal nachts raus. Das ist kaum ein Problem, da Sie Ihren Welpen ja neben Ihrem Bett haben. Sie merken seine Unruhe sicherlich gleich und können ihn schnell auf den Arm nehmen und rausbringen. Die meisten Welpenbesitzer haben ohnehin anfangs einen so genannten »Ammenschlaf«, d.h., sie wachen sofort auf, wenn ihr kleiner Schützling sich rührt. Wenn Sie achtsam mit Ihrem Welpen umgehen, dauert es nur begrenzte Zeit, bis er stubenrein ist.

Auch für das Lösen sollten Sie sich ein Hörzeichen überlegen. Manche nennen es diskret verschlüsselt »Bahnhof«, andere drücken sich eher allgemein aus: »Mach' schnell!«, wieder andere bevorzugen dialektgefärbte Anweisungen wie das schweizerische »Mach's Brünni!«, das schwäbische »Mach' dei' Stinkerle« oder … aber da fällt Ihnen bestimmt auch eine nette Aufforderung ein. Mit welchem Wort auch immer Sie diese Tätigkeit verknüpfen, es muss für den Welpen eine absolut angenehme Erfahrung sein. Löst er sich am erwünschten Platz, wird er begeistert gelobt, tut er

es anderswo, wird es von Ihnen ignoriert.

Schimpfen Sie bloß nicht, wenn trotz Ihrer Aufmerksamkeit eben doch einmal ein Missgeschick passiert. Ihr Welpe nimmt sonst an, Sie schimpfen, weil er sich gelöst hat. Er wird nicht verstehen, dass Sie nur den Platz kritisieren, an dem dies stattfindet. Also keine großen Worte machen, wenn es »indoor« geschieht. Nehmen Sie einen Eimer Wasser, geben Sie etwas Essigessenz hinein, damit der Geruch entfernt wird, sonst wird Ihr Welpe animiert, wieder an diesem Platz zu pinkeln. Tun Sie den Welpen weg, damit er nicht sieht, dass Sie sich an seiner Hinterlassenschaft zu schaffen machen, und beseitigen Sie den Ausrutscher.

► **Umgang mit Hunden**

Viel mehr Gedanken als über die Stubenreinheit sollten Sie sich darüber machen, wo Sie einen guten Welpentreff in Ihrer Nähe haben. Sie haben Ihren kleinen Welpen ja zu einem Zeitpunkt von seinen Geschwistern getrennt, in dem er gerade angefangen hat zu lernen, wie man sich unter Hunden verständigt, wie man Probleme klärt, wie man sich wehrt und wann man nachgeben muss.

Hunde müssen nämlich die »Hundesprache« in großen Teilen ebenso erlernen, wie unsere Babys unsere Sprache. Ein Welpe, dem man den Kontakt zu anderen Hunden abschneidet, wird ein verhaltensgestörter Hund, ganz einfach deshalb, weil er die anderen nicht versteht und weil er sich den anderen nicht verständlich machen kann. Außerdem kann er dann seine Kräfte nicht einschätzen und überschätzt sich.

Wird die Verträglich-
keit mit Artgenossen
von Welpenbeinen
an gelernt, sichert
sie ein artgerechtes
Leben mit anderen
Hunden.

Ein artgerechtes Sozialverhalten muss gelernt werden. Sie sind geradezu verpflichtet, ihm dieses Lernen zu ermöglichen. Schlecht sozialisierte Welpen können zu aggressiven, raufenden Hunden werden. Sie nehmen sich und Ihrem Hund ein großes Stück Lebensfreude, wenn er dann keinen Kontakt mehr zu anderen Hunden haben kann. Und Sie werden nie einen entspannten Spaziergang machen, aus Sorge, ob nicht hinter dem nächsten Strauch ein anderer Hund auftaucht.

Suchen Sie also einen Welpentreff, bevor Ihr Welpe bei Ihnen ist. Ihr Hund sollte es Ihnen wert sein, auch eine Zeit lang längere Anfahrtswege für das Welpenspiel in Kauf zu nehmen. Sehr gute Prägungsspieltage nach dem Lernspielkonzept von Ute Narewski gibt es inzwischen an vielen Orten, Rassehundevereine machen Angebote und schließlich gibt es auch bei einigen Hundevereinen gute Welpen-Spielstunden. Schauen Sie sich die Alternativen vorher an, damit Sie wissen, wo-

hin Sie gehen können, wenn Ihr Hund da ist. Wenn er da ist, braucht er jedenfalls bald Welpenkontakt, damit aus dem kleinen netten Welpen ein großer netter Hund wird.

Sie sollten Ihrem Welpen natürlich auch den Kontakt mit gut veranlagten erwachsenen Hunden ermöglichen. Suchen Sie sich aber auch diese sorgfältig aus. Falls Ihnen irgendjemand etwas vom so genannten »Welpenschutz« erzählt, vergessen Sie es gleich wieder. Wirklich geschützt sind die Welpen nur im eigenen Rudel, und das hat Ihr Kleiner ja gerade verlassen. Die meisten Rüden sind Welpen gegenüber

TIPP

Auch wenn die meisten Hunde nett zu Welpen sind, verständigen Sie sich immer zuerst mit den anderen Hundebesitzern und nehmen Sie Ihren Welpen lieber einmal zu früh aus dem Getümmel. Nicht immer stimmt der beruhigend vorgetragene Satz: »Meiner tut nix!«

nachsichtig und tolerant. Hündinnen sind das nicht immer, vor allem nicht in ihrem eigenen Revier oder wenn sie gerade läufig sind oder waren.

Auch wenn man immer wieder hört »Hund ist Hund« stimmt das nicht. Wir haben an anderer Stelle schon darüber gesprochen: Es gibt ein rassetypisches Spielverhalten, darauf sollten Sie achten, und Minis und Maxis sollten auch nur sorgfältig kontrollierten Kontakt haben. Schnell hat auch der netteste Riese mal unabsichtlich den Zwerg verletzt.

Dass Hunde so unterschiedlich in Größe und Verhalten sind, daran sind wir Menschen schuld. Wir Menschen sind es auch, die dann mit entsprechender Vorsicht den artgerechten Kontakt ermöglichen sollen.

Auch wenn Sie nette erwachsene Hunde kennen, achten Sie immer darauf, dass Ihr Welpe nicht zu grob bespielt wird. Das schadet zwar meistens seiner Seele kein bisschen, aber seinen Gelenken und Bändern vielleicht. Außerdem erlernt er dadurch das grobe Spiel und kann nachher Probleme beim Spielen mit zarteren Naturen haben. Allzu derbe Spiele würde ich also erwachsenen schwereren Hunden mit meinem Welpen nicht erlauben. Die wenigsten erwachsenen Hunde haben ja regelmäßig Welpen um sich. Die wenigsten werden also »wissen«, wie man mit den Kleinen umgeht. Sie sehen es dann schon selbst: es gibt grobe Rüpel und sanfte Onkels bzw. Tanten. Sie sehen selbst am Verhalten Ihres Welpen, wann eine Bekanntschaft besser wieder abgebrochen wird. Trotzdem gilt: lieber einmal einen derben Knuff vom alten Arko als gar keinen Hundekontakt.

Zur artgerechten Hundehaltung gehört, dass wir das, was wir unseren Hunden nehmen, wenn wir sie zu uns ins Haus holen, durch die Gelegenheit zum Hundespiel ein Stück weit zurückgeben.

▶ Exkursionen in die Umwelt

Die Welt, in der wir und unsere Hunde uns bewegen, wird immer enger, reglementierter und schwieriger für Hunde (und Menschen). Verbote, Bebauung, Verkehr, die Möglichkeit und der Zwang zum Mobilsein, die immer weniger werdenden freien Räume, die von immer mehr Menschen für ihre Freizeitbeschäftigung genutzt werden, all dies fordert von unseren Hunden wahre Mammutleistungen an Anpassung.

Nutzen Sie die Prägephase Ihres Welpen und zeigen Sie ihm seine neue Welt jetzt. Er wird sie unkompliziert akzeptieren, wenn Sie es richtig machen.

Denken Sie an die vielen unterschiedlichen Bodenbeläge, die für Hundepfoten eigentlich absolut ungeeignet sind: Gitterroste, spiegelglattes Parkett und ähnliches. Gehen Sie mit Ihrem Welpen drüber: Sie voran, er an Ihrer Seite. Jetzt jedenfalls folgt er Ihnen bedenkenlos; wenn er einige Monate älter ist, vielleicht nicht mehr.

Nehmen Sie Ihren Welpen auf den Arm und gehen Sie eine Viertelstunde durch ein Einkaufszentrum. Lassen Sie ihn nicht auf den Boden, der Lärm, die Gerüche und die vielen optischen Eindrücke sind schon genug Lehrstoff zum Verarbeiten. Danach gehen Sie gleich mit ihm auf eine Spielwiese und erholen sich gemeinsam von dem Stress.

Marschieren Sie mit Klein-Rex über Brücken, lassen Sie ihn durch einen »Tunnel« schlüpfen (eine Stoff- oder Plastikröhre, wie sie für den Hundesport verwendet wird) und loben Sie ihn, wenn er seine Scheu überwunden hat.

Fahren Sie öfter als vielleicht nötig mit Ihrem Welpen Auto. Er soll es lieben lernen, und er soll es als eine fahrbare Hundehütte schätzen. Moderne Hunde müssen Autofans sein. Also nutzen Sie Autofahrten ins Spaziergangsgelände, zum Welpentreff und überall dorthin, wo es schön ist für Ihren Hund, um ihm das Autofahren angenehm zu machen.

Fahren Sie mit ihm Bus oder Bahn, benutzen Sie einen Lift. Zeigen Sie ihm

Kühe und Pferde, Schafe und Hühner (sofern es das bei Ihnen noch gibt). Lassen Sie Ihren Welpen schwimmen, wenn es nicht gerade Winter ist.

Zeigen Sie ihm Menschen, Menschen, Menschen. Noch ist Ihr kleiner Cäsar ein süßer Teddy, den (fast) alle mögen werden. Zeigen Sie ihm, dass (fast) überall Menschen sind. Machen Sie ihm klar, dass er erst auf Ihre Erlaubnis Kontakt aufnehmen darf und ansonsten andere Menschen nicht näher beachtet.

Gehen Sie voran beim Entdecken der vielfältigen und beeindruckenden Umwelt. Ihr Welpe folgt Ihnen und lernt erstens, dass Sie wirklich ein beeindruckender Chef sind, und zweitens, dass dieser ganz neuen, aufregenden Welt mit Gelassenheit begegnet werden kann.

> ### TIPP
>
> *Falls Ihr Welpe mit irgendetwas Probleme hat, weichen Sie der Sache nicht aus. Nehmen Sie sich Zeit, gehen Sie mit ihm gemeinsam das Ungeheuer an und lösen Sie Angst machende Situationen auf. Ihr Hund wächst – wie wir übrigens auch – mit seinen Aufgaben, nicht damit, dass er ausweicht.*

Nicht nur wenn der Kleine sitzt, sollte die Leine locker durchhängen. Üben Sie das mit dem Welpen, und für Sie beide wird später vieles leichter.

Wenn Sie dieses Umwelttraining richtig und rechtzeitig machen, werden Sie später einen Begleiter haben, der Sie nicht umreißt, weil er einem Gitterrost ausweicht, der nicht am ganzen Körper zittert, weil er sich nicht über den Parkettboden des Restaurants traut oder durch den Anblick eines Rollstuhlfahrers irritiert ist. All das kennt Ihr weltgewandter Begleiter dann schon, er bleibt cool und Sie haben eine ganze Menge komplizierter Probleme vermieden.

Lassen Sie Ihren Welpen ruhig auch einmal vier, fünf Treppenstufen gehen. Es ist gut, wenn er den dafür nötigen Bewegungsablauf schon früh kennt. Wenn Sie es ihm nur ab und zu erlauben, wird er sicher in dieser Aufgabe, er erwirbt dadurch keine Hüftgelenksdysplasie. Wenn Sie aus falsch verstandener Vorsorge Ihrem Welpen und Junghund das Treppensteigen grundsätzlich verbieten, wird er Ihnen wahrscheinlich große Probleme machen, wenn er mit acht oder zehn Monaten plötzlich Treppen steigen soll oder muss.

► ### Aktivitäten in Maßen

Natürlich braucht ein gesunder Hund rasse- bzw. typgerechten Auslauf. Eine Stunde plus x jeden Tag, je nach Veranlagung (des Hundes, bitte nicht Ihrer!). Aber bitte erst, wenn sein Bewegungsapparat halbwegs gefestigt und ausgereift ist. Es ist verständlich, dass Sie Ihren Nachbarn den süßen Welpen vorstellen wollen, aber marschieren Sie deshalb nicht zwei Stunden am Stück im Dorf herum.

► ## TIPP

Im ersten halben Lebensjahr ist mehrmals täglich ein maximal halbstündiger Spaziergang bei mittleren und großen Hunden absolut ausreichend. Bis zu einem Jahr können Sie dann auf eine Stunde steigern und dann allmählich erhöhen. Die meisten mittelgroßen bis großen Hunde sind erst mit zwei, manche erst mit drei Jahren körperlich voll entwickelt und belastbar. Minis und kleine Hunde werden schneller erwachsen.

Sie schaden Ihrem Hund, wenn Sie dies nicht beachten. Er darf mit sich, mit Ihnen und mit anderen Hunden spielen, solange er kann und will, dabei werden alle Muskeln, Bänder und Gelenke unterschiedlich belastet. Ein Spaziergang mit uns ist eine einseitige, starke Belastung. Das gleichmäßige monotone Laufen belastet seine weichen Bänder und Gelenke enorm. Also lassen Sie es – Sie haben hoffentlich mehr als ein Dutzend Jahre Zeit, mit Ihrem Begleiter auf Spaziergängen zu renommieren. Lassen Sie ihm das erste Jahr Zeit zum Wachsen und zum Reifen. Ihrem dreijährigen Kind würden Sie ja auch keinen kilometerlangen Fußmarsch in strammem Tempo zumuten.

Noch schlimmer wäre es, wenn Sie Ihren Hund im Welpen- und Junghundalter am Fahrrad oder Pferd mitlaufen lassen würden – das wäre Tierquälerei. Wenn Sie möchten, dass Ihr Hund Sie später am Rad oder Pferd begleitet, dann stellen Sie es ihm vor, solange er Welpe ist. Er darf zur Gewöhnung auch mal ein bisschen neben ihm gehen, mehr aber nicht.

Auch dann, wenn Sie später vielleicht Hundesport machen möchten, zum Beispiel Agility, sollte Ihr Hund im ersten Lebensjahr die Geräte nur kennen lernen oder vorsichtig ausprobieren, mehr nicht und auf Tempo ohnehin nicht – auch wenn Ihr Sportsfreund auf vier Pfoten das selbst gerne möchte. Lassen Sie ihn wachsen!

► ### Alleinbleiben

Wenn Sie alles andere richtig gemacht haben, ist das Alleinbleiben für die allermeisten Hunde überhaupt kein Problem. Denken Sie daran, dass Ihr Hund im ersten halben Jahr tagsüber nicht allzu lange allein bleiben sollte – die Nacht verbringt er ja ohnehin an Ihrer Seite.

Üben Sie mit Ihrem Welpen, nachdem er einige Zeit bei Ihnen ist, indem Sie das Zimmer für wenige Minuten verlassen. Machen Sie dabei aber keine riesigen Abschiedszeremonien oder Wiedersehensfeiern, sondern bleiben Sie völlig neutral. Sie gehen weg, sagen ein Wort Ihrer Wahl, zum Beispiel »Tschüss«, kommen nach ein, zwei Minuten zurück und sagen »so war's brav!«. Seien Sie aber nicht allzu begeistert und haben Sie bloß kein schlechtes Gewissen. Ihr Welpe merkt das nämlich und wird dann ganz aufgeregt und geht davon aus, dass Weggehen etwas ganz Schlimmes sein muss.

Also einfach so tun, als sei Weggehen und Wiederkommen die normalste Sache der Welt. Die meisten Hunde akzeptieren das ohne Murren. Heulsusen sind meist »selbst gemacht«, weil entweder wir selbst oder, bei einem Hund aus zweiter Hand, die Vorbesitzer einen Fehler gemacht haben.

Wenn er sich gelöst hat, vielleicht ein bisschen gespielt hat und nicht hungrig ist, können Sie ihn auch auf längere Abwesenheiten trainieren. Ihr Welpe wird dann in der Regel nichts zerstören, wenn Sie weg sind. Trotzdem sollten Sie Ihre Heiratsurkunde und den Nerzmantel vielleicht wegräumen, bis Sie sich dessen ganz sicher sind. Aber folgen Sie nur nicht den schlechten Ratgebern, die vorschlagen, dass man den Welpen in Badezimmer oder Flur sperrt, um Untaten zu verhindern. Lassen Sie Ihren Welpen dort, wo er auch sonst gerne ist, dann ist das eine normale Situation, die ihn nicht zusätzlich unsicher macht.

Üben Sie das Alleinbleiben auch gleich im Auto, erstens können Sie dann (falls die Temperaturen unter 15 °C sind), in Ruhe einkaufen und zweitens fällt es Ihrem Welpen dort meist leichter zu warten.

Wenn Sie das Weggehen systematisch üben und die Zeitdauer steigern, können Sie sich bald schon alleine zum Einkaufen auf den Weg machen. Ihr Welpe wird geduldig warten und darauf gespannt sein, was Sie von Ihrem Beutezug mitbringen.

▶ **Beim Tierarzt**

Last but not least in diesem Kapitel die Empfehlung, von Anfang an den Tierarzt zum Freund des Welpen werden zu lassen. Gehen Sie also keinesfalls in der ersten Zeit nur zum Tierarzt, wenn eine unangenehme Erfahrung (zum Beispiel Impfung o.ä.) ansteht. Ihr Tierarzt wird Sie sicher unterstützen, wenn Sie auch einmal nur so kommen, wenn Ihr Welpe kurz auf dem Untersuchungstisch geknuddelt und liebkost wird, ein tolles Leckerle erhält und die Praxis und den Tierarzt als etwas ausgesprochen Angenehmes empfindet.

Tierarztbesuche können auch bei den gesunden und robusten Hunden im Leben noch genug Unangenehmes bergen. Versuchen Sie, den Anfang dieser lebenslangen Beziehung zum Tierarzt für Ihren Welpen so angstfrei und so angenehm wie möglich zu machen. Meine Nessy freut sich furchtbar, wenn wir beim Tierarzt aus dem Auto steigen, zieht begeistert Richtung Ordination und setzt sich in Erwartung ihres Kekses ohne Aufforderung schon mal auf die Waage. Sie hat nur gute Erfahrungen gemacht. Hoffentlich bleibt das noch lange so.

Gesunde Ernährung

Gesunde Ernährung

▶ Der Hund ist, was er isst

Als die Vorfahren unserer Hunde auf den Menschen kamen, haben sie wahrscheinlich in Sachen Küche einen schlechten Tausch gemacht. Sie bekamen nun nicht mehr (wenn das Jagdglück das wollte) die Filetstücke, sondern eher die Abfälle, die die Menschen nicht mehr wollten. Im schlimmsten Fall landeten sie selbst im Kochtopf, wenn bei ihren neuen Freunden Schmalhans Küchenmeister war.

Über zig Jahrtausende war die Ernährungsgeschichte der meisten Hunde wohl eine Geschichte des Mangels und der Not. Sieht man mal von den verwöhnten Hunden edler Damen oder den geschätzten Begleitern adeliger Jagdherren ab, war Hasso Normalhund meist sicher ein »armes Schwein«.

Der moderne Welpe, der heute zu Ihnen ins Haus kommt, hat ganz andere Probleme mit seiner Ernährung. Heute sind Ernährungsprobleme bei Hunden in Deutschland zumindest fast immer Probleme der Überversorgung. Unsere Hundekinder bekommen zu viel Eiweiß, wachsen zu schnell und haben als Resultat dann Skelett- und Knochenprobleme – nicht wegen schlechter, sondern wegen zu »guter« Ernährung.

Die modernen, verwöhnten erwachsenen Hunde geraten in die Gefahr, ordentlich Übergewicht anzusetzen. Wie bei Menschen und schlimmer noch, hat Übergewicht für das Wohlbefinden und die Gesundheit Ihres Hundes negative Auswirkungen. Also achten Sie darauf, dass Ihr Schleckermäulchen gar nicht erst dicker wird, als es sein darf. Ihr Hund hat das richtige Gewicht, wenn er die Rippenprobe besteht: streichen Sie leicht – aber wirklich leicht – über seine Seite. Wenn Sie seine Rippen spüren, ist es okay. Wie bei uns selbst heißt auch bei ihm die Devise: Wehret den Anfängen!

Die meisten Hunde sind gute Futterverwerter, vergleichsweise anspruchslos und meistens hungrig. Sorgen Sie dafür, dass sie Spaß am Fressen haben. Sorgen Sie aber vor allem dafür, dass das Fressen nicht der einzige Spaß am Tage ist.

▶ Futterarten

Ich war lange Zeit eine ganz verbissene Verteidigerin von selbst gekochter Hundenahrung. In den USA gibt es wieder einen Trend dahin, selbst für

Cliff und Lassie zu kochen. Auch Sie
können Ihr Hundefutter selbst kochen,
es gibt ausgezeichnete Literatur dazu,
was da reinsollte und wie man es
optimal zusammenstellt. Aber mit
meiner Nessy mache ich heute ganz
prima Erfahrungen mit gutem Fertigfutter. Und wenn Sie sich nicht zu einer
Fachkraft für ausgewogene Hundeernährung ausbilden wollen, dann
kann man heute wirklich zur Fertig-
nahrung für Hunde raten.

Es gibt eine breite Angebotspalette
für alle Altersstufen des Hundes, für
unterschiedliche Lebensbedingungen
(säugende Hündinnen, Arbeitshunde,
Familienhunde, wenig Aktive etc.), für
verschiedene gesundheitliche Bedingungen (magenempfindliche, über-
gewichtige, allergische und kastrierte
Tiere).

Sie können wählen zwischen Vollnahrung und Ergänzungsfutter. Vollnahrung heißt, dass Sie ein Alleinfutter bieten, das alle wichtigen Inhalts-
stoffe enthält. Solche Vollnahrung
erhalten Sie als Trockenfutter oder in
Dosen. Aus Dosen oder selbst gekocht
können Sie auch Fleisch anbieten,
dazu brauchen Sie dann aber unbedingt Ergänzungsfutter, das sind
Getreide- und Gemüseflocken, damit
Ihr Hund eine vollwertige Mahlzeit
erhält.

Sie können auch im Fertigfutter-
bereich abwechslungsreiche Kost
bieten, indem Sie Trockenfutter mit
kleinen Zutaten verfeinern oder strecken. Das könnte Gemüse sein oder
Joghurt oder etwas Obst oder mal ein
bisschen gedünsteten Fisch, was immer Sie gerade zur Verfügung haben.

Auch wenn die Futtermittelfirmen
ihre Kundschaft natürlich an sich bin-

den wollen: Ihr Hund wird nicht krank,
wenn Sie die Futtermarke wechseln.
Manche Hunde mögen das sowieso
gerne und Sie prägen Ihren Hund nicht
ausschließlich auf eine Futtermarke,
was ganz fatale Konsequenzen haben
könnte, wenn er dieses eine Futter
einmal nicht bekommen kann (z.B. im
Urlaub).

Was ein echter
Hund ist, dem ist
keine Zahnbürste
zu groß.

▶ Nahrungsbestandteile

Fünf Dinge braucht Ihr Hund fürs Überleben: Fette, Proteine, Kohlehydrate, Vitamine sowie Mineralstoffe und Spurenelemente. Bekommt er die und dann noch im richtigen Verhältnis, seiner Konstitution und seinem Alter angemessen, dann ist er optimal ernährt.

Die Tierärztin und Kosmos-Autorin Dr. med. vet. Helga Brehm hat in ihrem Buch über Hundekrankheiten zusammengefasst, was bei den einzelnen Energielieferanten zu beachten ist.

Eiweiß

☐ Fleisch: kein rohes Schweinefleisch! Stets Kalzium, jodiertes Kochsalz und fettlösliche Vitamine zusetzen.

☐ Innereien: wenig Leber (sonst Vitamin-A-Vergiftung).

☐ Fisch: nur gekocht füttern, damit Parasiten abgetötet werden und Thiaminase (Vitamin-B1-zerstörendes Enzym) inaktiviert wird.

☐ Quark, Hüttenkäse: auf jeden Fall Kalzium zufüttern.

☐ Eier: Eiklar nur gekocht geben, da es den Vitamin-H-zerstörenden Faktor Avidin und einen Trypsinhemmstoff enthält.

☐ Mangel an Proteinen führt zu Entwicklungsstörungen, Infektionsanfälligkeit und Blutarmut.

☐ Extreme Eiweißüberfütterung führt zu Hauterkrankungen, Überbelastung der Leber und Niere, Kalziummangel.

Fette

☐ Fette und Öle sind Energielieferanten, daher geeignet in Situationen erhöhten Energiebedarfs (Arbeitshunde, stillende Hündin).

☐ Pflanzenöle enthalten einen hohen Anteil ungesättigter Fettsäuren.

☐ Große Mengen haben abführende Wirkung.

Kohlehydrate

☐ Kohlehydrate als Rohfaserlieferanten: Getreideschrot, Weizenkleie, Obst, Gemüse.

Kohlehydrate als Energielieferanten: Reis, Kartoffeln, Getreideflocken, Grieß, Brot und Teigwaren, reife Früchte.

Brot und Teigwaren besitzen außer Energie keinen Nährwert.

Zu viele Kohlehydrate führen zur Verfettung.

Viel Rohfaser im Futter führt zur Gewichtsreduktion.

Zu wenig Rohfaser im Futter führt zu Kotabsatzproblemen.

Mineralstoffe und Spurenelemente

Mengenelemente (Kalzium, Phosphor, Magnesium, Natrium, Kalium, Chlor) und Spurenelemente (Fluor, Jod, Kupfer, Mangan, Selen und Zink) sind im Fertigfutter in ausreichender Menge und richtigem Mischungsverhältnis vorhanden.

Kalzium und Phosphor sollten immer im Verhältnis 1–1,2g Kalzium zu 0,8–1 g Phosphor pro 100 g Futtertrockensubstanz enthalten sein.

Hoher Kalziumbedarf bei wachsenden Hunden und stillenden Hündinnen.

Jodiertes Kochsalz und Kalzium bei Fleischfütterung zugeben.

Vitamine

Zu viel an Vitamin A führt zu Knochenverkalkung und zu viel an Vitamin D zur Gefäßverkalkung.

Vitamin K und ein Teil der B-Vitamine werden von den Darmbakterien synthetisiert.

Vitamin C kann der Hundekörper selbst herstellen.

Erhöhter Vitaminbedarf besteht bei wachsenden Hunden, tragenden und stillenden Hündinnen und bei alten Hunden.

Langes Wässern und Kochen von Futtermitteln zerstört Vitamine.

▶   **Nahrungsbedarf**

Der Hund hat im Laufe seines Lebens einen unterschiedlichen Bedarf an diesen Nahrungsbestandteilen. Viele gute Futtermittelhersteller berücksichtigen das inzwischen. Sie sollten vor allem bei Ihrem Welpen und bei Ihrem heranwachsenden Hund darauf achten, dass er spezielles, das heißt seinem Alter und seiner Rasse bzw. seinem Typ angepasstes Futter bekommt. Über- und Unterversorgungen vor allem mit Protein und Kalzium im ersten Lebensjahr Ihres Hundes können ernste Folgen für sein späteres Leben haben. Besonders hier sollte man mit »Selbstgemachtem« vorsichtig sein. Und besonders im ersten Lebensjahr sollte man auch nicht am Futter »sparen«, sondern zu hochwertigem Futter greifen.

▶   **Richtig füttern**

- ▶ altersgerecht füttern
- ▶ die Zusammensetzung des Futters soll zum Hund passen
- ▶ Futterration auf mehrere Mahlzeiten am Tag verteilen (bei Welpen viermal, beim Junghund dreimal, bei Erwachsenen zweimal und beim Senior wieder dreimal täglich)
- ▶ zahnpflegende Futterbestandteile anbieten (Büffelhautknochen, Ochsenziemer, Hundekuchen u.ä.)
- ▶ Leckerli und Belohnungen in die tägliche Futterration einrechnen
- ▶ nie direkt aus dem Kühlschrank füttern
- ▶ keine gewürzten Tischreste füttern
- ▶ stets Wasser bereit halten

▶   **Tischsitten**

Jeder Hund kann betteln – wahrscheinlich ab dem Zeitpunkt, an dem er halbwegs Kontrolle über seine Beine hat und mehrere Schritte geradeaus laufen kann. Jeder – auch ein dicker Hund – schafft es, Sie glauben zu machen, dass er augenblicklich in ein Hungerkoma fällt, wenn Sie ihm nicht schnell etwas zu fressen reichen. Manche Hundehalter behaupten steif und fest, dass ihr Hund sogar die Lefzen einziehen kann, um einen besonders hinfälligen Eindruck zu erwecken.

Es ist einfach so: Wenn Sie Ihren Hund niemals, wirklich niemals auf seine Initiative hin füttern, weiß er gar nicht, was Betteln ist. Das Problem ist nur: Sie sind konsequent und dann, ja dann zeigt ihm einfach Onkel Fritz, wie das geht: einen Menschen zum Futterspender erziehen.

Vielleicht gewinnen Sie diesen Machtkampf souverän. Wenn nicht, sehen Sie Ihren Widerstand gegen Ihren begabten Schauspieler auf vier Pfoten einfach als ständigen Prozess, in dem Sie (hoffentlich) die meisten Punkte sammeln.

Ihr Hund verträgt und liebt sein Futter am besten »körperwarm« – das schaffen wir natürlich nicht, aber aus dem Kühlschrank sollte man gar nicht füttern. Wenn man selbst kocht, kann man noch warm anbieten. Trockenfutter und Hundeflocken kann man mit heißem Wasser einweichen.

Trockenfutter sollten Sie nur im Ausnahmefall trocken füttern. Ihr Hund verdaut es leichter, wenn Sie es vorher quellen lassen. Mindestens eine Viertelstunde ist zu raten, welche Zeit optimal ist, finden Sie selbst heraus, je

Vornehm jeder für sich: Welpen bei einer ihrer Lieblingsbeschäftigungen. Die Welpen- und Junghundeernährung ist grundlegend für ein gesundes Hundeleben.

nach Futter und Geschmack Ihres Hundes.

TIPP

Denken Sie in diesem Zusammenhang auch an die Empfehlungen aus dem Erziehungskapitel: Füttern Sie Ihren Hund entweder zu anderen Zeiten, als Sie selbst essen, oder geben Sie ihm sein Futter, nachdem Sie selbst gegessen haben.

Nehmen Sie Ihrem Hund auch mal kurzfristig die Schüssel weg oder rühren mit dem Finger in der Leckerei und wehe, er duldet diese Rangdemonstration seines Bosses nicht gleichmütig – dann gibt es ein ordentliches Donnerwetter.

▶ Zeit zum Fressen

Vielleicht kennen Sie das auch: Vor einigen Tagen haben wir wie jedes Jahr die Uhren eine Stunde zurückgestellt: Winterzeit. Pünktlich um 12 Uhr (Sommerzeit) – meist schon etwas früher – begibt sich unsere Nessy zu ihrem Futterständer, setzt sich vor den leeren Ring, in den in Kürze ihre (gefüllte) Schüssel gehängt werden wird. Mehr oder weniger geduldig, sehnsüchtig und – wie es scheint – tiefsinnig betrachtet sie den leeren Raum in dem Ring. Es dauert Wochen, bis sie schweren Herzens akzeptiert, dass Winterzeit bedeutet, eine Stunde später zu fressen. Sehr viel angenehmer empfindet Nessy natürlich die andere Umstellung, die bedeutet, dass ihr Futter eine Stunde früher gereicht wird.

Wann Zeit zum Fressen sein soll, hängt vom Alter ab. Ihren Welpen füttern Sie viermal am Tag – möglichst gleichmäßig auf die wache Zeit verteilt –, Ihr Junghund bekommt dann ab dem 7. Lebensmonat nur noch dreimal

Wasser – auch für Hunde (über-)lebenswichtig. Die Wasserflasche für den Hund ist ein unbedingtes Muss im Auto.

Futter. Ihr Großer bekommt seine tägliche Futterration in zwei Portionen, damit erstens die Gefahr der Magendrehung vermindert wird und zweitens Ihr Hund nicht ganz so lange Abstände zwischen den Highlights jeden Hundetages hat: dem Speisen. Ihr alter Freund sollte seine Ration dann wieder dreimal am Tag bekommen.

Ob Sie Ihren erwachsenen Hund stets zur gleichen Zeit füttern, hängt im Wesentlichen von Ihren Lebensumständen ab. Tierärzte empfehlen feste Fütterungszeiten, weil sich der Organismus dann schon auf das kommende Futter vorbereitet. Aufnahme und Verwertung des Futters sollen so verbessert werden.

> **TIPP**
>
> *Direkt vor dem Füttern sollte Ihr mittelgroßer bis großer Hund keine körperliche Anstrengung haben. Also, wenn er vom Hundesport, vom Hundespiel oder vom Ausritt bzw. Radfahren zurückkommt, nicht gleich eine Stärkung reichen. Experten empfehlen nach körperlicher Anstrengung eine Ruhepause von mindestens einer Stunde.*

Sie müssen dann aber damit rechnen, dass Ihr Hund pünktlich zum Termin mit seinem Futter rechnet – zumindest, wenn Sie und er zu Hause sind. Der Fantasie eines Hundes, wie er Sie auf seine Essenszeit aufmerksam machen kann, sind keine Grenzen gesetzt, und ihm ist es auch ganz egal, wenn Erbtante Frieda zu Besuch ist und Ihre ganze Konzentration fordert.

▶ **Nach dem Futtern**

Ruhe nach dem Essen ist die erste Hundepflicht für alle Rassen. Achten Sie darauf, dass Ihre Kinder den Hund nicht zum Spielen verleiten, wenn Sie möchten, dass Ihr Hund noch lange spielen kann.

Anders ist das bei Welpen. Ihnen sieht man geradezu an, ob sie die optimale Menge gefuttert haben: Wenn sie nach dem Füttern nicht gleich umfallen und schlafen, sondern noch ein Viertelstündchen spielen, war alles prima. Sind sie nervend, hatten die Kleinen zu wenig Futter, plumpsen sie gleich in den Tiefschlaf, dann war es entschieden zu viel des Guten.

▶ **Snacks – warum nicht?**

Die Hundefutterindustrie hat jede Menge Ideen, was man Ihrem Hund noch nebenher an Snacks bieten könnte. Es gibt ihn zwar noch, den alten zahngesundheitsfördernden Hundekuchen, der auch noch so heißt. Manchmal nennt er sich aber schon Kraftriegel oder Maiskeimbrötchen oder anderswie modern. Die industriell gefertigten Hundesnacks und Belohnungsleckerchen sind heute vor allem für den menschlichen Käufer aufbereitet. Pralinenähnlich, in Form von Keksen oder italienischer Pasta, gerollt,

geschichtet, als eine Art Überraschungsei (-knochen) für Hunde, nur Ihr Geldbeutel und Ihr gesunder Menschenverstand setzen hier Grenzen.

Für die rustikaleren Hundebesitzer und für die, die sich auf dem Weg zurück zur Natur befinden, gibt es jede Menge Trockenprodukte von Schlachtabfällen. Getrockneter Ochsenpenis, getrocknete Ohren von allen möglichen Schlachttieren, Rindernasen, Rinder- oder Schafspansen, Rinderhufe, Rinderlunge, sogar Hoden männlicher Rinder kann man seinem Hund zum Knabbern bieten. Manchmal finden Sie auch getrocknete Hühnerkralle im Snackregal oder einfach nur mehr oder weniger preiswerte Stückchen Rinderfell. Alles Geschmackssache, und das im Wortsinn. Die Lieferanten scheinen davon auszugehen, dass gerade die Produkte, die ganz besonders streng riechen, von der Kundschaft bevorzugt werden. Wie auch immer – den Hunden schmeckt das meiste davon ganz ausgezeichnet.

▶ **TIPP**

Schweine und vereinzelt auch andere Schlachttiere können an der Aujeszkyschen Krankheit leiden. Hunde und Katzen, die das Fleisch derart infizierter Tiere fressen, sterben qualvoll. Nur Erhitzen über hundert Grad kann den Virus töten. Seien Sie deshalb vorsichtig mit getrockneten Schweineohren. Getrocknete Schlachtabfälle sind vor der Trocknung nicht immer ausreichend erhitzt worden. Wenn Ihr Zoofachhändler das nicht garantieren kann, kaufen Sie besser kein Schweineohr, es könnte die letzte Mahlzeit Ihres Hundes sein.

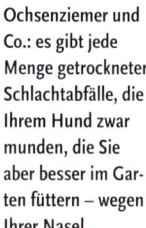

Ochsenziemer und Co.: es gibt jede Menge getrockneter Schlachtabfälle, die Ihrem Hund zwar munden, die Sie aber besser im Garten füttern – wegen Ihrer Nase!

Amerikanischer und deshalb hygienischer und steriler und überhaupt kaum mehr als das erkennbar, was es einmal war, sind Produkte aus Rinderhaut, die so genannten Büffelhautknochen und ähnliche Produkte: Knusperstängel, Kauröllchen und wie sie alle heißen. Das sind wunderbare Instrumente zum Zeitvertreib und zur Beschäftigung für Ihren Hund. Nur leider sind sie manchen Hunden, die mal auf den Geschmack eines kernigen Ochsenziemers gekommen sind, einfach nicht aromatisch genug. Wenn Sie Ihren Gourmet also zum Büffelhaut-Freund erziehen wollen, geben Sie ihm nur wenige der oben genannten Trockenprodukte.

Was immer und wie viel immer Sie Ihrem Hund zwischendurch füttern – denken Sie daran: fast alles hat Kalorien, die Sie in die tägliche Gesamtfuttermenge einrechnen sollten und von den Hauptmahlzeiten entsprechend abziehen müssen.

▶ **Ungeeignetes Futter**

Vieles, was Ihr netter Nachbar oder Ihr eigener Hund für ganz besonders lecker und hundetauglich halten, sollten Sie nicht füttern, weil es schädlich oder sogar gefährlich ist.

Knochen zum Beispiel sind entgegen aller alten und neuen Beteuerungen kein Hundefutter. Große und harte Knochen können Zähne schädigen.

Knochenteile oder kleine Knochen können irgendwo zwischen Schlund und Anus stecken bleiben. Wenn dies in der Luftröhre oder im Darm passiert, kann es zu lebensbedrohlichem Verschluss kommen. Die meisten kennen die Gefahr, die von Hühner- oder Kaninchenknochen für Hunde ausgeht.

Aber selbst wenn Ihr Hund ein ganz prima Knochenfresser ist, die Gefahr der Verstopfung ist groß. Es kann zum gefürchteten Knochenkot kommen, einem steinharten Kot, der sich an die Darmwand anlegt und nicht mehr transportiert werden kann. Qualvolle Darmspülungen oder die Entfernung mit einer Zange sind dann die üble Konsequenz. Also überlegen Sie, ob der »gute« Kalbsknochen wirklich gut für Ihren Hund ist.

Eben haben wir schon über die gefährliche Aujeszkysche Krankheit gesprochen, füttern Sie deshalb kein **Schweinefleisch** und auch keine Produkte mit rohem Schweinefleisch, also roher Schinken, Mettwurst, Salami u.ä. Es ist überhaupt empfehlenswert, gar kein rohes Fleisch – gleich von welchem Tier – zu füttern.

Fleisch ist kein Alleinfutter. Wenn Sie Fleisch füttern, geben Sie ein Fertigfutter ohne Fleischanteil (Gemüseflocken o.ä.) dazu. Fleisch allein führt zu Mangelzuständen.

Rohes Eiklar sollten Sie Ihrem Hund auch nicht geben (siehe Seite 48).

Schokolade ist keine Belohnung für Ihren Hund, sondern kann bei empfindlichen Hunden lebensbedrohlich wirken. Alle anderen Süßigkeiten sind auch nicht empfehlenswert: auch Ihr Hund kann Karies bekommen, und brauchen tut Ihr Freund Gummibärchen und Co. sowieso nicht.

Mist, Pferdeäpfel, Schafskot: Jetzt denken Sie vielleicht, na, das ist doch klar, so was ist doch kein Futter. Schön, aber was, glauben Sie, denkt Ihr Hund? Für ihn sind das die reinsten kostenlosen Pralinen, die da rumliegen. Sein Instinkt lehrt ihn, dass in diesen köstlichen Leckereien noch feine für ihn verwertbare Bestandteile sind. Leider – und das lehrt ihn sein Instinkt nicht – gibt es auch andere Bestandteile, die für seinen Magendarmtrakt nicht so erfreulich sind. Pferdeäpfel sind meist unbedenklich, aber einfacher ist es, Sie lehren Ihren Hund, gar keinen Mist aufzunehmen, als dass Sie versuchen, sich mit ihm auf die akzeptablen Mistsorten zu einigen.

Mäuse: Eigentlich sind Mäuse ein ganz wunderbares artgerechtes Lebensmittel. Die wilden Verwandten unserer Hunde füllen mit diesen »Snacks« ihren leeren Magen, wenn größere Brocken nicht zu kriegen sind. Nur bekommen erstens viele Hundebesitzer Panikattacken, wenn ihr Hund ein Lebewesen tötet, und zweitens sind Mäuse heute leider meist äußerst ungesund. Falls Sie die Ernährungsgewohnheiten der Mäuse nicht genau kennen, sollten Sie Ihrem Falko nicht erlauben, eine zu jagen oder gar zu verspeisen. Die modernen Feldmäuse sind nämlich leider oft schon halb vergiftet, wenn Ihr Hund sie erlegt. Vergiftet von der intensiven Landwirtschaft und den dabei ausgebrachten Herbiziden und Pestiziden. Beide können bei Ihrem Hund zu Vergiftungen führen, wenn er sie in entsprechender Menge aufnimmt. Die Waldmäuse sind Überträger des gefährlichen Fuchsbandwurms. Also gestatten Sie Ihrem Hund am besten erst gar nicht die Mäusejagd, auch wenn Sie ein paar Stellen wüssten, wo sie vielleicht nicht gefährlich wäre.

Brackiges Wasser: Auch hier gehen die Meinungen zwischen Hunden und Menschen weit auseinander. Ihr Schluckspecht wird, wenn er es nur entdeckt, brackiges Gießwasser aus der Regentonne wie einen Likör schlürfen. Pfützen, die sich im Übergangsstadium zu kleinen sumpfigen Biotopen befinden, laden Ihren Entdecker nicht nur zum köstlichen Bade, sondern auch zum Verkosten dieser Leckerei. Besonders im Sommer kann er sich dabei eine üble Magendarminfektion holen. Kann er – muss er aber nicht, sonst hätten im Sommer die meisten Hunde chronischen Durchfall. Aber haben Sie auf jeden Fall ein Auge auf Ihren Hund.

▶ **Fütterungstipps**

Sie werden natürlich als liebevoller Hundehalter dem Geschirr Ihres Hundes die gleiche Sorgfalt angedeihen lassen wie Ihrem eigenen. Blitzsauber soll es schon sein. Kaufen Sie deshalb Qualitätsware, die sich gut reinigen lässt.

Achten Sie darauf, dass niemals Futter stehen bleibt, zumindest nicht länger als eine Viertelstunde. Erstens erziehen Sie sonst vielleicht einen mäkeligen Fresser und zweitens verdirbt Futter schnell und wird zur Gefahr für das Wohlbefinden Ihres Hundes.

Höhenverstellbare Futterständer werden immer wieder wegen ihrer gesundheitlichen Vorteile für mittelgroße bis große Hunde gepriesen. Skelettbelastungen beim wachsenden Hund würden vermieden. Das übermäßige Schlucken von Luft während des Futterns sei ausgeschlossen und

anderes mehr. Wie weit dies richtig ist, sei dahingestellt. Was aber jedem quasi auf den ersten Biss einleuchtet, ist, dass Ihr Hund damit ganz komfortabel speist. Er frisst auch meist manierlicher, weil die Näpfe nicht so leicht durch die Küche gezerrt werden können. Man kann sie als Hund auch nicht einfach umdrehen und kontrollieren, ob man auf der Unterseite noch Futterreste übersehen hat. Und mit dem Futterständer im Maul können selbst die meisten Doggen nicht hinter Frauchen dreinlaufen.

▶ **Wasser**

Der Körper unserer Hunde besteht zu 70% aus Wasser, und schon der Verlust von 15% davon ist tödlich. Wenn Sie sich den Wasserbedarf Ihres Freundes ganz genau ausrechnen wollen, müssen Sie 40–220 ml pro Kilo Lebendmasse Ihres Hundes rechnen. Je nach Umgebungstemperatur, Gesundheitszustand, bei Hündinnen, ob sie stillen, und je nachdem, welches Futter Sie anbieten, braucht man weniger oder mehr.

Natürlich brauchen Hunde, die Trockenfutter bekommen, deutlich mehr Wasser als andere.

Das Wasser für Ihren Hund soll natürlich Trinkwasserqualität und immer mehr als 10 °C haben.

Denken Sie also daran, dass Ihr Hund stets frisches Wasser hat, und denken Sie vor allem daran, wenn Sie in der warmen Jahreszeit mit ihm unterwegs sind. Mindestens eine Literflasche Wasser sollten Sie immer im Wagen dabeihaben, wenn Sie gemeinsam fahren. Und ein Napf, aus dem Ihr Hund trinken kann, gehört genauso ins Auto wie das Warndreieck.

Richtige Pflege

Richtige Pflege

Richtige Pflege ist neben der Ernährung und der artgerechten Beschäftigung der dritte Bestandteil der Gesundheitsvorsorge, für die Sie die Verantwortung tragen. Ein gepflegter Hund hat ein dichtes glänzendes Fell, klare sekretfreie Augen, sein Fell ist sauber, auch an den intimen Stellen unter der Rute, und frei von Verfilzungen und totem Haar. Seine Pfotenballen sind glatt und die Krallen nicht zu lang; seine Ohren sind sauber und geruchsfrei, seine Zähne in einem altersgemäßen Zustand ohne auffälligen Zahnbelag. Der Hund riecht nicht aus dem Fang.

So sollte das sein – zumindest meistens und immer dann, wenn Diana oder Hektor nicht gerade aus einem mit Mist gedüngten Feld zurückkommen.

Glänzendes Fell demonstriert Gepflegtheit und signalisiert Gesundheit.

Pflege ist Sozialkontakt

Sich gegenseitig zu pflegen, gehört sich unter Angehörigen. Zumindest bei Familie Hund ist das klar. Nicht ganz so perfekt wie Affen das tun, aber mit der gleichen Hingabe, hilft man sich, wenn man ungebetene Gäste aus dem Fell haben will. Es ist deshalb ganz normal, dass Sie Ihrem Hund ans Fell gehen. Wir Menschen benutzen dazu Bürsten, Lappen, Reinigungstinkturen, Zeckenzangen und anderes. Es bleibt aber, und so soll Ihr Hund das auch erleben, immer eine innige Form von Sozialkontakt, eine Handlung, die nebenbei die Vertrautheit, die Liebe und die Zusammengehörigkeit ausdrückt. Wenn Sie Ihren Welpen von klein auf daran gewöhnen, dass Sie pflegende Handlungen an ihm vornehmen, wird er später keine Probleme machen.

▶ Fellpflege

Menschen haben sich Hunde für ganz unterschiedliche Situationen geschaffen. Hunde, die droben in den Bergen oder draußen in den Steppen allein mit den Schafherden leben können. Hunde, die in der kalten See vor Neufundland den Fischern helfen. Hunde, die ideal bei verschiedenen jagdlichen Aufgaben einzusetzen sind. Hunde, die in Eis und Schnee überleben können. Menschen haben sich Hunde auch aus ganz unpraktischen Erwägungen gezüchtet, einfach, weil sie sich ein Bild von einem Hund machten, das sie dann herausgezüchtet haben. Wenn wir heute unsere Hunde anschauen, gibt es alle möglichen Fellarten, von der Fellkugel Wolfsspitz, den Löckchen der Pudel, den zottigen Filzschichten der ungarischen Hütehunde über die eleganten langhaarigen Jagdhunde, die kurzhaarigen Schönheiten bis hin zu den Exoten, die ganz ohne Haare leben müssen.

Bis auf Letztere und die Pudel, wenn man sie regelmäßig schert, haaren alle Hunde. Das ist für alle Hausfrauen und Hausmänner wichtig, die damit vielleicht ein Problem haben. Haar von langhaarigen Hunden sieht man besser, dem von Kurzhaarigen ist dagegen mit Staubsauger und Bürste schwerer beizukommen. Haarlose Haushalte gibt es nicht, wenn ein Hund darin lebt, und Hundehaare werden Sie überall finden – wenn Sie das ekelig finden, halten Sie sich besser Fische als Haustiere, denn vermeiden lässt sich das nicht.

Aber auch wenn Sie damit kein Problem haben: die Pflegeansprüche sind schon deutlich unterschiedlich, und Sie sollten sich gründlich prüfen, welchen Aufwand Sie betreiben wollen. Viele der beliebten Familienhunde aus der Grup-pe der Hütehunde, wie Bobtail, Bearded Collie, PON, Schapendoes, Tibetterrier und andere, hat der züchtende Mensch zu ganz schön pflegeintensiven Herausforderungen gemacht. Falls Sie sich für so einen Hund inte-ressieren, lassen Sie sich von den Züchtern zeigen, wie und wie viel Haarpflege nach einem tollen Spaziergang durch Feld und Flur erforderlich ist. So vermeiden Sie spätere Frustrationen, denn so wie die Schäfer wollen die meisten Familien nicht mit ihrem

Hund umgehen: das Jahr über alle Verfilzungen und Fellknötchen ignorieren und dann einmal im Jahr mit den Schafen zusammen scheren.

Einfach zu pflegen sind die Kurzhaarigen, aber haaren tun sie auch.

Über Stock und Stein, durch Hecken und Auen – schöner Hund, aber aufwendig zu pflegen: Bearded Collies und andere Hütehunde stellen »haarige« Ansprüche.

Scheren und Trimmen – bei vielen Rassen gehört das zum Hundalltag. Viele Besitzer machen es selbst.

trimmt werden, wenn das Fell nicht zu üppig auswachsen soll. Das Trimmen kann man in speziellen Hundesalons machen lassen oder selbst bei einem der Pflege- und Trimmkurse lernen, die die einschlägigen Vereine anbieten.

Langhaarige Hunde haben unterschiedlichen Pflegebedarf, je nach Haarart. Diejenigen mit schlichtem, derbem Langhaar wie zum Beispiel Collie, Hovawart, Golden Retriever und auch die deutschen Spitze, stellen keine großen Ansprüche. Bei den Hunden mit schlichtem Langhaar, ohne oder mit wenig Unterwolle, neigt das Fell außer an einigen Stellen nicht zum Verfilzen. Auf diese Stellen sollte man dann aber achten: Das sind die feineren Haare um den Ohransatz, an den Achselhöhlen

Manche Hunde, wie die Spitze zum Beispiel, sehen in Sachen Fellpflege anspruchsvoller aus, als sie sind. Also immer bei der Auswahl nachfragen und im Zweifel zeigen lassen.

Kurzhaarige Hunde und rauhaarige (z.B. die bekannten Teckel) sind ausnehmend einfach zu pflegen: Bürsten oder Striegeln reicht. Bei glatthaarigen Hunden reicht eine Gummi-Noppenbürste oder ein gut ausgewrungenes Fensterleder. Alle Hunde dieser Art sind ausgesprochen pflegeleicht.

Rauhaarige Hunde, wie zum Beispiel die Terrier und unsere deutschen Schnauzer, müssen regelmäßig ge-

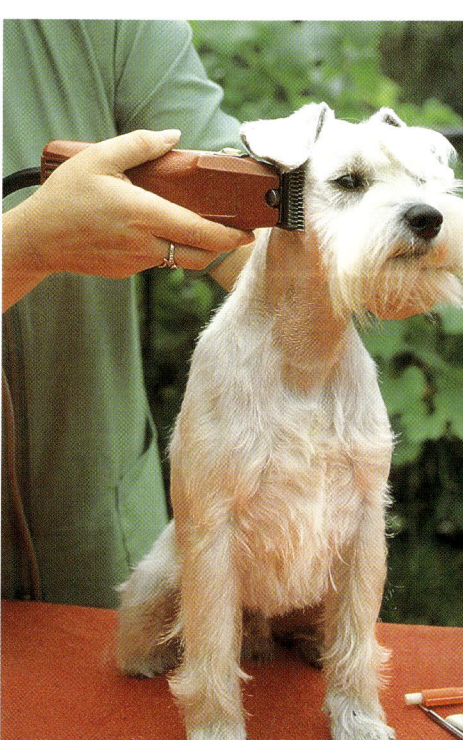

TIPP

Viele Rauhaarige haben einen »Bart«. Damit sich dort nicht die Speisereste der ganzen Woche ansammeln, muss man Schnauzer und Co. regelmäßig kontrollieren und sauber machen.

und die langen Haare an den Vorderläu-
fen (Befederung). Außerhalb der Zeiten
des Fellwechsels genügt wöchentliches
Bürsten und bei den langhaarigen die
Kontrolle der kritischen Stellen.

Langhaarige mit feiner Haarstruktur,
wie zum Beispiel Setter oder Spaniel,
brauchen mehr pflegende Zuwendung.
Und Hunde mit seidigem Fell, wie es
zum Beispiel die Afghanen haben,
brauchen tägliche Aufmerksamkeit.

Auf die Ansprüche von langhaarigen Hunden, die zu Zotten neigen, wie
einige der Hütehundrassen, haben wir
schon hingewiesen. Hier ist oft tägliche
Fellpflege, jedenfalls tägliche Kontrolle
erforderlich.

Hunde mit feinem gelockten Haar,
wie es zum Beispiel die Pudel haben,
müssen zur regelmäßigen Schur noch
mit einer speziellen Pudelbürste gepflegt werden, wobei der Pflegeauf-
wand relativ gering ist.

▶ Augen, Ohren, Zähne

Augen und Ohren sowie die Zähne
Ihres Hundes sollten Sie ebenfalls
regelmäßig anschauen.

Die Ohren, aber nur den äußeren
Teil, also die Innenseite der Ohrmu-
scheln, sollten Sie regelmäßig inspizieren: Sie schauen, ob sie sauber sind.
Falls nicht, reinigen Sie sie mit einem
weichen Tuch, eventuell mit etwas
Babyöl getränkt. Sie schauen nach Auflagerungen, nach Ohrenschmalz, das
sich vorgearbeitet hat, und vor allem
riechen Sie Ihrem Freund ins Ohr.
Wenn es dort unangenehm riecht, ist es
an der Zeit, den Tierarzt zu konsultie-
ren. Laborieren Sie keinesfalls selbst im
Ohr Ihres Hundes herum. Im Zweifel
richten Sie meist mehr Schaden an als
Nutzen.

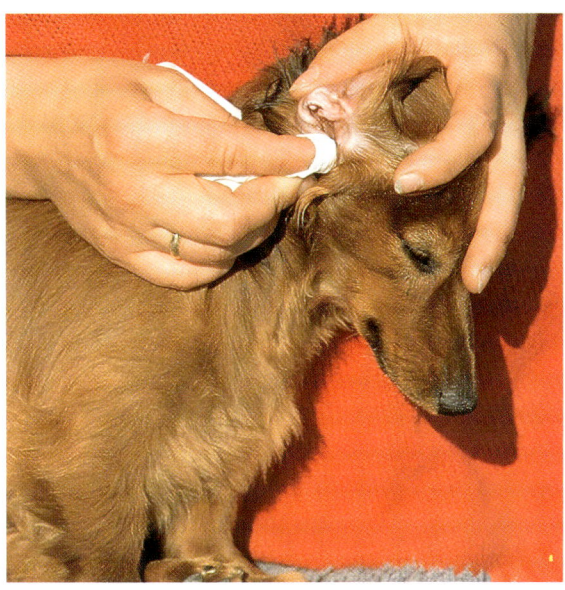

In die Augen schauen Sie Ihrem
Hundeliebling ja ohnehin ständig, also
tun Sie es auch zum Zwecke der Kör-
perpflege – vor allem morgens. Mit
einem Papiertaschentuch entfernen Sie
Sekretreste, die sich morgens manchmal am Augenwinkel finden. Ist der
Ausfluss mengenmäßig deutlich größer als gewöhnlich oder eitrig, ist das
ein Fall für Ihren Tierarzt.

Zähne kontrollieren Sie auf Anzeichen von Zahnstein und Entzündungen, und wenn Sie schon so dicht am
Fang Ihres Hundes sind, riechen Sie
auch gleich, ob sein Mundgeruch in
Ordnung ist. Im Handel werden alle
möglichen Präparate zur Vorbeugung
von Zahnstein angeboten. Manche
Tierärzte empfehlen auch, den Hunden
die Zähne zu putzen. Sie müssen das
selbst entscheiden, denn bei Hunden
und bei Menschen ist es einfach so,
dass manche Zahnstein bekommen
und andere nicht. Sofern Sie Ihrem

Bei allen Hunden,
besonders aber bei
denen mit hängen-
den Ohren, brau-
chen die Ohren un-
sere besondere Auf-
merksamkeit.

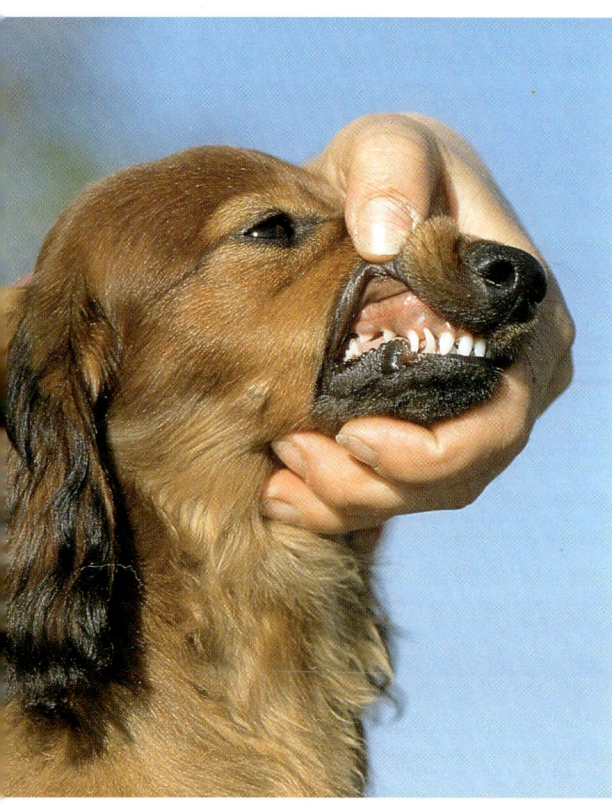

Regelmäßige Gebisskontrolle schützt vor bösen Überraschungen und ist eine gute Gewöhnung an Untersuchungen, die vielleicht einmal gemacht werden müssen.

► **Pfotenpflege**

Hunde gehen »barfuß«. Angesichts der unterschiedlichen Bodenbeläge, die sie den ganzen Tag benutzen, ist das eigentlich eine erstaunliche Fertigkeit. Der Zustand der Fußballen sollte von Ihnen daher ebenfalls überprüft werden. Auch wenn Ihr Hund keine auffälligen Reaktionen zeigt, kann zwischen den Ballen alles Mögliche verkantet oder verklebt sein. Die Ballen sollten dunkel und glatt sein, wenn nicht, brauchen sie vermehrte Aufmerksamkeit und Pflege. Melkfett oder Vaseline tun hier gute Dienste.

Selbst dann, wenn Sie Ihrem Hund ein gemütliches weiches Bett gemacht haben, wird mancher harte Bursche den harten Boden vorziehen. Er kann davon unter anderem Liegeschwielen bekommen. Das heißt, dort wo quasi die äußerste Stelle seines Körpers auf den harten Boden trifft, an seinem Ellenbogen, wird das Fell abgeschabt und es bilden sich richtige Schwielen. Anfangs helfen hier manchmal noch die eben genannten Fette. Wenn Sie

Freund täglich die Möglichkeit geben, etwas Hartes zu knabbern (einen Hundekuchen, ein Stück Ochsenziemer oder einen Büffelhautknochen), haben Sie schon eine Menge zur Vorbeugung getan. Getrocknetes aus Rinderhaut und Kauröllchen gibt es in Formen, an denen sich selbst ein Zwerg von Hund knabbernd betätigen kann. Gönnen Sie Ihrem Hund das. Falls Ihr Hund zur Minderheit derer gehört, die trotz dieser schmackhaften Möglichkeiten der Prophylaxe anfällig für Zahnstein bleiben, dann können Sie sich immer noch zeigen lassen, wie man seinem Hund die Zähne putzt und sich abzeichnende Beläge selbst entfernt.

► **TIPP**

Die Krallen Ihres Hundes werden sich in der Regel selbst kurz halten, wenn Ihr Hund öfter über harten, rauen Boden geht, zum Beispiel Asphalt. Manchmal werden die Krallen aber aus verschiedenen Gründen länger, als sie sein sollten. Das schafft dem Hund Beschwerden. Beim Tierarzt wird das Problem schnell und perfekt gelöst. Falls es bei Ihrem Hund ständig auftritt, können Sie sich zeigen lassen, wie man mit einer Krallenschere das Kürzen korrekt und ohne Verletzung vornimmt.

das Problem zu spät identifizieren, müssen Sie sich vom Tierarzt eine geeignete Salbe holen.

Zur Pflege Ihres Hundes gehört auch, daß Sie draußen unterwegs darauf achten, wo und vor allem worüber Sie beide gehen. Es ist klar, dass Sie einen Umweg machen, wenn Sie glauben, ein bestimmter Boden schadet Ihrem Hund oder gefährdet seine Pfoten.

EIS UND SCHNEE ▶ Die Pfoten Ihres Hundes brauchen gerade auch im Winter verstärkte Aufmerksamkeit. Bei den langhaarigen Hunden bilden sich beim Spaziergang im Schnee oft Schneeklumpen zwischen den Zehen und Ballen – manchmal so groß wie ein Tischtennisball. Das Gehen wird dadurch sehr schmerzhaft, und nicht immer gelingt es dem Hund, sich davon restlos zu befreien. Seien Sie also achtsam, wenn Ihr Hund sich hinlegt und an seinen Pfoten knabbert, warten Sie und helfen Sie ihm gegebenenfalls, die schmerzhaften Schneebälle zu entfernen.

Vorbeugen kann hier auch Melkfett oder Vaseline, das Sie Ihrem Hund großzügig zwischen Zehen und Ballen schmieren. Diese Fette schützen ihn auch ein wenig vor dem aggressiven Streusalz, das seinen Pfoten sonst arg zusetzt. Um Schäden zu vermeiden, die dadurch entstehen können, sollten Sie, wenn Sie mit Ihrem Hund gestreute Straßen queren, zu Hause mit warmem Wasser seine Pfoten abwaschen.

▶ **Baden**

Hunde schätzen es, sich mit verführerischen Düften für das andere Geschlecht attraktiv zu machen. Vielleicht schätzen sie einen neuen, aufregenden Duft auch nur für sich persönlich und zum eigenen Vergnügen. Vielleicht wollen sie sich auch den Duft einer anderen Spezies umlegen, um – quasi mit einer olfaktorischen Tarnkappe – unerkannt durchs Reich der jagdbaren Tiere zu schleichen. Langer Rede kurzer Sinn: recht viele Hunde schwärmen für so unaussprechliche Dinge wie Schafskot in allen Stadien des Zerfalls, Menschenkot, weggeworfene Windeln, verweste Säugetiere und Fische, vergammelten Quark hinter dem Milchgeschäft und alles, was Sie sich sonst nicht vorstellen können.

Natürlich wird Ihr gehorsamer Engel kommen, wenn Sie ihn abrufen. Aber bis dahin schafft er es bestimmt, große Flächen seines Körpers einzuseifen. In solchen Fällen werden an Ihre Selbstbeherrschung, an Ihren Humor und an Ihre Fähigkeit, möglichst lange mit angehaltenem Atem neben Ihrem Hund auszuharren, enorme Anforderungen gestellt.

Helfen tut nur eine schnelle Teiloder Ganzwäsche Ihres Ferkels. Ihr Hund wird das dulden, verstehen wird er es nicht, denn für ihn war der verweste Marder, in dem er eben gebadet hat, so etwas wie eine Literflasche Ihres Lieblingsparfüms ganz umsonst, also quasi ein Vierer bis Fünfer im Lotto.

Abgesehen von solchen Situationen, in denen Ihr Liebling verständnislos die Demütigung erduldet, seinen neuen Duft übertünchen zu müssen, braucht er kein Reinigungsbad.

Außer in toten Fischen und anderem Stinkezeug wälzen viele Hunde sich auch gerne in normalem Dreck, liegen gerne in Pfützen, graben in frisch gepflügtem Ackerland – machen sich jedenfalls schmutzig. Und glauben Sie bloß nicht, das tut ein edler Rassehund nicht oder das macht Ihr süßer Kleinpudel nicht! Bei den meisten Hunden reicht es, wenn man sie kurz abrubbelt, wartet, bis sie trocken sind, sie bürstet und dann die Sand-dünen, die sich unter ihnen gebildet haben, aufkehrt. Bäder, gleich mit welch schonendem Hundeshampoo, sind immer eher schlecht für Haut und Haare, jedenfalls wird die Selbstreinigungsfähigkeit des Hundefells dadurch immer herabgesetzt. Also lassen Sie es oder beschränken Sie sich auf Abduschen mit klarem Wasser. Eine Ausnahme bilden jene Rassen, die regelmäßig zum Scheren müssen, wie zum Beispiel die Pudel.

Baden und Schwimmen in Bächen und Seen darf Ihr Hund aber bedenkenlos, wenn Sie der Wasserqualität trauen und wenn es nicht sehr kalt draußen ist, aber da wird Ihr Hund schon selbst vernünftig genug sein und nicht im Dezember in den See springen. Wenn er das nicht ist, dann seien Sie es und erlauben Sie es nicht.

▶ **Allgemeine Hygiene**

Sie werden sehen, Ihr Hund hat bald eine eigene Aussteuertruhe: Handtücher, Waschlappen, Decken fürs Auto und zum Schlafen, Bezüge für seine Schlafmatratze und nochmals Decken für diverse Zwecke. Kleine Hunde haben oft mehr »Aussteuer« als große. In Ihrem und in seinem Interesse sollten Sie darauf achten, dass hier besser einmal zu viel die »Wäsche« gewechselt wird als einmal zu wenig. Parasiten nisten sich dort gerne ein

und die meisten von ihnen überleben eine Tour durch die Waschmaschine nicht. Wäschewechsel ist also eine einfache Vorbeugungsmaßnahme gegen Parasiten.

Die Schlaf- und Ruheplätze Ihres Hundes im Haus sollten Sie aus dem gleichen Grund häufig saugen und die Umgebung aufwischen.

Das war es schon: Einen Hund pflegen heißt, ihm vor allem Aufmerksamkeit zu schenken. Das bisschen Bürsten macht sich dann bei den meisten Rassen fast von allein und ist darüber hinaus Anlass für genießerischen Sozialkontakt zwischen Freunden.

▶ Pflegekalender

☐ Augen auf unnormalen Sekretfluss kontrollieren (täglich)

☐ Fell auf Parasiten insbesondere Zecken absuchen (täglich)

☐ Fell auf Verfilzungen kontrollieren und bürsten (je nach Rasse und Typ)

☐ Pfoten und Krallen kontrollieren (wöchentlich)

☐ Ohren kontrollieren (wöchentlich)

☐ Zähne (wöchentlich)

Rundum gesund

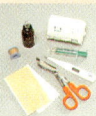

Rundum gesund

Fit wie ein Turnschuh: Nur ein gesunder Hund ist so voller Lebensfreude – helfen Sie Ihrem Hund, gesund zu bleiben.

Glaubt man den Fachzeitschriften, dann leben unsere Hunde länger als ihre Vorfahren. Ganz sicher sind unsere Hunde heute besser tierärztlich versorgt als je zuvor in der Geschichte unserer Partnerschaft. Ob Hunde heute krankheitsanfälliger sind als früher oder ob wir nur mehr über ihre Krankheiten wissen und sorgfältiger auf Symptome achten, ist dabei eine ungeklärte Streitfrage.

Wichtig für Sie und für alle Hundehalter ist allein, dass es mit unsere vornehmste Pflicht ist, die Gesundheit unserer Tiere zu fördern. Dies gilt insbesondere auch für alle Rassezuchtvereine, denn kranke Hunde leiden nicht nur selbst, sondern mit ihnen leidet immer auch ihr menschlicher Anhang. Die Gesundheit Ihres Freundes fördern heißt für Sie:

▶ richtig ernähren,
▶ richtig beschäftigen,
▶ richtig beobachten,
▶ richtig in den Sozialverband einordnen.

Wenn Sie Ihrem Hund ein schönes, ausgefülltes Leben an Ihrer Seite bieten, haben Sie schon den größten Teil des-

sen getan, was Sie persönlich für seine Gesundheit tun können. Darüber hinaus braucht es zwei Dinge: erstens Ihre Aufmerksamkeit für Ihren Hund, denn Sie kennen ihn am besten und merken schnell, wenn etwas nicht stimmt; und zweitens: die Einhaltung einiger Regeln wie Impfungen, Entwurmen und – je nach Alter – ein- bis mehrmals jährlich ein Besuch beim Tierarzt.

▶ **Vorbeugen ist besser**

Keine Sorge, schon nach kurzer Zeit werden Sie genau wissen, wie ein gesunder Hund aussieht: Er ist schlank, bewegungsfreudig und blickt Sie aus klaren, unternehmungslustigen Augen an. Seine Schleimhäute sind gut durchblutet, sein Fell glänzt, Augen und Nase sind sekretfrei. Ein gesunder Hund riecht nicht aus dem Fang, wenn er nicht gerade etwas Unaussprechli-ches verschlungen hat, und nicht aus dem Gehörgang. Zahnbelag und Ohrenschmalz sieht man nicht – zumindest beim jüngeren Hund. Seine normale Körpertemperatur, die Sie natürlich nicht ständig messen müssen, liegt bei 38,5 °C.

▶ **Gesundheits-Check**

Auch wenn Ihr Hund keine Auffälligkeiten zeigt, sollten Sie ihn regelmäßig »durchchecken«. Beginnen Sie damit beim Welpen, dann ist Ihr Hund das gewöhnt, wenn dann der Check im Alter noch nötiger und noch umfassender wird. Machen Sie aus der »Besichtigung« eine liebevolle, zärtliche Angelegenheit, und Ihr Hund wird sich auf den Check freuen.

Beginnen Sie am besten am Kopf: Ohren auf Geruch und Auflagerungen untersuchen, Augen auf übermäßige Sekretspuren und Rötungen der Bindehaut prüfen, in den Fang sehen und riechen (Beläge und Entzündungen, manchmal können auch kleine Fremdkörper zwischen den Zähnen stecken). Am Rumpf knubbeln Sie Ihrem Genie-ßer das Fell, er legt sich dabei sicher gerne hin. Schauen Sie nach Verfilzungen, vor allem aber nach Krusten, Schwellungen oder Knötchen. Mit unbemerkten Hautverletzungen ist nämlich nicht zu spaßen. Knötchen können entzündete Talgdrüsen sein, die behandelt werden müssen.

Im Bauchbereich tasten Sie bei der Hündin die Milchleiste entlang, dort können sich gutartige, leider aber auch bösartige Geschwülste bilden. Kontrollieren Sie beim Rüden die Vorhautöffnung auf übermäßige Sekretspuren. Am Hinterteil schauen Sie sich Anal- und Scheidenöffnung an. Die Pfoten und Ballen werden auf Schnitte, Rötungen (könnten Milben sein), Fremdkörper untersucht, und die Krallen kontrollieren Sie auch gleich mit. Besonders zwischen den Zehen schauen Sie nach Fremdkörpern, die sich dort manchmal im Haar verhaken und dann Schmerzen verursachen können.

Das gehört zwar nicht zum körperlichen Check up, das sollten Sie aber ebenfalls regelmäßig inspizieren: Der Kot Ihres Hundes gibt Ihnen einen wichtigen Anhaltspunkt über sein Wohlbefinden. Verändert der Kot seine Konsistenz in Richtung flüssig und breiig, ist das immer ein Zeichen, dass etwas nicht stimmt. Dauert ein solcher Zustand an, müssen Sie zum Tierarzt.

Würde meine Nessy einmal nicht augenblicklich Ihren Fressnapf leeren, wäre das für mich ein Fall, umgehend den Tierarzt aufzusuchen. Sie kennen Ihren Hund am besten, also wissen Sie auch, ob ein Verhalten normal oder ungewöhnlich ist. Wenn es ungewöhnlich ist, dann gehen Sie besser einmal zu viel als einmal zu wenig zum Tierarzt.

Achten Sie auf diese Krankheitssymptome

Fast genauso wichtig wie die körperliche Inspektion ist es, das Verhalten Ihres Hundes auf Auffälligkeiten zu beobachten.

☐ Zeigt Ihr Hund sich etwa uninteressiert am geliebten Spielzeug?

☐ Rast er nicht gleich begeistert zur Tür, wenn Sie einen Spaziergang ankündigen?

☐ Rutscht Ihr Hund auf dem Hinterteil durch die Gegend?

☐ Beleckt er häufig und ausdauernd bestimmte Körperteile?

☐ Schüttelt er oft den Kopf?

☐ Lahmt er oder hat er Probleme mit dem Aufstehen?

☐ Hat er Fieber?

☐ Erbricht er häufig, hat er Verstopfung oder Durchfall?

☐ Hat er starken Durst?

☐ Atmet er schwer oder hustet er?

☐ Kratzt sich der Hund häufig?

☐ Ist er müde und lustlos?

☐ Zeigt er an bestimmten Körperstellen Berührungsempfindlichkeit?

☐ Zeigt er an bestimmten Körperstellen Haarausfall?

☐ Nimmt er auffallend schnell ab oder zu?

☐ Lehnt er einen Leckerbissen ab?

▶ Beim Tierarzt

Oft sind Sie nervös, wenn Sie zum Tierarzt müssen. Vielleicht machen Sie sich Sorgen wegen der Diagnose. Vielleicht graut Ihnen davor, Ihren widerspenstigen Liebling ins Sprechzimmer zu bewegen. Wie auch immer, es empfiehlt sich stets, sich vorzubereiten, wenn Sie das zeitlich können.

Notieren Sie sich am besten das, was Sie fragen möchten, vielleicht vergessen Sie es sonst. Notieren oder merken Sie sich, welches Symptom Ihnen wann und wie oft bei Ihrem Hund aufgefallen ist. Ihr Tierarzt freut sich über einen gut vorbereiteten Hundebesitzer, denn sprechen können nur Sie mit ihm. Sie sind der Dolmetscher Ihres Hundes und beschleunigen die Hilfeleistung, die der Tierarzt bieten kann, damit enorm.

Wenn Ihr Hund Probleme mit dem Stuhlgang hat, bringen Sie gleich eine Kotprobe mit. Auch eine Probe des Erbrochenen kann hilfreich sein. Ihr Tierarzt gibt Ihnen bestimmt gerne praktische Probenbehälter mit.

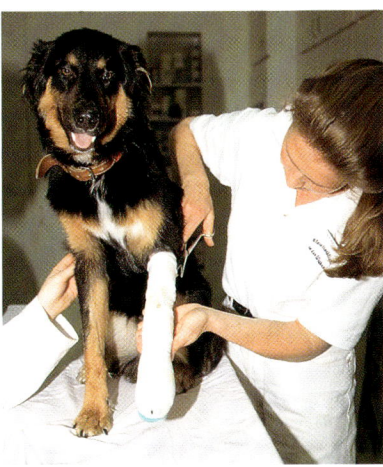

Versuchen Sie den Tierarzt zum Freund Ihres Hundes zu machen – und vieles wird leichter.

TIPP

Ihren Impfpass sollten Sie ohnehin immer dabeihaben, ganz wichtig ist er aber, wenn Sie einmal nicht zu Ihrem Haustierarzt gehen können. Bei Hündinnen sollten Sie auch stets Auskunft geben können, wenn nach dem Zeitpunkt der letzten Läufigkeit gefragt wird.

Ihr Tierarzt hilft so gut, wie er kann, und so schnell und effizient, wie Sie ihm die notwendigen Informationen liefern. Ihr Hund dankt es Ihnen, wenn Sie und Ihr Tierarzt ein gutes Team sind.

Lassen Sie sich von Ihrem Tierarzt auch einmal zeigen, wie man beim Hund Fieber misst. Das ist nicht weiter schlimm, man muss es nur einmal gezeigt bekommen und dann, wenn man es selbst macht, beherzt genug sein.

▶ Erste Hilfe

Hunde sind wie wir leider auch verletzungs- und unfallgefährdet. Wenn etwas passiert, dann passiert es meist draußen in Feld und Flur und in völliger Abgeschiedenheit. Ihr Auto ist drei Kilometer entfernt auf dem Parkplatz und Sie sind allein. Wenn etwas passiert, ist meist Wochenende und der Dienst habende Tierarzt weit entfernt. Wenn etwas passiert, haben Sie meist keine Kompressen, keine Einwegbinden, kein Klebeband, keinen Knebel zum Abbinden und schon gar kein Band, mit dem Sie das tun können. Also suchen Sie sich einen Erste-Hilfe-Kurs, bei dem Sie lernen, wie man in realistischen Notsituationen klarkommt, wie man sich z.B. aus seinen Kleidern Hilfsmittel machen kann und wie man sie anwendet. Und lernen Sie, was man auch im Sommer, wenn es noch so heiß ist, dabeihaben sollte. Wenn nämlich der Ernstfall eintritt, nützen Ihnen die guten Ratschläge gar nichts, dass man Ruhe bewahren soll und welche Checks Sie alle machen sollen. Sie sind dann wahrscheinlich äußerst aufgeregt und haben alles vergessen. Alles bis auf die paar grundlegenden Dinge, die Ihnen ein wirklich guter Kurs vermitteln sollte.

Viele Hunde-Vereine und manchmal auch Volkshochschulen bieten in-

zwischen Erste-Hilfe-Kurse für Hundehalter an. Besuchen Sie einen – und
hoffentlich müssen Sie Ihre Kenntnis-
se dann nie anwenden.

Handy für Hunde

Handys sind nicht nur für uns
selbst praktische Kommunikationsmittel. Wenn man ein
Handy dabei hat, fühlt man sich
auch beim Hundespaziergang
besser. Wenn Sie selbst oder Ihr
Hund oder Sie beide Hilfe brauchen, können Sie sie holen. Den
Luxus sollte man sich gönnen.

► Hausapotheke für den Hund

Im Laufe seines Lebens wird Ihr Hund
eine mehr oder weniger umfangreiche
Hausapotheke brauchen. Was dort hin-
eingehört, sagt Ihnen Ihr Tierarzt und
die Erfahrung mit Ihrem Hund nach
einiger Zeit. Bei den meisten Hunden
ist sie nicht sonderlich umfangreich,
zumindest nicht in der Jugend und im
Erwachsenenalter.

Als Hilfsmittel, die Sie parat halten
sollten, empfiehlt sich eine Zeckenzange, eine Schere mit abgerundeten
Spitzen, ein Beißschutz (Maulkorb oder
Maulbinde), falls Ihr Hund sich so
schwer verletzt hat, dass er um sich
beißt; ein eigenes Fieberthermometer
für Ihren Hund und eine Einwegspritze
(ohne Nadel), mit der Sie Ihrem Freund
z.B. Tropfen eingeben können.

► Infektionskrankheiten

Hunde können – wie wir – jede Menge
Infektionskrankheiten bekommen. Vor
allem Hunde mit einem entwickelten
Gesellschaftsleben sind vielfältigen An-
steckungsgefahren ausgesetzt. Eine gute Konstitution hilft schon, aber nicht
überall schützen natürliche Abwehr-
kräfte. Gegen einige der schlimmsten
Infektionskrankheiten kann man seinen Hund schützen: Tollwut, Staupe,
Parvovirose, Leptospirose, Hepatitis.
Die Tiermedizin hat einen Impfplan
entwickelt, an den sie sich als verant-
wortungsbewusster Hundehalter auf
jeden Fall halten sollten.

Eine Krankheit, die ganz ähnliche

Die Einwegspritze
(ohne Kanüle) als
praktisches Hilfs-
mittel, wenn flüs-
sige Medikamente
eingegeben werden
müssen.

Impfkalender

Alter	Impfung gegen
6–8 Wochen	Parvovirose, Zwingerhusten
8–10 Wochen	Staupe, HCC, Leptospirose
10–12 Wochen	Parvovirose, Zwingerhusten
12–14 Wochen	Staupe, HCC, Leptospirose
	Tollwut
Jährliche	Leptospirose, Parvovirose,
Wiederholung	Zwingerhusten, Tollwut
Wiederholung	Staupe, HCC
alle 1–2 Jahre	

Symptome wie die Tollwut hat, nämlich Juckreiz, Hecheln, Speichelfluss, heißt deshalb auch »Pseudowut« (Aujeszkysche Krankheit). Übertragen wird der Erreger im rohen Schweinefleisch. Die Krankheit ist nicht heilbar und führt unweigerlich zum Tode. Deshalb verfüttern Sie am besten gar kein Schweinefleisch, auf keinen Fall rohes oder nicht durchgekochtes. Da die Krankheit uns Menschen nicht erfasst, müssen Fleischer auch keine entsprechenden Vorsichtsmaßnahmen treffen. Das Messer, das vorher am Schweinefleisch und danach am Rindfleisch zum Einsatz kam, kann somit todbringend für Ihren Hund werden. Also verfüttern Sie vorsorglich überhaupt kein rohes Fleisch.

»Rohes« Fleisch ist auch Mett, Hackfleisch, roher oder geräuchter Schinken, Salami usw. Achten Sie sorgfältig darauf, dass Ihr Hund keine solchen möglicherweise lebensgefährlichen Leckerchen bekommt.

Auch bei Hunden gibt es »Grippewellen«. Wenn Ihr Hund Fieber, Husten oder Schnupfen hat, wenn er Durchfall und Erbrechen hat, zögern Sie nicht, sofort zum Tierarzt zu gehen. Vor allem wenn Ihr Hund noch sehr jung ist, sollte man bei Verdacht auf eine Infektionskrankheit nicht warten.

> **TIPP**
> *Manchmal ist es keine Infektion und ganz harmlos, aber wenn Ihr Welpe Durchfall hat, ist das immer sofort ein Anlass zum Handeln. Wenn nicht nach einem Tag eine deutliche Besserung eintritt, empfiehlt sich immer der Tierarztbesuch.*

▶ Parasiten

Nicht nur wir Menschen mögen Hunde. Flöhe, Milben und Zecken tun dies auch. Wenn Ihr Hund sich auffällig und lange die Pfoten leckt, könnte es sein, dass er **Herbstgrasmilben** hat. Sie erkennen die Plagegeister als orangefarbene Auflagerungen zwischen den Zehen. Ihr Tierarzt kann mit Salben und Einreibungen helfen.

Deutlich ärgerlicher sind **Flöhe**, die Ihr Hund überall aufgabeln kann. Flöhe sind nicht nur wegen der Stiche unangenehm, sie können auch Krankheiten übertragen. Flöhe mögen manchmal auch Menschenblut, und wenn Sie

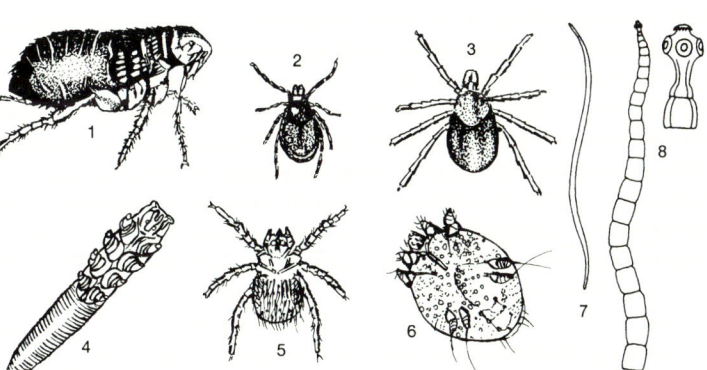

Mögliche Parasiten
1 Hundefloh
2 Zeckenmännchen
3 Zeckenweibchen
4 Haarbalgmilbe
5 Herbstgrasmilbe
6 Grabmilbe
7 Spulwurm
8 Bandwurm, Kopf im Detail

Pech haben, teilen Sie sich die Plagegeister mit Ihrem Hund.

Die Tiermedizin hat wirksame und einfach anzuwendende Präparate entwickelt. Für einzelne Flöhe mag noch der Flohkamm als ungiftige Bekämpfungsmethode angehen, ein richtiger Befall braucht richtige Gegenwehr. Flohbefall erkennen Sie daran, dass sich Ihr Hund kratzt, und – wenn es schon relativ schlimm ist – am Flohkot auf der Haut Ihres Hundes. Vielleicht sehen Sie sogar einen Floh.

Flöhe gehen nur zum Futtern auf ihren unfreiwilligen Wirt. Ansonsten suchen sie sich gemütliche Plätzchen zum Ruhen, zum Vermehren und zur Eiablage. Meist sind Hundebetten ideale Wohnstätten für Flöhe und deren Nachwuchs. Also halten Sie Schlaf- und Ruheplätze Ihres Hundes stets sauber. Saugen Sie dort häufig, wischen Sie feucht auf und waschen Sie seine Decken häufig. Einen Waschgang in der Maschine überlebt kein Floh.

Die **Zecke** war früher ein lästiger Parasit, ein frecher Blutsauger mit enormen Überlebenstechniken. Heute ist sie für Mensch und Tier ein Überträger gefährlicher Krankheiten. Hunde können ebenso wie wir an der von Zecken übertragenen Hirnhautentzündung erkranken und vor allem: Hunde können sich ebenfalls mit Lyme-Borreliose anstecken. Heute trägt schon ein großer Teil der Zecken den Erreger für diese gefährliche Krankheit in sich. Unerklärliche Lahmheit oder plötzlich auftretende Herzbeschwerden können Symptome sein. Rechtzeitig erkannt, hilft die Gabe von Antibiotika zuverlässig. Verkannt oder nicht erkannt, leidet Ihr Hund lange Zeit, weil man nur an den Symptomen kuriert. Folgeschäden sind

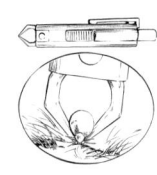

Mit einer Zeckenzange kann man den Plagegeist ganz vorn am Kopf packen und herausziehen.

dann unausweichlich. Suchen Sie Ihren Hund also regelmäßig nach Zecken ab.

Neuerdings wird eine Zeckenimpfung für Hunde empfohlen. Die Tierärzte sind sich in der Bewertung ihrer Wirksamkeit anscheinend noch nicht einig. Beraten Sie sich mit dem Tierarzt Ihres Vertrauens über einen vorbeugenden Zeckenschutz, der auf Ihren Hund und auf Ihre Lebensumstände zugeschnitten ist, und beobachten Sie verdächtige Symptome.

Es gibt jedes Jahr neue Empfehlungen, wie man eine Zecke am unschädlichsten entfernt. Die Zecke muss raus, und zwar möglichst schnell und vollständig. Das scheint den meisten Menschen am besten mit der Zeckenzange zu gelingen. Versuchen Sie die Technik, die Ihnen am besten gelingt – und dann raus mit dem gefährlichen Parasiten.

Würmer sind ebenso unerwünschte und teilweise noch gefährlichere Kostgänger als Flöhe. Sie schwächen den Organismus Ihres Hundes und machen ihn anfällig gegen Krankheiten, und einige Würmer sind leider auch auf den Menschen übertragbar. Regelmäßige Wurmkuren bieten einen zuverlässigen Schutz. Die Tiermedizin hat hier ebenfalls eine Menge Hilfe zu bieten. Ihr Tierarzt wird Ihnen den Rhythmus der Kuren und das Präparat empfehlen, die am besten zu Ihrem Tier und zu Ihrer Familie passt.

▶ Rassetypische Krankheiten

Die Rassezuchtvereine beobachten ihre Tiere sehr genau. Einige Rassen zeigen Neigungen zu bestimmten Krankheiten, und die Vereine sind in aller Regel bemüht, diese zu bekämpfen und durch geeignete züchterische Maßnahmen auszuschließen.

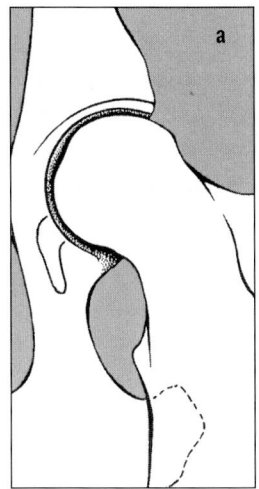 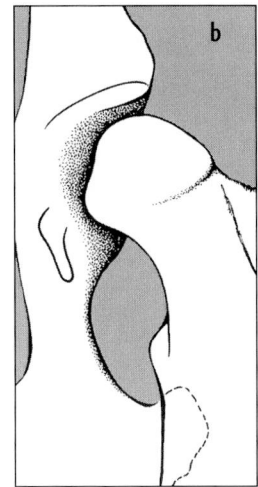 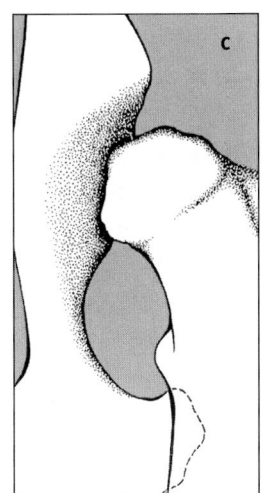

Hüftgelenks-
dysplasie
a normales Hüft-
  gelenk
b mittlere HD
c schwere HD

Jeder, der sich für einen größeren Hund interessiert, kennt zum Beispiel die gefürchtete **Hüftgelenksdysplasie**. Von HD spricht man dann, wenn das Hüftgelenk des Hundes nicht korrekt ausgebildet ist, das heißt, wenn Gelenkpfanne und Oberschenkelkopf nicht richtig zusammenpassen. Dies ist eine Erbkrankheit, die man bei Mischlingen ebenfalls häufig antrifft. Die HD ist ein Beispiel dafür, wie ernst die züchterischen Bemühungen um die Gesundheit einer Rasse gemeint sind. Dort, wo Vereine sich bemühen, sind beachtliche Fortschritte erzielt worden.

Machen Sie sich also kundig, wenn Sie sich für eine bestimmte Rasse interessieren, welche Krankheiten dort häufiger auftreten und wie weit deren Bekämpfung gediehen ist. Ein Hund, der nicht oder nur unter Schmerzen laufen kann, der nichts hört oder der früh erblindet, ein Hund der epileptische Anfälle hat oder Allergiker ist, hat nur eine begrenzte Lebensqualität – und Sie dann mit ihm auch. Es ist schlimm, wenn Ihr Rassehund oder Ihr Mischling eine solche dramatische gesundheitliche Beeinträchtigung entwickelt. Schlimmer ist, wenn er sie deshalb entwickelt, weil keine sorgfältige, auf Gesundheit gerichtete Zuchtauswahl erfolgt ist. Schon allein deshalb sollten Sie nur von seriösen Züchtern kaufen und bei Mischlingen – soweit das überhaupt möglich ist – die Eltern genau kennen.

▶ **Magendrehung**
Die Magendrehung kann vor allem große Hunde treffen. Glücklicherweise hört man heute nicht mehr sehr oft davon, weil die Hundehalter vorbeugen. Aber die Magendrehung kann vorkommen und Sie müssen sie kennen. Die Magendrehung ist ein akuter Notfall, Sie müssen die Symptome erkennen und sofort tierärztliche Hilfe suchen, denn nur eine sofortige Operation kann Ihren Hund retten.

Bei der Magendrehung verändert der gefüllte Magen seine Lage. Ein- und Ausgang werden dabei quasi abgeschnürt. Die jetzt entstehenden Gase blähen den Magen wie einen Ballon auf, bis die Blutgefäße abgedrückt werden, die Atmung erschwert wird und es zu einem lebensbedrohlichen Kreislaufversagen kommt.

Die Symptome sind recht eindeutig: Ihr Hund ist unruhig, er versucht vergeblich, sich zu erbrechen, sein aufgegaster Magen sieht wie eine riesige harte Kugel aus. Falls sein Kreislauf schon beeinträchtigt ist, erkennen Sie es an den blassen Schleimhäuten.

Vorbeugen kann man, indem man auch den erwachsenen Hund zweimal am Tag füttert und ihn nach seinen Mahlzeiten nicht herumtoben lässt. Auch die Magendrehung scheint in bestimmten Linien gehäuft aufzutreten.

▶ **Läufigkeit und Zyklusstörungen**

Hündinnen werden bekanntlich **läufig**. Meist zweimal im Jahr, aber nicht immer im oft genannten Abstand von sechs Monaten. Manche Hündinnen werden auch in größeren Abständen läufig, kleine Hündinnen manchmal in kürzeren.

Die Läufigkeit ist natürlich keine Krankheit, sondern das Gegenteil, obwohl viele sich wegen der Läufigkeit gegen eine Hündin entscheiden. Eine Entscheidung, die ich nicht verstehen kann, denn die Läufigkeit ist in keinerlei Hinsicht ein Problem, wenn man nicht gerade einen aktiven Rüden im Haus hat.

Im Zusammenhang mit der Läufigkeit kann es aber zu Störungen kommen, die Sie kennen sollten. Manche Hündinnen neigen zur **Scheinträchtigkeit**. Das bedeutet, die Hündin zeigt das Verhalten einer trächtigen Hündin bzw. einer Hündin nach der Geburt.

Läufigkeitsdiagramm

Tag	
5	Scham beginnt anzuschwellen
4	
3	
2	
1	großer Appetit, sehr anhänglich
1	rot
2	
3	
4	hellrot
5	
6	rosa
7	
8	
9	farblos
10	
11	
12	in der Regel bester Decktermin
13	
14	während dieser Zeit-
15	spanne wird der Rüde
16	von der Hündin am
17	besten angenommen
18	Hündin lehnt den Rüden
19	ab; in seltenen Fällen
20	aber auch noch am 21. Tag Befruchtung möglich
21	

(Ausfluss, Tag 5–9)

Das kommt daher, dass in den Eierstöcken die Gelbkörper nicht zurückgebildet werden und so zu einer hormonellen Störung führen.

Es scheint eine familiäre Veranlagung dafür maßgeblich zu sein. In leichten Fällen gelingt es mit Arbeit, Ablenkung und viel Spiel, die Angelegenheit zu beenden.

Wenn die körperlichen Symptome aber gravierend sind (Milchproduktion, Entzündungen etc.), braucht Ihre Hündin tierärztliche Hilfe. In ganz schlimmen Fällen ist manchmal eine Totaloperation angezeigt.

Auch die gefürchtete **Gebärmutterentzündung** ist eine Folge von Hormonstörungen. Die Schleimhaut der Gebärmutter ist unter dem Einfluss der Eierstockhormone verdickt und Bakterien können sich dort ansiedeln. Bei geschlossenem Muttermund kann es dann bei einer Infektion mit Bakterien zu einer großen Ansammlung von Eiter in der Gebärmutter kommen.

Sie erkennen die Gebärmutterentzündung daran, dass meist drei bis acht Wochen nach der Läufigkeit die Hündin matt wird, vermehrt Durst hat. Wenn der Muttermund geöffnet ist, kann eitriger Scheidenausfluss austreten, ist er geschlossen, kommt es zur Umfangsvermehrung des Bauches. Manchmal zeigt die Hündin auch Probleme beim Hinsetzen oder Aufstehen.

Sie müssen sofort zum Tierarzt. Er entscheidet, ob er noch medikamentös helfen kann oder ob er eine Totaloperation vornehmen muss. Züchten sollte man mit einer solchen Hündin ohnehin nicht.

▶ **Naturheilkundliche Therapien**
Naturheilverfahren werden in der Tiermedizin heute vermehrt eingesetzt. Homöopathie und Methoden der traditionellen chinesischen Medizin sind heute fast schon Standard. Es gibt ganz ausgezeichnete Fachbücher, die verständlich in Naturheilverfahren für Tiere, in Homöopathie und Bach-Blütentherapie einführen.

An dieser Stelle möchte ich vor allem auf ein Buch hinweisen, das den so genannten TTouch beschreibt. Das ist eine Methode des Umgangs mit Tieren, die die Amerikanerin Linda Tellington-Jones in Anlehnung an Moshe Feldenkrais zunächst für die Arbeit mit geschundenen Pferden entwickelt hat. Durch Berührungen (Touches), die in einer bestimmten Form ausgeführt werden, und durch ungewohnte Bewegungen sollen neue Nervenbahnen und Gehirnzellen aktiviert werden.

Die Tiere werden meist ruhiger, Stress wird abgebaut, das Vertrauen und die Intelligenz des Tieres werden gefördert. Und was auf jeden Fall entsteht, ist eine bessere, tiefere Beziehung zwischen Mensch und Tier. Bei verängstigten, verhaltensauffälligen Tieren hat diese Methode nachweislich zu ganz ausgezeichneten Erfolgen geführt. Bei Ihrem netten Haushund ist sie Mittel zur Beziehungspflege und Hilfe bei kleineren Wehwehchen. Die Lektüre des Buches und der Besuch eines TTouch-Kurses empfehlen sich auf jeden Fall (Seite 117).

▶ **Altern ist keine Krankheit**
Hunde – auch Hunde der großen Rassen – werden erfreulicherweise immer älter. Der Ururopa meiner Hovawarthündin Nessy wurde über 17 Jahre alt. Ich kenne viele Hovawarte, die 13 und 14 Jahre alt sind.

Das Alter Ihres Hundes ist nichts, vor dem Sie sich fürchten müssen, es ist ein ganz zauberhafter gemeinsamer Lebensabschnitt. Gemütlicher geht es zu, und Sie können vieles lockerer angehen, müssen es auch, denn Hunde kön-

Alte Liebe rostet nicht – das Alter kann einer der schönsten gemeinsamen Lebensabschnitte mit Ihrem Hund werden.

nen einen beeindruckenden Altersstarrsinn entwickeln. Zauberhaft an diesem Abschnitt ist aber die gegenseitige Vertrautheit und das wortlose Verstehen.

Alter ist keine Krankheit, aber im Alter können verschiedene Krankheiten auftreten und einige Verschleißerscheinungen zu Beschwerden führen.

Leider erkranken unsere Hunde ebenso wie wir an Krebs, vornehmlich die älteren Tiere. Ältere Hunde zeigen häufiger als junge Hautveränderungen, Warzenbildung oder Haarausfall, verstopfte Talgdrüsen und gutartige Tumore.

Bei älteren Hündinnen kann es zu Unregelmäßigkeiten bei der Läufigkeit kommen und manchmal infolgedessen zu Gebärmutterentzündungen und Gebärmuttervereiterungen. Alte Rüden können unter Prostatavergrößerungen (auch bösartigen) leiden.

Zähne und Zahnfleisch bedürfen Ihrer erhöhten Aufmerksamkeit.

Die Linsen der treuen Hundeaugen trüben sich ein. Viele alte Hunde bekommen den Grauen Star, mit dem sie aber lange Zeit gut leben können.

Alte Hunde können anfällig für Blasen- und Nierenstörungen sein: achten Sie auf die entsprechenden Symptome. Auch Inkontinenz kann vorkommen, wie bei uns, oft helfen aber Medikamente recht gut. Alte Hunde hören manchmal schlechter oder tun so: Der beste Hörtest ist meist das Öffnen der Kühlschranktür, während Ihr Hund im Wohnzimmer ist. Sie werden staunen, wie schnell das alte Schlitzohr in der Küche steht.

Altern heißt bei Hunden und bei Menschen, dass die Anpassungsfähigkeit an Temperaturveränderungen nachlässt. Man braucht länger, um sich auf Wärme und Kälte einzustellen, das

müssen Sie beachten. Das alte Herz braucht fast immer etwas Stärkung und die Aufmerksamkeit des Tierarztes.

Verschleißerscheinungen am Bewegungsapparat machen sich bemerkbar, manchmal schmerzhaft, auch dann muss der Tierarzt helfen.

Die Fellpflege ist bei langhaarigen Hunden nicht mehr so einfach und wird oft nicht mehr so lustvoll geduldet wie früher.

Wenn Sie Ihrem Hund im Alter einfach der Freund und fürsorgliche Leithund bleiben, der Sie immer für ihn waren, brauchen Sie sich nicht vor diesem Lebensabschnitt zu fürchten, sondern Sie dürfen ihn quasi als die Erntezeit einer gemeinsamen Arbeit erleben.

Zu Recht fürchten müssen Sie nur den Abschied von Ihrem Freund. Der Verlust eines Hundes ist immer eine Tragödie. Der Schmerz ist groß. Unser Recht und unsere Pflicht, im Ernstfall dafür zu sorgen, dass unser Freund friedlich in die ewigen Jagdgründe wechselt, ist für viele ein Trauma, auch wenn man vernunftgemäß weiß, dass die Entscheidung für das Einschläfern tiergerecht und wohlgetan war. Vor diesem letzten großen Schmerz kann niemand Sie bewahren. Vermeiden können Sie ihn nur, wenn Sie erst gar keinen Hund zu sich nehmen. Aber damit würden Sie eine der großartigsten Erfahrungen versäumen, die wir Menschen machen können: die Liebesgeschichte zwischen Hund und Mensch, zwischen zwei Arten, die Konkurrenten waren und Freunde wurden. Freuen Sie sich auf ein langes, schönes gemeinsames Leben mit Ihrem Hund und ehren Sie ihn, wenn er geht, dadurch, dass Sie wieder einen Hund zu sich nehmen.

Erziehung leicht gemacht

Erziehung leicht gemacht

▶ Wozu Erziehung?

Viele Hundefreunde meinen, dass es ihr Hund vor allem gut haben soll: kein ständiges Genörgele, kein Kasernenhofdrill, kein zackiger Gehorsam. Partnerschaftlich soll die Beziehung sein. Der Hund soll seine Menschen lieben, nicht fürchten.

Das sind alles sehr sympathische Einstellungen, aber Hunde, gleich welcher Größe, sind keine »Demokraten«. Wenn Sie Ihrem Hund ein schö-

Gruppenarbeit im Verein ist eine ganz ausgezeichnete Übung für Ihren Hund; Sie sollten die Gelegenheit nutzen.

nes Leben bieten wollen, dann versuchen Sie vor allem, ihm ein möglichst hundegerechtes Leben zu bieten!

Ihr Welpe würde sich als Nachfolger für seine in Erziehungsfragen hoch qualifizierte Frau Mama vor allem einen tollen Chef wünschen. Natürlich würde er sich keinen Chef wünschen, wie er in vergangenen Zeiten bei den Menschen häufig war: herrisch, unberechenbar, wechselhaft, Angst einflößend, schmerzhafte Strafen verteilend und gedankenlose Unterwerfung fordernd. Hunde wollen moderne, leistungsfähige Chefs: menschliche Leithunde, die klug und vorausschauend sind, mutig und vorsichtig, überlegen, aber nicht arrogant, Respekt einflößend, aber nicht Angst machend, Chefs, die einfach alles besser wissen und bei denen man gut daran tut, sich an ihnen zu orientieren.

Werden Sie das Vorbild Ihres Hundes, und er wird Sie verehren. Seien Sie der coole, überlegene Leithund, der sich seines Ranges bewusst ist, der dem Jungtier gegenüber freundlich überlegen ist. Ein Chef, der es kaum nötig hat zu imponieren. Der aber, wenn es nötig ist, schnell, konsequent und wirksam schlechtes Benehmen korrigiert. Seien Sie ein toller Chef, der seinen Hund auch »mitarbeiten« lässt. Denn auch für Hunde gilt, dass Müßiggang aller Laster Anfang ist. Ich mache Ihnen in diesem Kapitel Vorschläge, wie Sie so ein guter Chef werden können.

▶ Früh übt sich...

Schieben Sie den Beginn von Erziehung und Ausbildung nicht auf irgendeinen späteren Zeitpunkt im Leben Ihres Hundes hinaus. Erziehung beginnt sofort, wenn Ihr Welpe bei Ihnen ist. Er ist in der Prägephase: Jetzt ist er extrem aufnahmefähig und lernwillig. Wenn Sie seinen Lernprozess nicht von Anfang an steuern und gestalten, lernt Klein-Einstein natürlich trotzdem, aber viel Unerwünschtes, das Sie ihm dann später wieder mühsam abgewöhnen müssen. Noch ist es einfach, sein Verhalten in die Richtung zu lenken, die Sie sich vorstellen.

Alle Ratschläge und Tipps im Folgenden sind für Welpen geschrieben, lassen sich aber sinngemäß natürlich auch für den erwachsenen Hund anwenden, den Sie sich ins Haus geholt haben.

▶ So lernt Ihr Hund

Zunächst sollten Sie sich klarmachen, dass ein Hund erst einmal Ihre Sprache lernen muss. Stellen Sie sich vor, Sie wären in China und jemand würde Ihnen – zunächst nett, später zunehmend laut und ungehalten, mit drohender Haltung – einen Schwall völlig

▶ Das Ziel der Erziehung

Im Prinzip ist das Ziel jeder Erziehung Ihres Hundes, dass Sie beide ein gutes **Team** werden. Ein Team, in dem sich jeder auf den anderen verlassen kann, so wie sich das eben gehört.

Im Prinzip sollte es für Ihren Hund **nichts Wichtigeres** geben als Sie, seinen Leithund und Lieblingsmenschen.

Im Prinzip können Sie sich, falls Ihr Hund mal abgelenkt sein sollte, stets für ihn so **interessant machen**, dass er alles liegen und stehen lässt, um zu Ihnen zu kommen.

Im Prinzip ist jegliche Lernarbeit **Beziehungsarbeit**. Dabei ist es egal, ob Ihr Schulfach »Sitz« heißt oder etwas weniger lebenspraktisch »Gib Küsschen!«. Sind Sie ein guter Lehrer, wird Ihre Beziehung zueinander vertieft und gefestigt. Sind Sie schlecht, verlieren Sie die Anerkennung und die Zuneigung Ihres Hundes.

unverständlicher Vokabeln entgegenschleudern. Keine einzige Vokabel kommt Ihnen irgendwie bekannt vor. Sie sind fremd dort, zu Gast, kennen die Sitten und Gebräuche nicht. Es ist verständlich, dass Sie allmählich in Panik geraten und sich vor Angst möglicherweise noch unangemessener verhalten. Erst wenn man Ihnen mit Gesten deutlich macht, dass Sie doch bitte das Restaurant verlassen sollen, weil heute wohl Ruhetag ist, folgen Sie erleichtert und erlöst den Wünschen des Personals.

Denken Sie bitte an das Beispiel, wenn Sie einem jungen Hund etwas verdeutlichen wollen. Langwierige Erklärungen kann er nicht verstehen; entweder sie machen ihn unsicher oder aber er ignoriert sie. Also bitte nicht umständlich erklären. Ihr Hund hört nur: »Setzdichdochendlichhinwennich sitzsagearkoeskanndochnichtsoschwerseinsetztdudichjetztendlich!?«

Sagen Sie das Wort oder – wie die Hundetrainer sagen – das Hörzeichen in dem Moment, in dem der Kleine eine erwünschte Handlung macht, und loben Sie ihn. Setzt er sich, dann sagen Sie: »Siiiitz! So ist es brav!« und loben Ihren Welpen gleich auch körperlich.

Das Lernen Ihres Welpen funktioniert nach einem einfachen Prinzip: Er ordnet die Erfahrungen, die er macht, in die Schubladen »tut mir gut« oder »tut mir nicht gut« ein. Sorgen Sie deshalb dafür, dass erwünschtes Verhalten immer »belohnt« wird. Setzt der Welpe sich auf Ihren Wunsch, dann zeigen Sie ihm deutlich Ihre Zufriedenheit. Nicht nur schnell mal »braver Hund« vor sich hin murmeln. Wenn Ihr Welpe etwas recht macht, dann wird er mit hoher, begeisterter Stimme bestätigt, dann können Sie ein bisschen mit ihm spielen, Sie können ihn auch ab und zu mit winzigen Futterbröckchen belohnen.

Die Belohnung mit Futter ist sehr effektiv, aber es sollten ganz kleine »Brösel« sein. Belohnen sollte nicht in eine Mahlzeit ausarten und außerdem sollten die Belohnungsstückchen natürlich in die tägliche Futterration mit eingerechnet werden.

Wichtig ist jedenfalls, dass Ihr Welpe es merkt, wenn er etwas richtig gemacht hat.

> **TIPP**
>
> *Richtig bestätigen und richtig korrigieren ist das Geheimnis jeder erfolgreichen Hundeerziehung. Ganz wichtig dabei ist der richtige Zeitpunkt der Bestätigung bzw. der Korrektur. Beides, so sagen Hundeforscher, muss unmittelbar nach der Handlung erfolgen, spätestens innerhalb von drei Sekunden.*

(Fast) jeder weiß inzwischen, dass es nichts bringt, wenn man einen Hund ausschimpft, wenn er in unserer Abwesenheit zum Beispiel den Napfkuchen für den Nachmittagskaffee gefressen hat. Der Hund bezieht den Tadel nicht auf die Schandtat, sondern darauf, dass Sie gerade heimkommen. Er »denkt«: »Aufpassen, wenn das Alttier heimkommt, gibt es Ärger.« Er ist verunsichert, weil er sich nicht vorstellen kann, weswegen er eigentlich getadelt wurde. Er wird künftig ausweichen, wenn Sie heimkommen.

GUT VERKNÜPFT HÄLT EWIG ▶

Klappt das Timimg, dann verknüpft Ihr Welpe ein bestimmtes Verhalten mit einer bestimmten positiven oder negativen Konsequenz. Verknüpfen nennen Kynologen dies, um zu verdeutlichen, dass ein solcher Lernprozess fest verankert ist.

Verknüpfen findet auch immer dann statt, wenn Sie Ihrem Welpen ein Wort zur Tat beibringen, also all die Hörzeichen, die ein Hund kennen sollte: Sitz, Platz, Fuß usw. Hat diese Verknüpfung richtig stattgefunden, hält sie ein Hundeleben lang. Trotzdem werden Sie die Hörzeichen regelmäßig üben, damit der Hund sie nicht »vergisst«.

FALSCHES LOB VERMEIDEN ▶ Achten Sie beim Loben Ihres Welpen auch immer darauf, dass Sie nicht »falsch« loben. Sie können dadurch geradezu ein Verhalten trainieren, das Sie eigentlich abgewöhnen oder verhindern wollten.

Ein häufiges Beispiel ist, dass Hundeanfänger ihrem Welpen die Angst vor anderen Hunden geradezu beibringen. Wie das geht? Einfach durch falsches Loben/Bestätigen, und zwar so: Ihr Welpe trifft einige andere, vielleicht erwachsene Hunde, die sehr selbstbewusst, aber freundlich auf ihn zugehen. Vielleicht ist Ihr Welpe jetzt beeindruckt, er sucht ihre Nähe, schmiegt sich an Sie. Natürlich wollen Sie jetzt Ihren Kleinen trösten, Sie nehmen ihn eventuell auf den Arm und sagen: »Keine Angst, Putzilein, das sind gaaaanz liebe Hundchen!« Das ist womöglich der Start in eine Karriere als Angstbeißer oder Angreifer. Warum? Weil der Welpe für sein ängstliches Verhalten belohnt wurde. Sie haben ihn nicht getröstet, sondern Sie haben sein ängstliches Verhalten bestätigt. Machen

Sie das öfter, lernt der Hund, dass Angst die richtige Reaktion ist, wenn sich andere Vierbeiner nähern. Sie trainieren ihn auf problematisches Sozialverhalten.

Ängstliches Verhalten dürfen Sie also nie bestätigen oder durch Ihr verständliches Bedürfnis zum Trösten belohnen. Wenn Ihr Welpe beim Autofahren wimmert, wenn er jammernd versucht, sich einer tierärztlichen Inspektion zu entziehen, dann »trösten« Sie ihn nicht! Zeigen Sie Ihre Verwunderung oder Ihr Befremden oder ignorieren Sie sein Verhalten, sonst haben Sie ein Hundeleben lang Ärger im Auto und beim Tierarzt.

Überlegen Sie also genau, was Sie tun – besonders dann, wenn es um möglicherweise falsches Loben geht. Murmeln Sie keine tröstenden beschwörenden Worte auf Ihren Welpen ein, wenn er vor einem Gegenstand oder einem ungewohnten Bodenbelag ängstlich reagiert. Zeigen Sie Ihrem Welpen, dass es absolut lächerlich ist, eine Gittertreppe nicht zu betreten – Sie, das absolute Vorbild Ihres Hasenfußes machen das schließlich auch! Ihr Welpe folgt Ihnen, wenn er Ihnen vertraut, auch über Gitterroste und auch an das Reiterdenkmal von Kaiser Wilhelm, das am Marktplatz so Furcht erregend aufragt. Eine für den Welpen bedrohliche Situation »richtig auflösen«, sagen die Hundeausbilder dazu. Also nicht Angst bestätigen, sondern ignorieren und zeigen, dass das Angst auslösende Objekt harmlos ist. Nehmen Sie sich Zeit, verschieben Sie die Auflösung dieser Angst machenden Situation nicht auf später, sonst haben Sie damit später nämlich entschieden mehr Arbeit.

So sieht ein Hund aus, der droht. Erziehen Sie Ihren Hund so, dass von ihm keine Gefahr für Menschen und Tiere ausgeht.

▶ Richtig korrigieren

Vielleicht stellen Sie sich jetzt vor, dass es bei einem Welpen wichtiger ist, Dinge zu verbieten als zu loben. Das stimmt aber nur bedingt. Aber für das Korrigieren gilt ganz genau das Gleiche wie für das Bestätigen: Der Zeitpunkt muss absolut richtig sein, also nur dann korrigieren, wenn die Schandtat passiert. Alle Untaten, die nicht in flagranti geahndet werden, sind verjährt. Es macht keinen Sinn, später zu »strafen«, weil der Hund die Strafe nicht mehr mit der Untat verbinden kann.

Zwei Formen der Korrektur müssen wir unterscheiden. Einmal die Fehler, die ein Hund zum Beispiel beim Lernen einer Übung macht. Hier korrigieren wir vorsichtig und sanft. Schließlich kann man nur lernen, wenn man nicht durch Angst abgelenkt wird. Im Folgenden sprechen wir aber von solchen Korrekturen – manche nennen es »Tabus setzen« –, die wir bei Verhalten einsetzen, das wir nicht wünschen oder das für unseren Welpen gefährlich ist.

Auch hier muss man lernen, richtig zu korrigieren. Am wirkungsvollsten erfolgt eine Korrektur immer dann, wenn der Welpe nicht merkt, dass Sie korrigieren, sondern die Strafe praktisch vom Himmel fällt. Ihrer Fantasie beim Austüfteln solcher »Abschreckungsmaßnahmen« sind keine Grenzen gesetzt, wenn es darum geht, wie Sie Ihrem kleinen Piranha etwas vermiesen: zum Beispiel Tapeten nagen, Stuhlbeine knabbern, Schuhe zerlegen, Gummibaum fällen, Sofakissen aufschlitzen, Zeugnishefte einer gesamten Schulklasse häckseln, Kaffeetafel abräumen, die gesamte Post eines Tages schreddern (bevor sie jemand gelesen hat), Rehbraten entsorgen usw.

Versuchen Sie also möglichst viele Schandtaten von der »Umwelt« (Geräusche, Gerüche, Wasser usw.) bestrafen zu lassen. Wenn Ihr Welpe dann zu Ihnen rennt, zeigen Sie sich neutral, vielleicht befremdet, aber trösten Sie ihn nicht – Sie wissen schon, sonst lernt er wieder etwas Falsches!

▶ Nein! Lass das!

Manche Dinge müssen Sie aber schon persönlich und deutlich korrigieren. Ihr Ziel sollte sein, dass Ihr Welpe lernt, wenn das Hörzeichen »Nein!« kommt, lasse ich besser ganz schnell von meinem Vorhaben ab.

Schauen wir, wie Hundeeltern Ihren Nachwuchs korrigieren, dann haben wir schon alles, was wir brauchen.

Erst mal gibt es wie beim Fußball die gelbe Karte: ein dumpfes Grollen warnt den Sprössling. Meist genügt das schon, und nur die ganz Frechen brauchen etwas mehr Nachdruck. Unser »dumpfes Grollen« ist ein drohendes »NEIN«.

Reagiert unser kleiner Freund nicht, machen wir wirklich kurzen Prozess: Wir packen ihn am Nackenfell, heben ihn hoch und starren ihm wütend in die Augen: »NEIN!«.

▶ Nackenschütteln

Das immer noch oft empfohlene Nackenschütteln ist tierquälerisch, denn es ist eine Handlung, mit der Hunde bzw. Wölfe die Beute tot schütteln. Kein Alttier setzt einen Welpen so einer Todesangst aus. Sie sollten das auch nicht tun, auch wenn ein selbst ernannter Hundetrainer es Ihnen noch so sehr empfiehlt.

Also packen Sie ihn dort, wo Frau Mama ihn schon am Wickel hatte, und zeigen Sie Ihren Unwillen. Ganz renitente Burschen kann man – zumindest solange sie Welpen sind – auch mal schnell in die Rückenlage bringen. Wieder wird der Frechdachs von uns dominantem Alttier angestarrt. Wenn er wegschaut und damit seinen niedrigeren Rang anerkennt, ist er entlassen.

Der Wurf in die Rückenlage ist ein sehr dominantes Korrigieren. Sie sollten das äußerst sparsam einsetzen, sonst entwerten Sie es und Ihr Welpe wird sich schon mal hinwerfen und hoffen, dass die Show damit schneller vorübergeht. Also seien Sie damit vorsichtig: Bei meiner Nessy habe ich den Rückenwurf noch nie gemacht, und jetzt ist sie drei Jahre alt.

Auch der Griff über die Schnauze wird in der modernen Literatur als artgerechte Dominanzgeste empfohlen. Diese Geste ist bei Hunden abgeschaut: dominante Tiere nehmen die Schnauze untergeordneter Rudelmitglieder öfter in den eigenen Fang. Jungtiere provozieren diese Geste manchmal geradezu, indem sie ihre Schnauze in den Fang der dominanteren Tiere bohren. Diese Geste ist nicht eigentlich eine

Strafaktion, sondern eher ein gelegentlicher Hinweis auf die Rangfolge. Wir können uns das zunutze machen, indem wir uns ähnlich verhalten. Unsere Hand wird dabei stellvertretend zum Fang des dominanten Alttieres. Wir schließen sie über der Schnauze unseres Welpen und er bekommt so hoffentlich noch einmal unterstrichen, wer das Sagen hat.

Wie und wofür auch immer Sie bestraft oder korrigiert haben: Bleiben Sie dabei bitte cool. Danach ist die Angelegenheit für Sie sofort erledigt und Sie gehen zur Tagesordnung über. Auch das können wir von Hunden lernen. Gekreische, Getue, nachtragend sein, beleidigt sein und ewiges Genörgel sind in Hundekreisen (und auch in menschlichen Wirtschaftsunternehmen) nicht erwünscht: das sind Zeichen mangelnder Führungsqualifikation und ist außerdem unproduktiv.

▶ (Rang-)Ordnung muss sein

Sie sind vielleicht kein Führungstyp, aber zu Ihrer Leitungsaufgabe sollten Sie schon stehen.

In diesem Kapitel erhalten Sie viele Ratschläge dazu, wie Sie Ihren höheren Rang auch im normalen Alltag ganz nebenbei, aber wirksam demonstrieren können. Alle Hunde achten nämlich mindestens so streng auf Etikette wie die strenge Tante, die jeder von uns kennt.

Wenn Sie in folgenden Situationen Ihren Rang richtig demonstrieren, lernt Ihr Hund, dass er Respekt zeigen muss. Beim Welpen sollten Sie stets auf Gehorsam und Respekt bestehen, auch wenn er noch so klein, so süß und so unschuldig ist. Ihr Welpe ist nämlich ein scharfsinniger und brillanter Beo-

Die Golden-Retriever-Hündin zeigt es uns: so macht man den »Über-die-Schnauze-Griff« als Ranghöherer. Sie können natürlich Ihre Hand benutzen!

bachter. Wenn er zum Beispiel erst *nach* Ihnen futtern darf, ist das für ihn die normalste Sache der Welt. Füttern Sie ihn – nett und fürsorglich wie Sie sind –, bevor Sie selbst essen, wird er Ihnen das vielleicht als Führungsschwäche auslegen, weil Sie nicht auf Ihrem Recht bestehen. Er würde an Ihrer Stelle auf jeden Fall zuerst fressen.

Also versuchen Sie, im Hunde-Sinne Boss zu sein, und Sie haben es gerade mit einem später recht dominanten Hund deutlich leichter. Und dominantes Verhalten ist nicht nur bei großen Hunden ein Ärgernis.

▶ Das erwartet Ihr Welpe

Essen: Sie essen stets zuerst, falls Sie den Welpen zu Ihren Essenszeiten füttern wollen. Er wartet, bis der »Leithund« satt ist, dann bekommt er die »Reste«. Selbstverständlich geben Sie ihm nicht die Reste Ihrer Mahlzeit, sondern sein Futter. Für Ihren Welpen

ist das der eigentlich normale Vorgang. Jede Mahlzeit zeigt ihm also wieder, wo sein Platz in der Rangordnung des Rudels ist. Nutzen Sie diese Lernmöglichkeit.

Nehmen Sie Ihrem Welpen ruhig ab und zu kurz seine Futterschüssel oder seinen Büffelhautknochen weg. Wenn er das respektvoll duldet, bekommt er Futter oder Knochen gleich wieder. Wenn nicht, bekommt er Ärger. Aber lassen Sie diese Übung nie Ihre Kinder machen. Das ist kein Spiel, sondern eine Rangdemonstration – und die machen Sie und sonst niemand.

Platz da: Wenn Sie kommen, muss Ihr Hund den Weg freimachen, auch wenn der Flur, auf dem er es sich gerade gemütlich gemacht hat, Platz für beide bietet, oder auch dann, wenn Sie sportlich genug wären, um über ihn weg zu hüpfen.

Spazieren gehen: Sie bestimmen, wohin der Spaziergang führt. Zeigen Sie auch hier Ihrem Hund Ihren Rang:

Gruppenarbeit diesmal mit Menschen, die der Hund friedlich passieren soll – auch diese nützlichen Trainingsmöglichkeiten bieten Vereine und Hundeschulen.

geht er bei der Wegkreuzung links, biegen Sie rechts ab. Sie können zwar auch mal ihm folgen, sollten aber meist deutlich machen, dass Sie über Art und Zeitpunkt des Richtungswechsels entscheiden.

Türen: Sie gehen stets zuerst durch Türen jeder Art (Haus, Gaststätte, Geschäft, Garten usw.). Neben der Rangdemonstration hat diese Gewohnheit auch den angenehmen Nebeneffekt, dass Sie nicht zu denjenigen Hundebesitzern gehören, die hinter ihrem Hund in eine Gaststätte stolpern und Anlass für die Belustigung der Anwesenden sind. Und aus der Haustür auf die Straße rennt ein so erzogener Hund natürlich auch nicht.

Spielen: Sie bestimmen den Beginn und vor allem auch das Ende des Spiels. Auch wenn Ihr Welpe noch so goldige Spielaufforderungen macht – verkneifen Sie Ihre Lust, ihm zu folgen. Zeigen Sie sich etwas blasiert oder gelangweilt und beginnen Sie selbst daraufhin zwei, drei Minuten später das Spiel. Er lernt, dass Sie der Boss sind, und freut sich trotzdem und vielleicht noch mehr darüber, dass Sie mit ihm spielen.

Spielzeug hergeben: Wenn Sie es wünschen, muss Ihr kleiner Freund stets sein Spielzeug rausrücken – ohne Wenn und Aber. Sie können ihm seinen Ball, nachdem Sie ihn begutachtet haben, immer wieder zurückgeben – schließlich sind Sie ja kein Unhund.

Gehorsamsübungen: Sie können im und während des Spiels ohnehin immer wieder kleine Gehorsamsübungen einbauen. Dabei lernt Ihr Hund, dass er auch bei höchster Aktivität und Lust, auf Sie und Ihre Wünsche achten soll.

Manipulationen ertragen: Ihr Welpe und später Ihr erwachsener Hund soll es dulden, dass Sie ihn überall anfassen, dass Sie ihm ins Maul schauen und fassen, dass Sie aus seinem Fell und seiner Haut Fremdkörper oder auch Parasiten entfernen. Er soll auch dulden, dass Sie ihn auf die Seite legen und seinen Bauch anschauen. Das ist zum einen eine sehr gute Dominanzdemonstration, das ist aber auch eine wichtige Lektion für Ihr ganzes gemeinsames Leben. Stellen Sie sich vor, Sie kämpfen mit einem erwachsenen Hovawart darum, ihm eine Klette aus dem Vorderlauf ziehen zu dürfen!

Schmusen: Die meisten Hunde haben ein großes Zärtlichkeitsbedürfnis. Sie schmusen fast alle furchtbar gerne. Auch hier gilt: Sie sollten in den meisten Fällen (falls Sie das fertig bringen) Ihren Hund erst einmal ignorieren, d.h. eine kleine Wartezeit einhalten. Denn der Leithund verteilt seine Zärtlichkeiten so herablassend und hoheitsvoll, wie manche Chefs früher die Weihnachtsgratifikation.

Schnauzengriff: Der Schnauzengriff, über den wir schon gesprochen haben, ist ebenfalls eine gute Demonstration Ihres Rangs, die Sie öfter einsetzen können.

▶ Hör- und Sichtzeichen

Eben habe ich Ihnen einige Beispiele dafür gegeben, wie Sie mit Ihrem Verhalten Ihrem Hund etwas zeigen können. Sie sollten ihn aber natürlich auch direkt beeinflussen, wenn Sie zum Beispiel wollen, dass er irgendetwas tut oder unterlässt. Die Hundeausbilder sprechen heute nicht mehr von Befehlen, Kommandos oder anderen Begriffen aus dem Militärischen. Sie sprechen von Zeichen, die man seinem Hund gibt. Sie können sich mit Ihrem Hund auf drei Arten verständigen: mit Worten (Hörzeichen), mit Gesten (Sichtzeichen) und teilweise auch noch mit Signalen der Hundepfeife.

Hörzeichen werden am meisten eingesetzt.

Sichtzeichen werden inzwischen auch in der Ausbildung und Erziehung von Familienhunden gerne verwendet. Doppelt genäht hält besser, gilt hier sicherlich – und außerdem lernt der Hund dadurch, dass er Sie aufmerksam beobachten muss.

Hundepfeifen aus Horn oder Kunststoff werden von Jägern schon immer eingesetzt. Der Doppelpfiff dient ihnen zum Heranrufen des Hundes. Der einfache Pfiff fordert vom Hund das Sitzen, egal, wo er gerade ist. Der Triller schließlich verlangt das sofortige Platz.

Auch in der Erziehung der Familienhunde wird die Pfeife heute gerne ver-wendet. Sie hat einen ganz entscheidenden Vorteil: beim Pfeifen hört der Hund die Angst oder Wut seines Menschen nicht, und außerdem hört Ihr Hund Sie im Notfall auch auf große Distanz.

► ANORDNUNGEN DURCHSETZEN

Gleichgültig welche Art Zeichen Sie geben, bestehen Sie stets darauf, dass Ihr Hund sie auch ausführt. Wenn Sie das nicht können, weil Sie keine Möglichkeit haben sich durchzusetzen, dann verzichten Sie lieber auf ein Zeichen und überlegen sich einen Trick. Hat Ihr Freundchen nämlich einmal erfahren, dass er gehorchen muss oder auch nicht, dann gilt für einen anständigen Hund natürlich »oder auch nicht«.

► ZEICHEN WIEDER AUFHEBEN

Genauso wichtig ist, dass Sie ein gegebenes Zeichen auch wieder aufheben. Überlegen Sie sich ein Wort oder einige Wörter, die Sie immer dann sagen, wenn Ihr Hund sich wieder nach eigenem Gusto bewegen darf. Sagen Sie zum Beispiel »Fertig« oder »okay«, weiß Ihr Hund, dass er aus dem Platz wieder aufstehen darf. Lassen Sie nicht zu, dass Ihr Hund selbst entscheidet, wann eine Übung beendet ist. Bringen Sie ihn, falls er aus dem Platz aufsteht, sofort wieder dazu, dass er Platz macht. Neben der Demonstration Ihres Ranges machen Sie ihm klar, dass das, was Sie sagen, gilt.

► Für das Leben lernen

Sie müssen nicht alles machen und nicht alles so machen. Aber Sie müssen sich auf jeden Fall überlegen, was Ihr Hund später können soll, und das

---

► Hörzeichen

Diese Hörzeichen sollte Ihr Hund beherrschen:

- ☐ Hier
- ☐ Sitz
- ☐ Platz
- ☐ Bleib
- ☐ Fuß
- ☐ Fertig
- ☐ Aus
- ☐ Nein

müssen Sie ab sofort mit ihm üben. Jeder Hundebesitzer sollte einen Lehrplan für seinen Hund aufstellen. Einige Dinge sind als Schulfächer sehr empfehlenswert:

HALSBAND UND LEINE ▶ Die meisten Züchter gewöhnen die Welpen schon früh an das Halsband. Aber auch wenn dies nicht geschehen ist, machen Sie kein großes Aufsehen darum. Falls Ihr Welpe bockig reagiert, verknüpfen Sie Halsband und Leine einfach mit etwas Nettem. Also ziehen Sie ihm beides zum Beispiel an, wenn es Futter gibt oder wenn Sie mit ihm spielen. Denken Sie daran: zwischen Hundehals und Halsband sollte immer »Luft« sein.

AUSLASSEN ▶ Auf das Hörzeichen »Aus!«, oder was immer Sie sagen wollen, sollte Ihr Hund stets alles, was er an Ungeheuerlichem im Fang hat, herausgeben. Das Trainieren dieses Hörzeichens ist unter Umständen lebensrettend für Ihren Hund, falls er mal Giftiges oder Unverdauliches im Fang hat und schlucken will. Sie können es Ihrem Welpen auf die nette Art beibringen: bieten Sie ihm irgendeine Leckerei zum Tausch an und fordern »Aus!«. Wenn er es so lernt, ist das prima, ansonsten müssen Sie mit dem Schnauzengriff diesen Gehorsam fordern. Laufen Sie Ihrem kleinen Schluckspecht aber nie hinterher. Er denkt sonst, dass jetzt eine (lustige) Hetzjagd nach seiner Beute beginnt – und die gewinnt er immer!

BEISSHEMMUNG ANPASSEN ▶ Bei seinen Geschwistern hat Ihr Welpe gelernt, wie stark er zubeißen darf,

»Steh!« Eine Übung, die oft entfällt oder vernachlässigt wird. Trotzdem ist sie äußerst nützlich.

damit die anderen es als Liebkosung und nicht als Körperverletzung empfinden. Sie haben ja nun mal ein entschieden dünneres »Fell« als Ihr Bärchen. Dies sollte Ihr Welpe schnell lernen, sonst sehen Ihre Hände und Arme schnell so aus, als seien Sie durch eine Dornenhecke gejagt worden. Wenn Ihr Welpe also beim Kosen und Spielen zu stark zubeißt, sagen Sie das Wort, das Sie künftig verwenden wollen, zum Beispiel »Aua!« oder »Sanft!«, und entziehen ihm Ihren Arm. Er bekommt ihn aber sofort wieder »angeboten«, denn er muss ja lernen, wie er seinen Biss bei Ihnen dosieren soll. Er lernt schnell den Druck seines Fangs zu dosieren. Sie brauchen kein Verbandszeug im Vorrat zu haben.

KINDER ▶ Für Hunde sind Kinder rangniedere Jungtiere im Rudel. Insofern sind alle Hunde »kinderfreundlich«. Sie sind freundlich zu Kindern, wenn man sie früh mit ihnen bekannt macht. Sie sind solange kinderfreundlich, wie sie keine schlechten Erfahrungen machen. Sie sind solange kinderfreundlich, solange die Kinder hundefreundlich sind. Manchmal haben sie noch sehr viel länger Geduld, als manche Kinder das verdienen. Kleine Kinder und Hunde sollten im Interesse von Kind und Hund nicht unbeaufsichtigt gelassen werden.

Es ist für Ihre Kinder eine der wunderbarsten Erfahrungen, mit einem Hund aufzuwachsen. Dazu gehört allerdings unauflöslich die Bereitschaft, den Hund in seiner Andersartigkeit zu respektieren. Kinder, die das gelernt haben, haben nicht nur einen liebevollen Partner auf vier Pfoten, sie haben eine wesentliche Schlüsselqualifikation für ihr Erwachsenenleben erworben.

HAUSTIERE ▶ Ihrem kleinen Prinzen machen Sie am besten von Anfang an klar, dass Ihre Haustiere weder Spielzeug noch Beute sind. Katzen, Vögel, Gänse, Enten, Hühner, Pferde, Kühe, Schafe und Schweine – alles kein Problem. Was Ihr Welpe bei seiner Ankunft leicht und gerne akzeptiert, wird ihm später schwieriger zu vermitteln sein. Also stellen Sie ihm gleich Ihre Pussykatze, Ihr Lieblingspferd und den Papagei vor. Noch wird er – schwer beeindruckt – alle respektieren.

AN DER LEINE NEUTRAL SEIN ▶ Falls Sie diese Übung konsequent durchhalten, erleichtern Sie sich das Leben kolossal. Aber meist verleiten uns nette andere Hundebesitzer, den eigenen guten Vorsätzen untreu zu werden. Versuchen Sie es, es lohnt sich wirklich. Gewöhnen Sie Ihren Welpen daran, keinen Spiel-, Schnupper- und sonstigen Kontakt zu anderen Hunden zu haben, wenn er an der Leine ist. Auch wenn das schwer fällt, haben Sie später einen Hund, der Sie nicht aus den Pantoffeln zieht, wenn er auf der gegenüberliegenden Straßenseite die tolle Diana sieht, die er so verehrt. Sie haben einen Hund, der weiß: »Wenn ich an der Leine bin, gibt es nichts anderes als meinen Boss und mich, alles andere interessiert nicht.«

MANIPULATIONEN ERTRAGEN ▶ Auch wenn Ihr Welpe keine verfilzten Haare hat und eigentlich noch überhaupt nicht gebürstet werden muss: Tun Sie es! Wenn Sie nämlich erst mit dem Üben anfangen, wenn Ihr Hund sein Erwachsenenfell hat, wird es deutlich schwieriger. Je nach Temperament wird er sich Ihnen entweder entziehen oder sich mit aller Kraft wehren, und er hat jede Menge Kraft! Also üben Sie die Fellpflege, das Kontrollieren seines Körpers auf Parasiten etc., das Inspizieren seiner Ohren und der Bindehäute der Augen, die Kontrolle der Zähne sowie der Ballen und Krallen.

NICHT OHNE ERLAUBNIS AUF ANDERE HUNDE ZURENNEN ▶ Wenn Ihr fröhlicher, übermütiger Leonberger auf einen entgegenkommenden Yorkshire-Terrier zuspringt, wird wahrscheinlich dessen Besitzer etwas nervös. Wenn Ihr Yorkshire-Terrier auf einen entgegenkommenden Rottweiler zuspringt, werden sicherlich Sie nervös. Es ist äußerst nützlich, wenn Ihr Hund nicht von sich aus zu anderen läuft, sondern Ihre Erlaubnis abwartet.

NICHT ZU WEIT VOM MENSCHEN ENTFERNEN ▶ Ihr Welpe wird sich im eigenen Interesse und instinktgemäß nicht zu weit von Ihnen entfernen. Versuchen Sie, dass auch der größere Hund immer in einem Radius um Sie bleibt, innerhalb dessen Sie ihn noch kontrollieren können. Wenn sich Ihr unternehmungslustiger Springinsfeld nämlich mal daran gewöhnt hat, dass er in hundert Meter Abstand um Sie seine Kreise zieht, haben Sie keinerlei Chancen, auf ihn einzuwirken.

KORREKT AUTO FAHREN ▶ Ihr Hund wird das Auto lieben, wenn Sie nichts falsch machen. Fast alle Hunde tun das, denn das Auto bringt sie zu vielen herrlichen Abenteuern. Die Fahrt vermittelt darüber hinaus das Gefühl der schnellen Jagd, wenn links und rechts Landschaft, Menschen und Fahrzeuge vorbeigleiten. Machen Sie ihm also das Autofahren angenehm. Packen Sie Ihren Hund nicht nur ins Auto, wenn er zum Tierarzt soll. Fahren Sie die erste Zeit – wenn möglich – zusammen mit Ihrem Welpen auf dem Rücksitz. Füttern Sie ihn vorher nicht – es könnte ihm in der ersten Zeit schlecht werden. Lassen Sie ihn nicht gleich allein im Fond oder im Laderaum des Kombis. Wenn Sie keinen Chauffeur für die erste Zeit haben, können Sie den Welpen auch mit einem Geschirr und kurzer Leine am Sicherheitsgurt fixieren.

Wichtig ist beim Autofahren aber auch, dass Sie Ihren Welpen sofort daran gewöhnen, dass er nie ohne Ihre Erlaubnis aussteigen darf. Das geht einfach, denn anfangs heben Sie ihn ja ins Auto und wieder heraus. Wenn er dann alt genug ist, machen Sie ihm drastisch deutlich, dass er nur auf Ihre Aufforderung aussteigen darf: Falls Ihr Wirbelwind nach draußen drängt, machen Sie einfach die Tür wieder zu, so oft und so lange, bis er manierlich auf seine Aussstiegsgenehmigung wartet.

NICHT STEHLEN ▶ Welpen – auch die kleinerer Rassen – entwickeln erstaunliche körperliche Leistungen beim Dehnen, Strecken und im Hochsprung, wenn es darum geht, den Sonntagsbraten und Ähnliches zu stehlen. Sie tun gut daran, von Anfang an das Anständigsein zu üben. Am besten, indem Sie dem möglichen Straftäter eine Falle stellen. Also einen Leckerbissen verführerisch platzieren und dem Welpen nicht gestatten, dass er ihn stiehlt.

▶ ## Der klassische Grundgehorsam

Es soll Hunde geben, die ohne jede Erziehung gehorchen und sich nie in Gefahr begeben – ich kenne allerdings keinen. Besser, Sie bringen Ihrem Hund alles bei, was Sie von ihm erwarten. Das macht ihn umweltsicher, das macht ihn klüger und selbstsicherer, das macht Sie sicherer und das stärkt ganz enorm die Beziehung zwischen Ihnen und Ihrem Hund.

▶ **TIPP**
Wenn Sie sich umfassender über Hundeerziehung informieren wollen, empfehle ich Ihnen das kürzlich erschienene, ganz ausgezeichnete »Kosmos-Erziehungsprogramm für Hunde« von Nicole Hoefs und Petra Führmann.

Die Übungen, die Sie vielleicht schon kennen, quasi die Hauptfächer der Hundegrundschule, haben alle einen praktischen Sinn. Sie machen Ihren

Hund in unterschiedlicher Weise kontrollierbar.

»Sitz« stellt ihn vorübergehend ruhig, Sie können zum Beispiel am Imbissstand eine Wurstsemmel kaufen, ohne dass Ihr Hund Sie umreißt.

»Platz« sorgt dafür, dass Ihr Hund längere Zeit an dem ihm zugewiesenen Platz verharrt. Sie können sich bestimmt viele Situationen vorstellen, wo dieses Hörzeichen ausgesprochen nützlich ist.

Und das »Hier« schließlich ist sicher eines der wichtigsten Hörzeichen, die Ihr Hund befolgen sollte.

KURZE LERNZEITEN ▶ Gleichgültig, was Sie mit Ihrem Welpen und später dem Junghund üben – für alle Hunde gilt: Lernzeiten sollen kurz sein. Welpe und Junghund können sich gar nicht so lange konzentrieren; und Spaß haben sie auch nicht lange an einer Sache. Also lieber konzentriert und kurz, als lang, langweilig und uneffektiv. Bei Welpen und Junghunden sollten Sie die »Unterrichtsstunde« auf wenige Minuten am Tag begrenzen.

TIPP
Wenn Ihr Hund die Übung schon beim ersten Mal richtig macht, wird die Unterrichtsstunde beendet. Sonst meint er, er muss etwas korrigieren. Andersrum gilt das auch: hören Sie jede Übung mit einem Erfolg auf.

LUSTBETONT LERNEN ▶ Gelangweilte und verängstigte Schüler lernen schlecht. Das Gleiche gilt für Ihren jungen Hund. Motivieren Sie ihn also, bevor Sie mit dem Training beginnen.

Vermitteln Sie ihm, dass gleich die tolle Arbeit beginnt. Spielen Sie immer mit ihm, wenn er eine Übung gut gemacht hat. Fehler ignorieren Sie. Sie fangen nochmals an und loben Ihren Spatz dann auch kräftig, wenn er es richtig macht. Wenn Sie selbst schlechte Laune haben oder unter Zeitdruck stehen, dann lassen Sie das Training lieber bleiben. Sie sind ein ungeduldiger Lehrer und Ihr Hund ein frustrierter Schüler.

Gehirn statt Gewalt

Wie immer auch argumentiert wird, lassen Sie sich nicht zum Einsatz von Folterinstrumenten in der Hundeausbildung überreden. Stachel- oder Krallenhalsbänder, Zugketten und Zughalsbänder, Brustgeschirre wie Gentledog, die dem Hund Schmerzen zufügen, alle Formen von Elektroschocks und andere schmerzhafte »Distanzwaffen« sind Zeichen der Unfähigkeit der Ausbilder. Menschen, die solche Folterinstrumente einsetzen, sollten besser keinen Hund haben. Aber auch den Einsatz sanfter Hilfsmittel der Erziehung, wie das Halti oder Masterdog und andere, sollten Sie sich von einem Fachmann zeigen lassen. Falsch angewendet schaden sie mehr, als sie nutzen. Auch über besondere Methoden wie das Clickertraining und den Tellington TTouch sollten Sie sich im Vorfeld ausführlich informieren, um sie richtig anwenden zu können (siehe Literaturempfehlungen auf Seite 116).

▶ Sitz
Das Hörzeichen »Sitz« ist ausgesprochen leicht zu lehren und zu lernen. Das Sitzen und Hochschauen zum

»Sitz!«, eine Übung, die jeder Hund schnell und leicht lernt und die wirklich jeder beherrschen sollte.

»Platz!« mit entsprechendem Handzeichen. Eine Übung, die viele Hunde nicht gerne machen, aber eine wichtige Qualifikation für den wohlerzogenen Hund.

Größeren ist die Bettelhaltung schlechthin, und die beherrscht Ihr kleiner Schlauberger sofort.

Sie sagen Ihrem Welpen einfach, wenn er sich zufällig setzt und vielleicht sogar noch zu Ihnen hochschaut, mit hoher freundlicher Stimme: »Siiitz!« Gleichzeitig zeigen Sie ihm noch das passende Sichtzeichen, den hochgereckten Zeigefinger.

Die gewalttätigen »Erziehungs«-Formen, bei denen der Welpe am Halsband hochgezogen und am Ende des Rückgrates runtergedrückt wird, brauchen Sie erst gar nicht anzuwenden.

Vergessen Sie aber nicht: Wenn Ihr Hund zuverlässig gelernt hat, was Sitz bedeutet, und Sie das Hör- oder Sichtzeichen dafür geben, dann muss er sich setzen, da gibt es keine Kompromisse. Alle Ihre Zeichen soll Ihr Hund nach dem ersten Mal befolgen.

▶ **Platz**

Eine wesentlich unangenehmere Übung für den Hund ist das »Platz«. Es ist eine Unterordnungsgeste, die kein Hund, und ganz besonders kein selbstbewusster, gerne ausführt.

Aber das schreckt Sie als coolen Leithund ja nicht. Am einfachsten ist es, wenn Sie Ihren angeleinten Welpen vom Sitzen quasi in das Platz locken. Sie nehmen einen Leckerbissen in die Hand und »ziehen« den interessiert schnuppernden Welpen damit in das Platz. Liegt er, wird der Tapfere gestreichelt und Sie sagen ihm dabei lobend das Hörzeichen »Plaaatz«. Das Sichtzeichen ist die waagrecht ausgestreckte Hand (mit der Handfläche nach unten), so als wollten Sie Ihrem Hund zeigen, dass er ganz flach liegen bleiben soll.

Auch hier klappt die sanfte Methode bestimmt, wenn Sie die Übung schon mit Ihrem Welpen machen. Manche Trainer raten zum Niederdrücken und/oder zum Wegziehen oder gar zum Wegschlagen der Vorderläufe. Lassen Sie sich zu solch groben Verfahren nicht überreden, bloß weil der Ausbilder in Ihrem Hundeverein das schon vierzig Jahre so macht. Sie sind ein moderner Hundehalter, der im Hund den Partner von der anderen Art sieht.

▶ Bleib

Eigentlich sollte es ja so sein, dass Ihr Hund nach dem Hörzeichen »Platz« so lange liegen bleibt, bis Sie ihn freigeben. Man nennt diese Fertigkeit in Hundekreisen das »Abliegen«.

Für temperamentvolle und anhängliche Hunde ist das eine ausgesprochen schwierige Übung. Sie müssen sie vorsichtig und in homöopathischen Dosen aufbauen. Also erst vom liegenden (immer angeleinten) Hund wegtreten und unmittelbar wieder vor ihn hintreten. Bleibt er liegen – wenige Augenblicke reichen –, gehen Sie wieder zurück an seine Seite. Steht er unerlaubt auf, gilt wie stets beim Training: cool bleiben, zurück zum Anfang und auf ein Neues.

Dann steigern Sie die Entfernung einfach immer weiter, bis Ihr Hund auch »abliegt«, wenn er Sie nicht mehr im Blick hat.

> **TIPP**
>
> *Wenn Ihr Hund etwas Erwünschtes nicht tut, haben meist Sie einen Fehler gemacht, nicht er. Prüfen Sie, welchen, holen Sie sich Rat und arbeiten Sie von Neuem an der Übung.*

▶ Hier

Dass Ihr Hund herkommt, wenn Sie ihn rufen, ist ausgesprochen nützlich, ist praktisch, macht einen guten Eindruck, schont Ihre Nerven und ist unter Umständen lebensrettend für Ihren Hund. Das Hörzeichen ist »Hiiier«, weil man es prima rufen und sogar noch ziemlich in die Länge ziehen kann, damit Ihr Strolch es nun wirklich nicht überhören kann. Das Sichtzeichen können Sie sich selbst überlegen. Die meisten Hundeführer klopfen sich mit der Hand seitlich an den Oberschenkel.

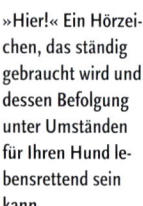

»Hier!« Ein Hörzeichen, das ständig gebraucht wird und dessen Befolgung unter Umständen für Ihren Hund lebensrettend sein kann.

Das »Hier« muss immer freundlich gerufen werden. Wird es mit drohender Miene gerufen und verbinden Sie es noch mit Ankündigungen dessen, was Sie mit einem solchen Streuner machen, wenn er sich denn mal zu Ihnen bequemt, wird jeder halbwegs vernünftige Hund sich hüten, auch nur in Ihre Nähe zu kommen. Er versteht ja nicht, was Sie sagen, sondern merkt nur, dass Sie wütend sind. Wenn der Leithund wütend ist, das weiß ja nun jeder, dann kommt man ihm besser nicht zu nahe. Also immer cool bleiben!

Und so bringen Sie es Ihrem Spatz bei: Ein Freund hält Ihren Welpen, Sie rennen – aber wirklich rennen – zwanzig, dreißig Meter von Ihrem Welpen weg, drehen sich um und rufen »Hiiiier« und geben Ihr Sichtzeichen. Der Helfer lässt Ihren Welpen los. Das war es schon. Ihr Welpe wird zu Ihnen rasen. Sie empfangen ihn mit großer Freude und einem Leckerchen, dann bringen Sie ihn freundlich zum Sitzen – die Grundübung zum späteren Vorsitzen in der prüfungsmäßigen Arbeit mit dem Hund. Noch verknüpft er sein Herankommen nicht mit Ihrem Hörzeichen und Ihrem Sichtzeichen, bald wird das aber so sein und er kommt schnell und hoffentlich freudig.

Falls er zögert oder gar nicht kommt, rennen Sie in die entgegengesetzte Richtung, vielleicht verstecken Sie sich sogar.

Besser ist also, einmal rufen und dann hoffen. Ihr Hund weiß dann nämlich nicht, wo Sie sind – vor allem dann nicht, wenn Sie sich gemeinerweise auch noch gleich verstecken. Achten Sie aber vorsorglich darauf, dass Sie sich in ungefährlicher Gegend aufhalten. Ihr Welpe könnte in Panik

> **TIPP**
>
> *Laufen Sie keinesfalls zu Ihrem Hund, wenn er nicht zu Ihnen kommt. Erstens verlieren Sie damit Ihr Gesicht als überlegener Chef. Zweitens wird Ihr Welpe »denken«: »Das wird jetzt ein super Jagdspiel!« Lassen Sie sich erst gar nicht auf solche Spielchen ein, denn die verlieren Sie garantiert. Wenn Ihr Welpe nicht hören will oder sich ins undurchsichtige Dickicht geschlagen hat, sollten Sie keinesfalls zehn- bis zwanzigmal »Hier« rufen. Ihr Welpe lernt sonst einiges, was Sie bestimmt nicht möchten. Er lernt erstens, dass er nicht gleich kommen muss, wenn Sie rufen – Sie wiederholen sich ja oft genug. Konsequenzen gibt es auch keine. Zweitens lernt er, dass Ihr »Hier«-Rufen so etwas ist wie eine Art Funksignal, das ihm immer sagt, wo genau Sie sind. Ihr Kleiner braucht also keine Anstalten für das Herkommen zu treffen.*

geraten, wenn er Sie nicht mehr hört oder sieht. Er wird zumindest unsicher und wird nachschauen kommen. Und wenn er dann kommt, der Schlawiner, müssen Sie die Zähne zusammenbeißen und ihn trotzdem loben.

▶ **Leinenführigkeit**

Wenn ein kleiner Terrier seinen Menschen durch die Fußgängerzone zerrt, finden das die meisten lustig. Wenn ein großer Hovawart dasselbe tut, erntet man im besten Fall Spott. Also: anständig an der Leine gehen ist ein ganz wichtiges Schulfach für jeden Hund, gleich welcher Größe.

Gegenwärtig wird Leinenzwang immer verbreiteter. Üben Sie mit Ihrem Hund, dass er sich an der Leine gesittet benimmt.

Grundsätzlich sollten Sie Ihren Welpen so wenig wie möglich an der Leine führen. Sobald Sie es also gefahrlos tun können, geben Sie ihn frei. Er wird im eigenen Interesse bei Ihnen bleiben. Erst im Flegelalter beginnen die meisten damit, sich weiter zu entfernen. Fahren Sie also lieber ein Stück raus, als dass Sie Ihren Welpen lange an die Leine legen.

Gewöhnen Sie Ihren Hund von Anfang an daran, dass er stets links von Ihnen geht. Nehmen Sie die Schlaufe der Leine in die rechte Hand, so dass die Leine vor Ihrem Bauch zum links gehenden Hund führt. Die linke Hand brauchen Sie zum Korrigieren und zum Loben.

Damit Sie Ihre Wünsche schnell und deutlich klarmachen können, sollte die Leine zum Üben auch nicht allzu lang sein. Es ist zwar gut, wenn Sie auch noch eine längere Leine haben, aber zum Üben ist sie eher hinderlich.

Die Auszugsleinen mit automatischem Abroll- und Aufrollmechanismus sollten Sie sich vorerst gar nicht erst zulegen. Später einmal, wenn Ihr Hund aufs Wort hört, ist so eine Leine mal ganz praktisch, wenn man ärztlich oder behördlich verordneten Leinenzwang in Städten und Parks angenehmer machen will. Für den Welpen ist diese Leine aber ein Trainingsgerät für das Leinenzerren. Der Welpe lernt: »Wenn ich an der Leine ziehe, bekomme ich mehr Freiraum!«

Auch beim Üben der Leinenführigkeit gilt: sobald der Hund angeleint ist,

TIPP

Die Leine soll für Ihren Hund keine Fessel sein und nichts, vor dem er Angst hat. Die Leine ist im Idealfall für Ihren Hund das Symbol für gemeinsames Arbeiten, sie ist Ihr verlängerter »Zeigefinger«.

sollte es nichts anderes geben, was ihn aus seiner Neutralität locken könnte.

Diejenigen, die in der Schule gut in Physik waren, erinnern sich vielleicht an einen wichtigen Lehrsatz: »Druck erzeugt Gegendruck!« Machen Sie sich dies stets klar, wenn Sie Ihren Hund anleinen. Wenn er zieht und Sie dagegenziehen, wird Ihr Hund, obwohl er nie Physik hatte, sofort dagegenziehen. Locken Sie ihn also mit Futter oder Spielzeug in die korrekte »Fuß«-Position und loben: »Fuß! So ist es brav!«

Für jeden unternehmungslustigen Welpen ist das natürlich eine ausgesprochen langweilige, anstrengende Übung. Denn sobald die Leine nicht mehr locker zwischen Mensch und Hund hängt, muss der Kleine korrigiert werden. Sie sollten also die Leinenarbeit schon deshalb nur ganz kurze Strecken üben.

▶ Freifolge

Die bei Hundeleuten so genannte »Freifolge« bedeutet nichts anderes, als dass Ihr Hund all das ohne Leine macht, was ich im letzten Absatz beschrieben habe. Fangen Sie aber nicht zu bald an, mit dem abgeleinten Hund zu arbeiten. Wenn er frei ist, haben Sie größere Probleme auf ihn einzuwirken, wenn er Ihr »Fuß« nicht befolgt.

Sie merken es, wann Ihr Hund für diese weiterführende Übung bereit ist: Freifolge können Sie dann mit ihm anfangen, wenn er an der Leine willig, freudig und konzentriert jeder Ihrer Bewegungen folgt.

▶ Begleithundeprüfung

Die Begleithundeprüfung ist das, was Sie in der Presse vielleicht schon mal

als eine Art Hundeführerschein bezeichnet finden. Ablegen kann man diese Prüfung, wenn der Hund ein Jahr alt ist, bei einem Hundesportverein, der Mitglied im VDH ist. Geprüft werden dabei all die Fertigkeiten, über die wir gerade gesprochen haben: Leinenführigkeit, Freifolge, Sitz und Platz, Heranrufen und Abliegen. Außerdem muss man in einem zweiten Teil beweisen, dass der Hund sich im Straßenverkehr und unter Menschen anständig benimmt.

Wenn Sie diese Prüfung ablegen wollen, bereiten Sie sich am besten im Verein darauf vor.

»Fuß!« Wenn Ihr Hund mit und ohne Leine zuverlässig bei Fuß geht, haben Sie auch viel für ein besseres Auskommen aller in unserer immer enger werdenden Umwelt getan.

Belohnung muss ganz unbedingt sein – Spiel als Belohnung für aufmerksame Mitarbeit ist kalorienfrei und macht Spaß.

Hund Spiel. Sie haben vielleicht schon mal einen Film über die Ausbildung von Spürhunden oder von Rettungshunden gesehen. Alles wird über Spiel gelernt, die Arbeitsfreude wird über das Spiel erhalten und das Spiel ist eine der schönsten Belohnungen, die es für Ihren Hund gibt.

Wenn Ihr Hund gerne spielt, haben Sie einen klugen Hund. Wenn Sie richtig mit ihm spielen, haben Sie einen glücklichen Hund, haben wieder ein Stück Ihre gute Beziehung vertieft und haben es viel leichter, etwas von ihm zu verlangen, was er vielleicht nicht ganz so gerne macht.

> **TIPP**
> *Machen Sie keine Zerrspiele mit dem Welpen und seien Sie im ersten Jahr damit auch äußerst vorsichtig. Zunächst wegen der Milchzähne und dann wegen der richtigen Zähne, bis diese fest verankert sind.*

▶ **Schmusen**

Hunde genießen Ihre Zuwendung und werden Ihnen je nach Temperament nachdrücklich klarmachen, wo sie ihre Lieblings-Schmusestellen haben und was ihre Lieblings-Schmusetechniken sind.

Lernen Sie ruhig, wie man mit seinem Hund richtig schmust: Sie tun damit etwas für Ihre Gesundheit. Beim Hundestreicheln sinkt Ihr Blutdruck und Ihre Psyche stabilisiert sich. Amerikanische Wissenschaftler haben das in umfangreichen Untersuchungen nachgewiesen. Aber das wussten ohnehin schon alle, die mal einen Hund hatten, und Sie werden es hoffentlich mit Ihrem Hund auch erleben.

▶ **Richtig spielen**

Sie denken jetzt vielleicht, dass es ein bisschen albern ist, in einem Erziehungskapitel über das Spielen zu schreiben. Ist es aber nicht, denn fast jede so genannte Arbeit ist für Ihren

Freizeitpartner Hund

Freizeitpartner Hund

▶ Der Hund an Ihrer Seite

Hunde wollen überall dahin mit, wo ihre Menschen hingehen. Das sollten sie auch – wo immer das möglich ist. In der Fußgängerzone oder in der Bank, im Bistro oder im Buchladen, bei der Demonstration gegen was weiß ich und beim Platzkonzert.

Auffallen sollten Sie dabei nur, weil Ihr Hund unterwegs so nett ist. Damit dies klappt, gewöhnen Sie Ihren kleinen Hund von Anfang an daran, Sie überall hin zu begleiten. Der Welpe und Junghund sieht das als selbstverständlich an und wird als erwachsener Hund ein angenehmer und unauffälliger Begleiter sein.

Genauso wichtig wie das Training, brav alleine zu bleiben, ist also das Training, brav überall mitzugehen.

▶ Der Öko-Hund

Glaubt man der Presse, vor allem den Artikeln, die im jährlichen Sommerloch veröffentlicht werden, dann besteht das Hauptproblem moderner Hundehaltung darin, dass überall tonnenweise hochgefährliche Hundehaufen vor sich hinstinken. Die deutschen Hundehaufen scheinen die gefährlichsten in Europa zu sein, denn nur bei uns widmet man dem Problem so viel

Raum in den Medien, dass jeder Politiker und jeder Popstar wegen dieses Medieninteresses gelb vor Neid sein müsste.

Vieles, aber halt nicht alles, ist reine Hysterie. Seien Sie also vorbildlich: auf abgeernteten Feldern, auf winterlichen Wiesen, im Wald und auf der Heide »darf« Ihr Hund. Ansonsten räumen Sie sein Geschäft einfach weg. Es gibt im Handel eine Vielfalt von Entsorgungssets. Ein stabiler Gefrierbeutel tut es ebenso: Sie ziehen ihn sich wie einen Handschuh über, packen das Produkt und ziehen den Beutel wie einen Kissenbezug darüber. Die Frage ist dann nur: Wie lange dauert es bis zum nächsten Mülleimer?

Viele Hundeneulinge möchten nicht, dass ihr Hund sich im eigenen Garten löst. Man kann das seinem Welpen schnell und gründlich abgewöhnen. Aber bedenken Sie dabei die Konsequenzen. Ihr Garten bleibt zwar »stubenrein«, aber Sie müssen zu jeder erdenklichen Zeit raus, wenn Ihr Freund »muss« – und Hunde sind auch nur Menschen und da geht es nicht immer nach Zeitplan. Wenn Sie mal Kopfschmerzen haben oder es ganz scheußlich stürmt und schneit oder Ihr Hund sich eine Magen-Darm-

Infektion zugezogen hat – ein Hundeklo im Garten ist absolut zu empfehlen und Sie sind darüber hinaus fein raus: einen Großteil dessen, was andere in der Landschaft hinterlassen, entsorgen Sie bei sich zu Hause.

Der vorbildliche Rüde ärgert seine menschlichen Nachbarn auch nicht durch Beinheben an Zäunen, Hausecken, Ladentüren und Ähnlichem. Es ist keine Unterdrückung hundlicher Männlichkeit, wenn man seinem Rüden nicht gestattet, innerhalb der Bebauung das Bein zu heben. Ihr Hund akzeptiert das ganz selbstverständlich, wenn Sie es von ihm verlangen.

▶ **Nicht nur spazieren gehen**

Vielleicht möchten Sie vor allem einen Hund, damit Sie regelmäßig und ausgiebig an der frischen Luft sind. Dabei hilft Ihnen Ihr vierbeiniger Begleiter gerne.

Vielleicht stellen Sie sich vor, dass Ihr Bodyguard und Sie gemeinsam herrliche Spaziergänge in der Natur machen: Ihr Hund tollt fröhlich durch die Landschaft. Sie schreiten einher, freuen sich an dem steten Werden und Vergehen und überlegen sich vielleicht, was Sie nachher einkaufen.

Falls Sie so ähnliche Vorstellungen haben sollten, vergessen Sie es gleich wieder. Spaziergang ist ohnehin ein Wort, das im Zusammenhang mit einem normal veranlagten Hund völlig unpassend ist. Wenn Sie nämlich denken, Sie geben Ihrem Freund die Freiheit zum Tollen und gehen praktisch nur nebenher, denkt Ihr Hund, dass er machen kann, was er will – und dann macht er, was er will.

Jeder Spaziergang mit Ihrem (jungen) Hund ist Beziehungsarbeit. Das bedeutet, dass Sie auch und gerade draußen Ihrem Hund zeigen, dass Sie die Richtung angeben und dass es

Rassegerechte Beschäftigung bedeutet hier: Wasserapportierübungen sogar im Doppelpack.

absolut spannend ist, Ihnen zu folgen. Spannender und lohnender als alles andere, was draußen passieren kann.

Also spielen Sie mit Ihrem Hund, zeigen Sie ihm all die vielen interessanten Dinge in Wald und Flur, seien Sie sein Animateur und sein Lehrer. Seien Sie ruhig auch mal ein hundeähnlicher Schauspieler: verharren Sie wie ein witternder Vorstehhund und sagen Sie »Pass auf«, stürzen Sie sich auf den Apfel, den Sie dort deponiert haben, Ihr Hund wird Sie bewundern. Sagen Sie »Schau mal«, wenn Sie irgendetwas besonders Interessantes sehen; einen großen schwarzen Hirschkäfer zum Beispiel oder eine Kröte. Ihr Hund lernt, auf Sie zu achten.

Verstecken Sie das Spielzeug, das Sie natürlich immer dabeihaben, und lassen Sie ihn suchen. Verstecken Sie sich selbst, wenn Ihr Hund mal nicht auf Sie achtet. Machen Sie kleine Gehorsamsübungen. Gestalten Sie jeden Spaziergang zu einem Erlebnis.

So haben Sie sich das vielleicht nicht vorgestellt, aber nur so lernt Ihr Hund,

TIPP

Auch wenn es vielleicht praktisch wäre: gehen Sie nicht ständig im gleichen Revier spazieren. Erstens macht das Ihren Hund doof, denn er kennt dann bald wirklich jeden Grashalm, und zweitens macht das Ihren Hund dominant. Vor allem Ihr Rüde wird dann sehr schnell Ihr Spaziergangsrevier so behandeln wie Ihren Garten: als sein Revier, in dem er der Boss ist. Könnte sein, dass Sie dann Probleme damit bekommen, dass er anderen Hunden diesen Eindruck auch vermitteln möchte.

dass der Spaziergang nicht dazu dient, dass er streunen oder gar wildern geht. Und dadurch lernt Ihr Hund ein weiteres Mal, dass Sie sein absoluter Superhund sind.

Achten Sie auch immer darauf, dass Sie beide dahin gehen, wo Sie möchten, und nicht dahin, wo Ihr Hund will.

▶ Hundetreffs

Überall rotten sich Hundefreunde zusammen und treffen sich zu bestimmten Tageszeiten in bestimmten Revieren, gemeinsam geht es dann durchs Gelände. Das ist wirklich ausgezeichnet. Ihr Einzelhund findet dort hund-liche Gesellschaft, und im gemeinsamen Spiel kann er sich wunderbar ausarbeiten. Außerdem sind solche unorganisierten Treffs meist auch prima Informationsbörsen in Sachen Hund.

Wenn Sie so einen Treff entdecken, nutzen Sie ihn, es macht sicher Ihnen und Ihrem Hund Spaß. Zwei Dinge sollten Sie aber beachten:

Erstens sollten Sie nicht nur dort und nicht immer gemeinsam mit anderen spazieren gehen. Die Spaziergänge, die Sie allein mit Ihrem Hund machen, sind sehr wichtig für seine Umweltsicherheit und für Ihre Beziehung zueinander. Also sorgen Sie dafür, dass mindestens bei einem täglichen Spaziergang in weiten Teilen nur Sie beide etwas zusammen tun.

Zweitens sollten Sie ein gesundes Selbstbewusstsein gegenüber den »Hundefachleuten« entwickeln, die es auf solchen Treffs immer gibt. Solche selbst ernannten Experten vertreten gerne die Auffassung, dass Hunde alles am besten selbst untereinander klären, man solle sie einfach machen lassen und sich nicht einmischen. Die Domi-

Auch Hunde verbringen ihre Freizeit gerne mit Gleichgesinnten: suchen Sie nette Spielkameraden für Ihren Hund, mit denen er sich regelmäßig treffen kann.

nanten – meist sind das dann die eigenen Hunde – würden die anderen halt unterordnen und dann wäre alles erledigt. Hüten Sie sich vor solchem Halbwissen, das sich mit Begriffen aus der Verhaltensforschung schmückt. Spaziergangtreffs sind keine »Rudel«, sondern dort treffen sich verschiedene Rudel, nämlich die jeweiligen Menschen mit Ihren Hunden. Ob und wie jemand »untergeordnet« wird, entscheidet der Rudelchef – und das sind Sie und nicht Ihr Hund. Dulden Sie also nicht, dass ein so genannter »dominanter« Hund Ihren Spatz einfach nur so niedermacht. Das ist eine Ungezogenheit und zeigt, dass er nicht in der Hand seines Menschen steht.

Falls Ihr junger Hund sich allerdings ungehörig benommen hat, verdient er einen Rüffel des Älteren. Hunde haben ein fein abgestimmtes Verhalten. Vom Ordnungsruf des Älteren bis zum Saalverweis hat der Übeltäter jede Chance, sich wieder anständig zu benehmen.

TIP

Es gibt (fast) nichts Schöneres für Ihren Chico als das Spielen mit anderen Hunden. Aber: nicht jeder Hund ist für jeden anderen ein prima Spielpartner. Es gibt nicht unbedingt Probleme, wenn ein großer und ein kleiner Hund miteinander spielen, aber es gibt ein rassetypisches Spielverhalten. Was ein temperamentvoller Hovawart total lustig findet, jagt dem Sheltie vielleicht Angst ein. Was ein Schäferhund als kumpelhaften Knuff versteht, empfindet der Terrier vielleicht als Zumutung und packt zu. Also besser erst mal fragen, bevor man ableint.

▶ **Nicht jagen**

Sie finden in manchen Rassebeschreibungen den Satz, dass diese Rasse nicht »jagt«, wenig »Jagdpassion« besitzt oder an Wild uninteressiert sei. Das mag für Sie ein Kriterium für die Auswahl der Rasse oder des Hundetyps sein, aber verlassen Sie sich nicht darauf. Jagdliche Veranlagung gehört zur natürlichen Grundausstattung jedes gesunden Hundes. Bei manchen ist sie extrem stark ausgeprägt, bei anderen eher schwach entwickelt, und nicht immer verteilt sich die Begabung so auf die Hunde, wie sich das die Züchter oder die Käufer wünschen. Ich kenne jagdunlustige Setter und jagdlüsterne Berner Sennenhunde.

Die meisten (Nichtjagd-)Hunde »jagen« einem Beutetier nur so lange nach, wie sie es sehen, und kehren dann zu Ihnen zurück. Die ganze Angelegenheit ist dann oft in einigen Minuten erledigt. Aber erstens reicht das auch, um überfahren zu werden oder von einem der letzten Feudalherren im grünen Rock exekutiert zu werden, und zum anderen sind Hundefreunde hoffentlich auch Freunde der Wildtiere.

Für alle Hunde sollte gelten, dass Jagen verboten ist, auch und vor allem für diejenigen, die ihrer Nase folgen und wie Jagdhunde auf die Suche nach Beute gehen. Für fast alle gilt im Wald also: nahe beim Boss bleiben, sonst gibt es Ärger!

Neben Häschen und Rehen gibt es aber im Revier draußen auch anderes jagdbares Wild: Reiter, Radfahrer, Jogger, Walker, Inline-Skater, Mopedfahrer, Traktoren und alles, was sich schnell bewegt. Vielleicht findet es Ihr Hund ausgesprochen lustig und anregend, sich in der Schnelligkeit mit dieser Beute zu messen. Sie müssen sich darauf einstellen, dass auch dieses Lehrfach ansteht: »Nein, mein Freund, alles keine Beute!«

Im Sinne eines fairen und friedlichen Miteinanders draußen in den immer enger werdenden Freizeitflächen empfehle ich, dass Sie lieber einmal zu oft Ihren Hund zu sich rufen, wenn Ihnen Menschen entgegenkommen. Viele Menschen fürchten sich zwar nicht vor Atomkraftwerken, Motorradfahrern, Pflanzenschutzmitteln und gentechnisch manipulierten Pflanzen, aber sie ängstigen sich zu Tode, wenn ein frei laufender Hund auf sie zukommt. Dabei ist es übrigens fast immer egal, wie groß der Hund ist. Kleine Hunde setzen sich dabei allerdings noch der Gefahr aus, geschlagen oder getreten zu werden.

▶ **Wichtige Beschäftigung**

Vielleicht haben Sie ja die sympathische Auffassung, dass es Ihr Hund besser haben soll als Sie selbst. »Arbeiten«, so denken Sie vielleicht, »das hat mein Artus nicht nötig!« Aber für Artus gilt das Gleiche wie für Anton: Müßiggang ist aller Laster Anfang!

Je nach Rasse oder Typ unterscheiden sich zwar Begabungen und Vorlieben, aber fürs Faulenzen wurde keiner unserer Hunde genetisch vorgesehen.

Wenn Sie ihm also keine Aufgabe stellen, macht er sich halt notgedrungen selbst eine Art Dienstplan. Der könnte vielleicht so aussehen: Vor dem Aufstehen ein bisschen Tapetenknabbern, nach dem Frühstück die Schultasche von Kerstin leeren. Am Vormittag alles, was sich am Grundstück vorbeitraut, bellend und knurrend ver-

jagen. Briefträger, Geldboten, Paket-
dienste und Erbtante Emma am Ein-
dringen hindern. In den freien Minuten die verbleibenden Pflanzen in
Frauchens Garten ausgraben oder sich
in lautem Gesang üben. Beim Auslauf
sofort auf hundert Meter Distanz zu
den Menschen gehen, jagen, jagen,
jagen, Omas erschrecken, Kinder um-
rennen, Nachbars Pudel apportieren
und eben all die lustigen Dinge tun, die
arbeitslose Hunde zum Zeitvertreib
erfinden können.

Ein Hund dagegen, der eine Aufgabe hat, der lernt, immer neue Anforderungen zu bewältigen, ist ein angenehmer Begleiter, mit sich und der
Welt in Einklang.

▶   **Spielen**

Im Unterschied zum Arbeits- und So-
zialminister können Hundehalter ihr
Beschäftigungsprogramm deutlich einfacher, absolut kostengünstig und mit
richtigem Vergnügen gestalten.

Sie denken vielleicht: »Das ist ja
nun wirklich einfach«, aber es scheint
nicht so zu sein. Inzwischen gibt es
Bücher und Videos, die frisch gebacke-
nen oder frustrierten Hundehaltern
erklären, wie man mit seinem Hund
richtig spielt. Wenn Sie das nämlich
können, schlagen Sie zwei Fliegen mit
einer Klappe: erstens ist Ihr Hund aus-
gelastet und glücklich und zweitens
gehorcht er Ihnen besser. Er »hört«
besser, weil Sie und Ihr Spielangebot
äußerst attraktiv für ihn sind und weil
er nur dann spielen darf, wenn er Ihren
Regeln folgt.

BEIM SPIELZEUG BEACHTEN ▶

Bälle immer so groß wählen, dass der
Hund sie nicht schlucken kann bzw. sie
beim Auffangen nicht in den Rachen
gelangen können. Keine gelben Tennis-

Flyball – eine
Hundesportart für
ballverrückte Sport-
ler – macht vielen
Hunden großen
Spaß.

bälle, denn der Farbstoff hat einen giftigen Bestandteil. Darüber hinaus halten
viele Hunde Tennisbälle für »fressbar«.
Die Tierärzte können ein Lied von den
vielen dadurch notwendigen Operatio-
nen singen. Am besten, Sie geben
Ihrem Hund ohnehin nur Hartgummi-
bälle. Alle anderen Bälle nur unter
Ihrer Aufsicht zum Spielen geben!

Schleuderbälle, Kongs u.ä. sind ganz
wunderbare Spielzeuge, weil man ganz
viel mit ihnen machen kann (werfen,
um die Beute streiten, die Beute sich
bewegen lassen). Aber achten Sie wie
beim Ball darauf, dass auch der Schleu-
derball oder Kong so groß ist, dass er
nicht in den Rachen gelangen kann. Bei
der Schnur sollten Sie darauf achten,
dass Sie nicht so lang ist, dass Ihr
Hund beim Tragen drauftritt oder sich
verheddert.

Ein Frisbee ist toll: man kann als Hund danach jagen, het-zen, packen und dann muss man es meist leider gleich wieder hergeben.

Beißwürste, Dummys, Apportel:
Achten Sie auf gute Qualität, das heißt
chemiefreie Produktion. Und achten
Sie darauf, dass bei Zerrspielen nicht
ein Hundezahn im Textil hängt.

Quietschies: Um den pädagogischen
Wert dieses Spielzeugs gibt es heftigen
Streit. Die einen lehnen dieses lautge-
bende Spielzeug ab, weil sie meinen,
dass dadurch die Beißhemmung der
Hunde gegenüber anderen Lebewesen
heruntergesetzt wird, andere halten
Quietschies für wunderbare artgerechte, weil »tongebende« Spielsachen.
Wenn Sie Ihrem Hund solch ein Quiet-
schie geben wollen, achten Sie darauf,
dass Sie kein minderwertiges erwischen,
bei dem Metallventile verwendet werden. Überhaupt sollten Sie metallhal-
tige Spielsachen nicht verwenden, die
Verletzungsgefahr beim Verschlucken
ist zu groß.

Alle die für unseren Geschmack
absolut witzigen **Latexspielsachen** in
den Zoohandlungen sind wohl eher
was für uns als für den Hund. Nessys
Freund, der Leonberger Ben, ist der
einzige Hund, den ich kenne, der mit
einem Latex-Nikolaus spielt, der – wenn
er ihn in den Kopf beißt – »Jingle
Bells« singt.

Frisbeescheiben: Vorsicht, die oft als
Werbematerial verschenkten Scheiben
bestehen aus billigem Plastik und split-
tern beim ersten Hundebiss. Achten
Sie auf Qualität, überlassen Sie Ihrem
Hund das Spielzeug nicht ohne Aufsicht und lernen Sie auch, wie Sie es
hundegerecht werfen, damit Ihr Spieler
sich beim Fangen nicht übel verletzt.

»Stöckchen« sind preiswert und
liegen überall herum, trotzdem bergen
sie so viele Gefahren, dass es besser ist,
wenn Sie Ihren Hund gar nicht erst auf

die »Stöckchen-Idee« bringen. Ihr Freund kann beim Zerren, Packen und Zerknautschen Splitter und Kleinteile in den Schlund bekommen und sich übel verletzen. Teile des Stöckchens können sich so unglücklich im Rachen und Hals verkanten, dass lebensgefährliche Verletzungen entstehen können. Abstehende Verzweigungen können ein Auge verletzen usw. usw. Das schlichte Stöckchen ist – wie Sie sehen – mit das gefährlichste Hundespielzeug.

Plüschtiere mit und ohne Tongeber sind ebenfalls geschätztes Hundespielzeug. Achten Sie auch hier darauf, dass Ihr Hund sich nicht verletzen kann. Manche Hunde mögen ihre Plüschtiere zum Fressen gern. Dann also alle gefährlichen Teile »amputieren« (Augen, Nase etc.) oder den Hund nur unter Aufsicht spielen lassen.

Im Kosmos-Verlag ist ein Buch erschienen, das Ihnen für drinnen und für draußen unzählige Spielideen vorschlägt. Sie können einem solchen Ratgeber folgen oder selbst Spiele für sich und Ihren Hund erfinden. Den meisten Hunden machen alle Spiele großen Spaß, die so etwas wie Trockentraining für das Beutemachen sind. Also alles, was man können muss, um ein erfolgreicher Jäger zu sein. Dazu gehört suchen – entweder mit der Nase der Spur folgen oder ein Gelände systematisch absuchen; jagen: also Beutesymbolen wie Bällen, Apportierhölzern, Dummys, Wurfringen, Schleuderbällen usw. nachsetzen; und etwas zur Strecke bringen: kämpfen, tot schütteln, beißen usw. Dabei müssen Sie ein bisschen helfen, denn richtig schütteln kann Ihr Hund ja nur, wenn Sie das Beutesym-

bol am anderen Ende festhalten, wenn Sie den Strick oder die Beißwurst dazu bringen, »Gegenwehr« zu leisten oder einen »Fluchtversuch« zu starten oder sich »tot zu stellen«.

Darüber hinaus gibt es jede Menge Spiele, bei denen Ihr Artist »Kunststücke« lernt und auf Wunsch ausführt. Mehr als »Gib Pfötchen!« sollte eine solche Intelligenzbestie, wie Ihr Hund es bestimmt ist, schon können.

Einige Hunde sollen zusammen mit Ihren Besitzern beeindruckende Liedervorträge gestaltet haben. Andere können rechnen oder tun zumindest so, ganz genau wie das berühmte Zirkuspferd.

Also spielen Sie, denn spielen macht nicht nur Menschen klug, wie man inzwischen weiß, sondern auch Hunde.

Für die Begleitung am Rad ist nicht jeder Hund geeignet. Wenn die Kondition Ihres Hundes das Tempo und die Dauer des Radausflugs bestimmt, dann machen Sie es richtig.

▶ **Radfahren, Joggen, Reiten**

Ihr Hund will Sie gerne begleiten, das sagten wir schon. Er begleitet Sie natürlich auch gerne, wenn Sie sich schneller als normal fortbewegen: nur, wie immer Sie sich fortbewegen – ob Ihr Hund Sie begleiten sollte, hängt davon ab, ob ihm das gut tut. Erst einmal sollte Ihr Welpe und Junghund ohnehin keiner solchen Dauerbelastung ausgesetzt werden. Radfahren, joggen und reiten können Sie in seiner Begleitung frühestens, nachdem sein Gebäude ausgebildet ist, je nach Rasse oder Typ zwischen ein und zwei Jahren.

Warm-up vor dem Sport

Natürlich sind unsere Hunde durchtrainierte Hochleistungssportler, wenn wir ihnen ein normales Leben bieten. Aber auch sie brauchen ein bisschen Zeit zum Aufwärmen, sonst können sie sich ähnliche Verletzungen zuziehen wie menschliche Sportler. Also nicht den Hund aus dem Auto holen und ab über den Agility-Parcours oder mit voller Kraft in die Pedale treten. Ein bisschen warmlaufen, und Sie und Ihr Hund machen es besser.

Ausflug zu dritt:
er setzt in unserer
engen Umwelt vor-
aus, dass die drei
ein gut ein-
gespieltes Team
sind und der Hund
absolut im Gehor-
sam seiner Besit-
zerin steht.

Falls Sie jeden Tag viele Kilometer radeln wollen oder gerne lange Ausritte machen, kaufen Sie sich einen Hund einer Rasse, die sich dafür eignet.

Überlegen Sie auch, dass das Mitgehen am Rad oder das Begleiten beim Joggen für Ihren Hund nur mäßig interessant ist. Es ist zwar gesund für seine Muskeln und seine Lungen, aber wenig anregend. Ihrem Hund zuliebe sollten Sie einen Kompromiss finden zwischen Ihrer Freude an der langen Strecke und seinem Bedürfnis, die Umwelt ständig neu zu entdecken.

Am Pferd ist die Fortbewegung für den Hund sicher interessanter, weil das Tempo sich oft ändert. Am Pferd ist aber auch die Anforderung an seinen Gehorsam deutlich höher, weil Sie hier nicht so schnell auf ihn einwirken können.

Wenn Sie schon wissen, dass er Sie später im Gelände begleiten darf, dann gewöhnen Sie den Welpen früh an Pferd oder Rad, indem Sie ihm einfach den ungezwungenen Kontakt ermöglichen, ohne ihn schon an die andere Art der Fortbewegung heranzuführen. Ihr Hund soll einfach Fahrrad oder Pferd als normalen Teil seines Umfeldes akzeptieren lernen.

▶ **Organisierter Hundesport**

Wenn Ihr Hund über den Grundgehorsam verfügt, wie er etwa in der Begleithundeprüfung verlangt wird, können Sie mit ihm an unterschiedlichen Wettbewerben und Hundesportarten teilnehmen.

Weisen Sie das nicht gleich von sich, weil Sie vielleicht einen Hundeverein kennen, dessen Ausbildungsmethoden Sie nicht schätzen, und Ihnen ohnehin vor der Vereinsmeierei graust.

Überlegen Sie einfach, ob Sie der Typ Mensch sind, der ohne regelmäßigen Übungstreff regelmäßig übt. Überlegen Sie, ob Sie von sich aus Ihrem Hund immer neue Anforderungen stellen. Überlegen Sie, ob Ihr Hund seine Triebe und seine Fähigkeiten bei Ihnen weitgehend ausleben darf. Wenn das alles nicht so ist, dann werfen Sie noch mal einen zweiten Blick auf den Hundeverein oder suchen einfach einen anderen Verein, der es vielleicht besser und anders macht, der eher in Ihrem Sinne arbeitet.

Wenn Sie sich dann für eine der vielen Möglichkeiten der organisierten Arbeit mit dem Hund entscheiden, dann überlegen Sie immer auch, ob Sie selbst Spaß an so einer Arbeit haben. Wenn Sie die Fährtenarbeit langweilt oder Sie bei den Kraxelübungen der Rettungshunde um Ihre eigenen Knochen fürchten, dann lassen Sie diese Sparten einfach.

Ihr Hund wird sich an fast jeder Sportart freuen, die für ihn geeignet ist. Hauptsache, sie fordert seinen Grips und seine Fähigkeiten.

TURNIERHUNDSPORT ▶ Diese Sportart wurde früher Breitensport genannt und soll Mensch und Hund zu lustbetonter körperlicher Betätigung zusammenführen. Sie alle haben wahrscheinlich schon die Hindernisstrecken auf Hundeplätzen gesehen, die dabei überwunden werden müssen. Dieser Hindernislauf über Hürden, Tonnen, durch Reifen, über Laufstege und Treppen und durch Röhren ist ein Teil der Anforderungen, die bei einem Turnier gestellt werden. Neben dem Hindernislauf, bei dem nur der Hund die Hindernisse bewältigen muss, gibt es den Sprung über drei Hürden, den beide absolvieren müssen, den Slalomlauf und, je nach Anlage des Turniers, auch noch einen Geländelauf über 2000 oder 5000 Meter. Auch der Nachweis einer guten Unterordnung, wie in der Begleithundeprüfung, wird manchmal gefordert.

Ob bei einer Veranstaltung alle Sparten des Breitensports zum Tragen kommen, hängt vom Veranstalter ab. Gestartet wird in (menschlichen) Altersklassen und in (hundlichen) Größenklassen.

Gewonnen haben die Schnellsten (Fehler werden natürlich abgerechnet), die Zeit bestimmt derjenige des Mensch-Hund-Teams, der als Letzter durchs Ziel geht.

Der Vorteil dieser sportlichen Betätigung liegt auf der Hand: beide halten sich fit. Der Hund lernt körperliche und geistige Anforderungen zu bewältigen und sich auf seinen Menschen zu verlassen, der ihn sicher in die Bewältigung der Aufgaben führt. Die Zusammenarbeit stärkt die Zusammengehörigkeit und den Gehorsam des Hundes. Eine Betätigung, die Ihrem Hund ganz sicher großes Vergnügen machen wird. Ob es Ihnen Spaß macht, müssen Sie entscheiden.

Agility ist für
gesunde Hunde
eine wunderbare
Möglichkeit, sich
auszuarbeiten.

TIPP

*Falls Ihr Hund mit HD behaftet ist,
sollten Sie ihm Betätigungen, bei
denen viel gesprungen wird, nicht
anbieten.*

AGILITY ▶ Dies ist eine Hundesportart, die aus England kommt. Die Hindernisse sind ähnlich wie im Breitensport: fester Tunnel, Stofftunnel, Laufsteg (deutlich höher als im Breitensport), Slalom, Tisch, Wippe, Schräg-
wand, Hürden, ein »Viadukt«, Reifen.

Anders als beim Breitensport wird der
Parcours vom Hund ohne Halsband
und Leine nur durch Befolgen der Zu-
rufe seines Menschen bewältigt. Nur
die Zeit des Hundes wird gestoppt.
Auch hier gibt es Größen- und Qualifi-
kationsklassen.

Dieser Sport mit dem Hund wird
immer beliebter und auf vielen Hunde-
ausstellungen ist er ein Publikums-
magnet, ebenso wie die dort üblichen
Vorführungen der Rettungshunde.
Seine Vorteile sind denen des Breitensports vergleichbar.

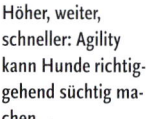

Höher, weiter, schneller: Agility kann Hunde richtiggehend süchtig machen.

Allerdings erfordern die Hindernisse des Agility viel Sprungkraft, Wendigkeit, Schnelligkeit und die Fähigkeit zum Klettern. Nur absolut gesunde und fitte Hunde werden zugelassen. Die Obergrenze sind 70 cm Schulterhöhe.

FÄHRTENHUND ▶ Die Fährtenarbeit ist auch Teil der Schutzhundeausbildung. Sie ist aber ebenso eine eigenständige Disziplin. Die Fährtenhundprüfung ist deutlich anspruchsvoller als der Fährtenteil bei der Schutzhundeprüfung.

Ihr Hund folgt dabei einer Fährte, die eine Person vor mehreren Stunden gelegt hat und die mindestens 1500 Schritte lang ist. Diese Fährte wird von anderen Fährten gekreuzt (so genannte Verleitungen, von denen sich Ihr Hund aber nicht verleiten lassen darf). Auf dieser Fährte liegen verschiedene Gegenstände, die dem Fährtenleger gehören. Die Fährte geht über Wiesen und Äcker, kreuz und quer, läuft auch mal über eine betonierte Straße oder macht einen Bogen. Die Aufgabe des Hundes ist es, der Fährte, ohne sich irritieren zu lassen, zu folgen und die Gegenstände des Fährtenlegers und nur diese anzuzeigen, die er auf der Fährte findet.

Dies ist eine ganz wunderbare Beschäftigung für Ihren Hund – und die meisten sind gute Fährtenhunde. Der Vorteil dieser Betätigung mit dem Hund ist, dass sie ihm Spaß macht, einen wichtigen Trieb befriedigt und dass Ihr Hund sich dabei richtig ausarbeiten kann, weil er alle seine Sinne für diesen Job braucht. Der Nachteil ist, dass dies eine Arbeit ist, bei der Sie beim Üben meist allein sind und die relativ zeitaufwendig ist.

OBEDIENCE ▶ Obedience ist eine Hundesportart, die aus den USA und England kommt und bei uns noch kaum angeboten wird. Wörtlich übersetzt heißt es Gehorsam, und Gehorsamsübungen sind es, aber in Perfektion. Anders als bei unseren so genannten Unterordnungsteilen in den Hundesportprüfungen gibt es hier kein festgelegtes Schema. Was wann und wie gemacht wird, entscheidet der Richter immer wieder neu, und die Teilnehmer müssen dies auf »Hör- oder Sichtzeichen« des Richters hin ausführen.

Verlangt werden ähnliche Leistungen wie im Unterordnungsteil der Begleithundeprüfung. Hinzu kommt das Identifizieren eines Gegenstandes, der den Geruch des Hundeführers trägt, und das Bringen dieses Gegenstandes. Auch die Kontrolle auf Distanz, also das Befolgen der Hörzeichen »Sitz und »Platz« auf Distanz, und der Wechsel von einer Position in die andere wird verlangt. Starten kann man in zwei nationalen Klassen und in einer internationalen Klasse.

Eine Art Hundesport, die den Vorteil hat, dass der Hund wirklich lernt, auf seinen Menschen zu achten.

Obedience ist eine Wettkampfart, bei der alle Hunde und Menschen mitmachen können. Es wäre schön, wenn sich auch in Deutschland noch viel mehr Gruppen zu dieser Art Beschäftigung mit dem Hund zusammenfänden.

RETTUNGSHUND ▶ Wenn Sie schon einmal auf einer Internationalen Rassehundeausstellung waren, haben Sie bestimmt schon die beeindruckenden Leistungen der Rettungshunde gesehen. Über Trümmerfelder und auf Leitern und über hohe, wackelige Hängebrücken gehen sie ihrem Geschäft nach. Im Fernsehen und in den Medien sind sie einige der wenigen Sympathieträger zum Thema »Hund und Mensch«.

Die Ausbildung eignet sich für alle mittelgroßen Hunde. Die Rettungshundeausbildung umfasst die so genannte Flächensuche und die Trümmersuche, also das systematische Absuchen einer Fläche und das Durchsuchen von Trümmern, z.B. nach einer Gasexplosion. Die Ausbildung ist ausgesprochen anspruchsvoll. Sie hat den Vorteil, dass der Hund gefordert wird, Spieltrieb und Nasenveranlagung ausleben darf und zusammen mit seinem Menschen an den Aufgaben wächst, die er gestellt bekommt. Die Hund-Mensch-Beziehung wird dadurch sehr vertieft, denn nur ein Hund, der hohes Vertrauen in seinen Menschen setzt, begibt sich auf so unwegsames Terrain, wie das von den Rettungshunden verlangt wird.

Die Rettungshunde legen ihre Leistungsnachweise in den Rettungshundeprüfungen ab. Diese Prüfungen müssen regelmäßig wiederholt werden, sonst darf man den »Titel« nicht mehr führen und wird wieder hundesteuerpflichtig.

Auch hier gilt wie immer: diese Arbeit ist tabu für alle Hunde, die einen ungünstigen HD-Befund haben.

Man kann beim Bundesverband für Rettungshunde und bei den Rettungshundestaffeln der großen Wohlfahrtsverbände anfragen und sich ausbilden lassen.

Die Rettungshundeausbildung ist aber nicht »just for fun« wie die anderen Ausbildungen. Wenn Ihr Hund dann ein richtiger Rettungshund ist, wird auch erwartet, dass er Dienst tut, wenn er gebraucht wird. Überlegen Sie deshalb vorher, ob Sie sich so weit engagieren wollen. Denn es ist unfair gegenüber den Trägern und den ehrenamtlichen Trainern, nur das »Sportliche« mitzunehmen und im Ernstfall dann abzuwinken.

THERAPIEHUND ▶ Aus Amerika und der Schweiz kommt eine neue Betätigung für den Hund, bei dem nicht so sehr der Hund und seine Bedürfnisse im Mittelpunkt stehen, sondern der Mensch, der mit Hilfe des Kontakts zum Hund ein Stück Lebensqualität (wieder-)gewinnen soll.

In verschiedenen Vereinen werden Hund-Menschen-Teams darauf vorbereitet, Besuche zu machen: im Altenheim, in psychiatrischen Kliniken, in Kinderkliniken und in Krankenhausstationen mit chronisch kranken Lang-

Spielkameraden – von klein auf gut geprägte Hunde dürfen ihr Leben lang diese schöne Beschäftigung haben.

zeitpatienten. Hunde kommen dort auf Besuch und tun eigentlich nichts anderes als da zu sein, sich streicheln zu lassen, eventuell auch kämmen zu lassen, einen Ball zu holen oder ein Leckerchen entgegenzunehmen. Die Größe ist unerheblich. Nur ganz kleine Hunde sind eher ungeeignet.

Nichts Besonderes, denken Sie? Es ist eine Menge, was dem Hund da eventuell abverlangt wird. Denken Sie an die ungewollte Ungeschicklichkeit bei Betagten, wenn sie härter zufassen als gewollt, denken Sie an Geschrei und ungewohnte Bewegungen, denken Sie überhaupt an all das Ungewohnte, dem Hunde da ausgesetzt sind. Ein starkes Nervenkostüm und ein absolut sicheres Wesen sind Voraussetzung für diese Aufgabe.

Und es ist eine Menge, was der Hund dabei leisten und bewirken kann. Ganze Bücher sind inzwischen über tiergestützte Therapie veröffentlicht

worden, jährlich finden Kongresse statt.

Es ist eine schöne Aufgabe für Sie und Ihren Hund, aber auch hier gilt wie bei den Rettungshunden: Wenn Sie eine solche Aufgabe machen wollen, dann übernehmen Sie Verantwortung auch und gerade für hilfsbedürftige Menschen. Wenn Sie das nicht wollen oder nur gelegentlich etwas tun wollen, ist Therapie- oder Besuchshund keine Aufgabe für Sie und Ihren Hund. Wenn Sie meinen, dass Sie und Ihr Hund geeignet sind, ist es ebenso wichtig, dass Sie stets bedenken, dass auch das Wohl Ihres Hundes im Mittelpunkt steht, also Überforderungen, Belästi-gungen und Stress vermieden werden. Ihr Hund kann helfen und Herzen öffnen, aber bloßes Mittel zum therapeutischen Zweck sollte er nie werden.

► **Mit dem Hund in den Urlaub**

Manche Hundeinteressenten fragen den Züchter erst nach dem Preis für den Welpen und dann danach, ob er ihn später als Pensionsgast aufnimmt, wenn die Familie in Urlaub fährt. Wäre ich so ein Züchter, wäre meine Antwort klar: »Jemand, der seinen Hund in den schönsten Wochen des Jahres nicht an seiner Seite haben will, bekommt keinen Welpen zu keinem Preis von mir!« Ich kann verstehen, dass ein Kranken-

Eine Meute Freunde – es ist Ihre Pflicht, Ihrem Hund artgerechten Sozialkontakt mit Seinesgleichen zu bieten, das gehört zu jedem guten Hundeleben.

hausaufenthalt oder eine beruflich veranlasste Fortbildung Sie zwingen, Ihren Hund einmal zu verlassen. Für ihn werden das dramatische Tage, denn er hält Sie für tot und trauert entsprechend der Beziehung, die er zu Ihnen hat. Es ist ein bisschen so, als würden Sie ihn aussetzen. Wenn Sie sich einen Hund anschaffen und eine so große Familie haben, dass immer »Rudelmitglieder« bei Ihrem Hund sind, können Sie ruhig mal eine Woche nach New York oder Hongkong. Wenn nicht, sollten Sie entweder nach Kempten oder nach Celle, in die Cevennen oder in den Böhmerwald, nach Gatow oder in das Tessin. Wenn diese Reiseziele für Sie zu europäisch sind, dann sollten Sie sich besser keinen Hund anschaffen. Im Flugzeug dürfen nämlich nur sehr kleine Hunde mit ihren Menschen in der Kabine sein. Alle anderen müssen in Boxen in den Frachtraum – unakzeptabel und eigentlich nur mit Beruhigungsmitteln und ausnahmsweise vorstellbar.

Ihr Hund begleitet Sie gerne, Hauptsache er darf mit. Solange er keine altersbedingten Einschränkungen hat, kann er auch überall mit, wohin er Ihnen auf seinen vier Pfoten folgen kann. Es versteht sich von selbst, dass extreme Bergtouren oder mehrtägige Kreuzfahrten dabei ausscheiden.

Übrig bleiben jede Menge attraktiver Reiseziele. Die Unterbringung ist kein Problem, Sie müssen nur vorab klären, dass Ihr Hotel, Ihre Ferienwohnung oder Ihr Campingplatz Hunde aufnimmt und zu welchen Bedingungen. Manchmal dürfen nämlich nur kleine Hunde mit.

Ihr Tierarzt berät Sie hinsichtlich der Einreisevorschriften im europäischen Ausland. Darüber sollten Sie sich rechtzeitig kundig machen, denn bei manchen Ländern müssen schon Wochen vorher Formalitäten eingeleitet werden. Ihr Tierarzt stellt Ihnen auch eine Reiseapotheke zusammen, die auf Ihren Hund zugeschnitten ist. Er informiert Sie über die speziellen gesundheitlichen Gefahren, denen Ihr Hund in bestimmten Reiseländern ausgesetzt ist, und darüber, welche Vorsorge Sie treffen können.

Reisegepäck für den Hund

- ☐ Wasserflasche, Wassernapf
- ☐ gewohntes Futter, Futternapf
- ☐ Hundekuchen und Kauknochen
- ☐ Halsband und Leine
- ☐ Kamm, Bürste, Zeckenzange
- ☐ Impfpass und Reiseapotheke
- ☐ Schmusedecke und Plüschtier
- ☐ Spielzeug
- ☐ Handtücher und Lappen
- ☐ Plastikbeutel oder Entsorgungssets

Service

Service

▶ **Zum Weiterlesen**

Eine Auswahl an Hunderatgebern aus dem Kosmos-Verlag:

Abrantes, Roger: Hundeverhalten von A-Z.

Becvar, Dr. Wolfgang: Naturheilkunde für Hunde.

Biber, Dr. Vera: Allergien beim Hund.

Blenski, Christiane: Hundespiele.

Blenski, Christiane: Hunde erziehen, ganz enspannt.

Bloch, Günther: Der Wolf im Hundepelz.

Donaldson, Jean: Hunde sind anders ... Menschen auch.

Durst-Benning, Petra und Carola Kusch: Spiele-Spaß für Hunde.

Feddersen-Petersen, Dr. Dorit: Hundepsychologie.

Feltmann-von Schroeder, Gudrun: Die Kunst, mit dem Hund zu reden.

Feltmann-von Schroeder, Gudrun: Welpentraining mit Gudrun Feltmann.

Fichtlmeier, Anton: Grunderziehung für Welpen.

Führmann, Petra und Iris Franzke: Erziehungspro-

bleme beim Hund.

Führmann, Petra und Iris Franzke: Zwei Hunde – doppelte Freude.

Führmann, Petra und Nicole Hoefs: Erziehungsspiele für Hunde.

Führmann, Petra: Erziehungsspiele für unterwegs.

Harries, Brigitte: Hunde sprache verstehen.

Harries, Brigitte: Warum lässt mein Hund mich nicht aufs Sofa?

Harries, Brigitte: Welpe. Halten & pflegen, verstehen & beschäftigen.

Hoefs, Nicole und Petra Führmann: Das Kosmos-Erziehungsprogramm für Hunde.

Jones, Renate: Welpenschule leichtgemacht.

Kejcz, Yvonne: So sag ich's meinem Hund.

Krämer, Eva-Maria: Der neue Kosmos-Hundeführer.

Kusch, Carola: Die Hündin. Wesen, Verhalten, Pflege, Gesundheit.

Lausberg, Frank: Erste Hilfe für den Hund.

Lübbe, Perdita und Ulrike

Thurau: Das Kosmos Buch vom Apportieren.

Lübbe-Scheuermann, Perdita und Frauke Loup: Unser Welpe.

Mücke, Anke: Zufrieden an der Leine.

Narath, Elke: Massage für Hunde.

Pietralla, Martin: Clickertraining für Hunde.

Pryor, Karen: Positiv bestärken, sanft erziehen.

Rakow, Dr. Barbara: Homöopathie für Hunde.

Rauth-Widmann, Brigitte: Mit Hunden spielen.

Rustige, Dr. Barbara: Hundekrankheiten.

Schöning, Dr. Barbara, Nadja Steffen und Kerstin Röhrs: Hundesprache.

Schöning, Dr. Barbara: Hundeverhalten.

Spangenberg, Dr. Rolf: Der ältere Hund.

Stein, Petra: Bach-Blüten für Hunde.

Tammer, Isabell: Hundeernährung.

Tellington-Jones, Linda: Tellington-Training für Hunde.

Theby, Viviane und Michaela Hares: Agility.

Theby, Viviane: Das Kosmos-Welpenbuch.
Theby, Viviane: Verstehe deinen Hund.
Toll, Claudia: Tierheimhund und Streuner.
Weber, Nicole: Dog Dancing.

Weiershausen, Anja: Populäre Irrtümer über Hunde.
Winkler, Sabine: Hundeerziehung.
Winkler, Sabine: So lernt mein Hund.

Winkler, Sabine: Trainingsbuch Hundeerziehung.
Wright, John C. und Judi Wright Lashnits: Wenn Hunde machen was sie wollen ... und wie man sie davon abbringt.

▶ **Adressen**

Wenn Sie einen Rassehund suchen:

Verband für das Deutsche Hundewesen (VDH) e.V.
Westfalendamm 174
D-44141 Dortmund
Tel. 02 31 – 56 50 00
Fax 02 31 – 59 24 40
www.vdh.de
Info@vdh.de

Notvermittlung für erwachsene Rassehunde in Deutschland: Fast jeder Rassezuchtverein hat eine Notvermittlungsstelle für die von ihm betreute Rasse. Vielleicht wartet dort Ihr Traumhund auf Sie. Die Adressen erhalten Sie über den VDH bzw. von dort aus über den zuständigen Rassezuchtverein.

Österreichischer Kynologen-Verband (ÖKV)
Siegfried-Marcus-Str. 7
A - 2362 Biedermannsdorf
Tel.: +43 / 2236 – 710667
Fax: +43 / 2236 – 710667 30
office@oekv.at
www.oekv.at

Scheizerische Kynologische Gesellschaft (SKG)
Länggaßstr. 8
CH-3001 Bern
Tel.: +41 / 31 – 3 06 62 62
Fax: +41 / 31 – 3 06 62 60
skg@hundeweb.org
www.hundeweb.org

Wenn Sie einen Hund aus dem Tierheim suchen:
Deutscher Tierschutzbund
Baumschulallee 15
D-53115 Bonn
Tel. 02 28 – 69 77 01
Fax 02 28 – 63 12 64
www.tiere-aus-tierheimen.de

Wenn Sie eine Hundesportmöglichkeit suchen:
Deutscher Hundesportverband e.V. (dhv)
Gustav-Sybrecht-Str. 42
D-44536 Lünen
Tel.: 02 31 – 87 80 10
Fax: 02 31 – 87 80 12 2
www.dhv-hundesport.de

Bei der Suche nach Spezialtierärzten hilft Ihnen die Tierärztekammer des jeweiligen Landes oder:
Bundestierärztekammer

Oxfordstr. 10
D-53111 Bonn
Tel.: 02 28 – 72 54 60
geschaeftsstelle@btk-bonn.de
www.bundestieraerztekammer.de

Homöopathisch tätige Tierärzte erfahren Sie über den Zentralverband der Ärzte für Naturheilverfahren
Alfredstr. 21
D-72250 Freudenstadt

Wenn Sie den TTouch lernen wollen:
TTEAM Deutschland
Bibi Degn, Hassl 4
D-57589 Pracht
Tel. 0 26 82 – 88 86
Fax: 0 26 82 – 66 83
gilde@tteam.de
www.tteam.de
www.ttouchforyou.de

TEEAM Österreich
Martin Lasser
Spitalgasse 7
A-2540 Bad Vöslau
Tel.: ++43 (0) 664-12 50 252
tteam.office@aon.at
www.tteamoffice.at
www.tteamoffice.at

Die TT.E.A.M.®-Gilde für
die Schweiz
c/o Kirsten Bollinger
Via Suot Chesas 3
CH -7512 Champfèr
Tel +41 (0) 81 834 41 78
Gilde@tteam-ttouch.ch;
www.tteam-ttouch.ch

Wenn Sie eine Therapie-
hundeausbildung machen
möchten:
Interessengemeinschaft
für tiergestützte Therapie
mit Hunden
Ansprechpartner:
Elke Schmid
Saarstr. 3
D-71282 Hemmingen
Tel./Fax: 0 71 50 – 62 76

Wenn Sie Ihren Hund re-
gistrieren lassen wollen
(wichtig bei Verlust des Tieres):
TASSO e.V.
Frankfurter Str. 20
D - 65795 Hattersheim
Tel.: 06 19 0 – 93 73 00
Fax: 06 19 0 – 93 74 00
tasso@tiernotruf.org
www.tiernotruf.org

Alles was Recht ist

Was Hunde und ihre Halter dürfen oder nicht dürfen, regeln Verordnungen der Kommunen und der Bundesländer. Je nach Bundesland und je nach Stadt können sich diese Verordnungen unterscheiden. Informieren Sie sich über die Bestimmungen, bevor Sie einen Hund zu sich nehmen, denn manchmal sind diese Vorschriften so einengend, dass Sie vielleicht besser keinen Hund oder nicht einen speziellen Rassehund halten möchten.

Welche Verordnungen für Sie und Ihren Hund gelten, erfahren Sie beim Ordnungsamt Ihrer Kommune.

92 Farbfotos von Peter Beck (2, S. 10, 19), Heike Erdmann/Kosmos (5, S. 13, 33, 34, 51, 83), Thomas Höller (11, S. 30l, 60, 9, 250, 25u, 26, 52, 600, 69, 76, 115), Thomas Höller/Kosmos (7, S. 30r, 21, 31, 58, 60u, 61, 62), Juniors Bildarchiv (8, Brinkmann S. 4/5, Liebold S. 3ul, 230, Oechslein S. 2ur, 6u, 78, Schanz S. 29, Wegner S. 101) Lothar Lenz (2, S. 2m, 14), Isolde Oelmaier (2, S. 124), Pedigree Pal (3, S. 103, 109, 110), Reinhard Tierfoto (2, S. 81, 94), Ralf Roppelt/Sahara Werbeagentur/Kosmos (Kapitelkennfotos ohne Hund), Marc Rühl/Kosmos (4, S. 22, 47, 59, 84), Christof Salata/Kosmos (alle übrigen 27 Aufnahmen), Karl-Heinz Widmann (5, S. 1, 23u, 40, 42, 99).

InfoLine

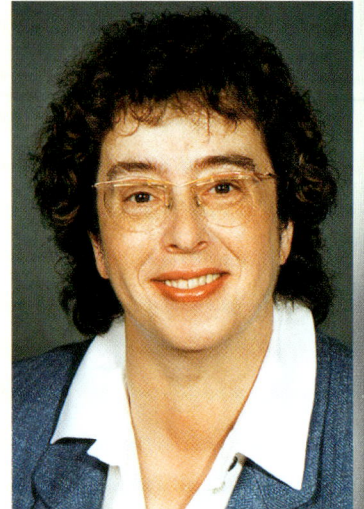

DR. YVONNE KEJCZ

ist mit Hunden aufgewachsen, hält selber Hunde und engagiert sich im Rassezuchtverein für Hovawart-Hunde.

Als Diplom-Pädagogin ist Yvonne Kejcz beruflich in der Erwachsenenbildung tätig. Ihr privates Interesse gilt Hunden, ihrem Verhalten und ihrer Ausdrucksweise. Die anschauliche Vermittlung von Hundewissen liegt ihr besonders am Herzen.

Vielen Hundefreunden ist sie durch ihre Artikel in Hundezeitschriften und die erfolgreichen Kosmos-Bücher *So sag ichs meinem Hund*, *Unser Hund wird alt* und *Hovawart* bekannt.

Sie können sich mit ihren Fragen und Problemen an Dr. Yvonne Kejcz wenden. Schreiben Sie an die »Hunde-InfoLine« (bitte mit Rückporto):

Kosmos Verlag
»Hunde-InfoLine«
Postfach 10 60 11
D - 70049 Stuttgart

HUNDE

Teil 2 Viviane Theby

HUNDESCHULE

Kosmos

Die Lerntheorie ▶ 4

Assoziation ▶ 16

Motivation ▶ 24

Das Formen ▶ 40

Das Kommando ▶ 49

Verschiedene Belohnungsmodelle ▶ 62

Die roten Pfeile
▶ weisen auf
die praktischen
Übungen hin.

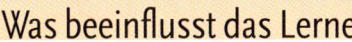

Die Lerntheorie

▶ Einleitung

Warum soll man sich als Hundehalter mit der Theorie des Lernens beschäftigen? Eine Frage, auf die es sicherlich mehrere Antworten gibt. Erst kürzlich sah ich bei einem Sachkundenachweis (vorgeschrieben für die Halter »gefährlicher Hunde« in Rheinland-Pfalz) ein für mich sehr unschönes Bild: Der Halter hatte seine Staffordshire-Hündin hervorragend im Griff. Aber jedes Mal, wenn er »Bei Fuß« sagte, zuckte sie zusammen, wie von einer Peitsche getroffen. Meist folgte dann noch der Ruck an der Leine, denn der gute Herr wollte natürlich, dass sein Hund besonders gut folgt in dieser Situation, was ja auch verständlich ist. Ich glaube nicht, dass dieser Mann seiner Hündin mit Absicht solche Schmerzen zufügte, denn er mochte sie sehr gerne. Er hatte es einfach nicht anders gelernt.

Leider wird noch in den meisten Hundeschulen mit dieser »Leinen-Ruck-Methode« gearbeitet, so dass es für die meisten Hundehalter den Anschein hat, es müsste so sein. Ein von B. F. Skinner veröffentlichter Text zeigt, dass dem nicht so ist:

»Es heißt oft, die Erziehung (eines Hundes) sei eine Kunst, wir haben aber immer mehr Grund anzunehmen, dass es eines Tages eine Wissenschaft wird. Bis jetzt haben wir schon genug über die Natur des Lernens entdeckt, um Trainingsmethoden zu empfehlen, die effektiver sind und verlässlichere Ergebnisse erzielen, als die Daumen-Drauf-Methoden der Vergangenheit. An Tieren ausprobiert, erwiesen sich diese Techniken um einiges besser als die traditionellen Methoden professioneller Trainer; sie erzielten bemerkenswertere Ergebnisse mit viel weniger Aufwand...«

Obschon dieser Text sehr modern klingt, stammt er immerhin aus dem Jahre 1951. Aber bis heute hat sich das leider kaum herumgesprochen. Immer noch werden allerorts auf den Hunde-Übungsplätzen die Tiere angeschrien, es wird an der Leine geruckt und es werden gar nicht selten sogar tierschutzwidrige Utensilien wie Stachelhalsband oder Elektroschock-Halsband in der Ausbildung verwendet. Und den Hundehaltern wird das dann so verkauft, als müsste es so sein.

Diejenigen, die etwas sensibel für die Belange ihres Hundes sind, spüren, dass es das nicht sein kann. Mangels einer Alternative lassen sie die Ausbildung ihres Hundes lieber ganz sein, nach dem Motto: Was brauche ich auch einen ausgebildeten Hund? Das kann aber heutzutage keine Lösung mehr sein, wo das Ansehen des Hundes so sehr in der Öffentlichkeit steht. Gerade

Hundeausbildung soll beiden Spaß machen: Mensch und Hund.

praktischen Übungen verwenden. (Für die, die es noch nicht wissen: Der Klicker ist ein Ding, das ein Geräusch macht ähnlich dem Knackfrosch der Kinder.) Für mich ist das nicht eine neue Methode der Ausbildung. Vielmehr ist die Ausbildung mit dem Klicker auch nur so gut oder so schlecht, wie die Theorie, die dahinter steckt. Aber durch den Klicker kann ich viele Sachen besser verdeutlichen und Ihnen hoffentlich verständlicher machen. Wenn Sie die Theorie, die dahinter steckt, dann erst einmal gelernt haben, wollen Sie den Klicker vielleicht gar nicht mehr verwenden. Das ist dann auch in Ordnung. Vielleicht haben Sie bis dahin aber auch festgestellt, dass er einiges vereinfacht und benutzen ihn gerne weiter. Auch das ist in Ordnung.

Die praktischen Übungen sind in einzelne Übungsschritte unterteilt, die Sie ganz einfach nachvollziehen können. Wenn Sie das Buch zusammen mit Ihrem Hund durcharbeiten, lernt Ihr vierbeiniger Freund mit Ihnen spielerisch die wichtigsten Kommandos und auch einige Tricks sind dabei. Ich wünsche Ihnen und Ihrem Hund viel Spaß und viel Erfolg!

heute gilt es, wirklich gut erzogene Hunde zu haben. Leider sind auch nicht alle Hunde von Haus aus so wohl erzogen und wissen, was richtig und falsch ist, wie es uns Lassie oder Kommissar Rex vielleicht vortäuschen. In Wirklichkeit können wir von einem Hund nur das erwarten, was wir ihm auch beigebracht haben. Und es kann so viel Spaß machen, einen Hund auszubilden; nämlich dann, wenn man sieht, dass auch der vierbeinige Freund mit Spaß bei der Sache ist und die nächste Unterrichtsstunde gar nicht abwarten kann. Sie glauben, das gibt es nicht? Und ob! Mit diesem Buch möchte ich Ihnen zeigen, wie Sie das bewerkstelligen. Es gehört etwas an theoretischem Hintergrundwissen dazu, aber auch die Praxis wird nicht zu kurz kommen. Ich hoffe, Ihnen damit auch einiges an Argumentationspunkten in die Hand zu geben, um die traditionellen Hundeausbilder endlich zu überzeugen, dass es bessere Wege gibt, einen Hund auszubilden.

Um bestimmte Dinge deutlich zu machen, werden wir den Klicker in den

► Ein wenig Theorie muss sein ...

Das Lernen unterliegt gewissen Gesetzen, genau wie z. B. die Schwerkraft. Seit vielen Jahrzehnten beschäftigen sich die Wissenschaftler mit den Vorgängen des Lernens. Unzählige Versuchstiere mussten Labyrinthe durchlaufen oder andere Aufgaben lösen. Es wird nun Zeit, dass das, was mit ihrer Hilfe herausgefunden wurde, endlich Einzug in das Bewusstsein der Ausbilder hat. Ausbilder ist dabei jeder, der einen Hund oder ein anderes Tier hat, und ihm etwas beibringen möchte.

Wir werden uns im Folgenden mit der Theorie des Lernens beschäftigen. Eine Ausbilderin von mir hat die Lerntheorie immer mit Klavierspielen verglichen. Ich werde Ihnen also die einzelnen Akkorde beibringen, damit Sie sie zu Melodien zusammensetzen können.

Der Anfang wird vielleicht etwas theoretisch. Aber die Theorie ist wichtig, um später in der Praxis damit spielen zu können.

▸ Klassische Konditionierung – Lernen von Zusammenhängen

Die klassische Konditionierung ist eine Form des Lernens, die – eigentlich so ganz nebenbei – Anfang des 20. Jahrhunderts von dem russischen Wissenschaftler Iwan Pawlow entdeckt wurde. Für seine Forschungen untersuchte er das Verdauungssystem der Hunde. Durch eine Operation legte er den Ausführungsgang der Speicheldrüsen bei einigen Hunden nach außen, um den Speichel aufzufangen und untersuchen zu können. Dabei stellte er fest, dass die Tiere nicht nur speichelten, wenn sie das Futter vorgesetzt bekamen, sondern nach einigen Malen auch schon, wenn der Versuchsassistent, von dem sie das Futter normalerweise bekamen, durchs Zimmer ging.

Glücklicherweise erahnte Pawlow die Bedeutung dieses Phänomens und war flexibel genug, seine Forschungen in diese Richtung zu lenken.

Er präsentierte den Tieren, nachdem er für sie eine weitgehend reizfreie Umgebung geschaffen hatte, unterschiedliche Reize unmittelbar vor der Fütterung. Einer davon war zum Beispiel ein Metronom. Ein Metronom hat normalerweise keinerlei Bedeutung im Leben eines Hundes. Aber nach einiger Zeit speichelten die Tiere schon, wenn sie nur das Metronom hörten.

Was ist passiert?

Das Futter ist ein so genannter unkonditionierter Stimulus (US) (oder unbedingter Reiz), der als unkonditionierte Reaktion (UR) (oder unbedingte Reaktion) das Speicheln hervorruft. Dieser Vorgang ist angeboren, der Hund braucht das nicht zu lernen und kann das nicht beeinflussen. Unkonditioniert heißt so viel wie nicht erlernt.

Wenn nun das Futter einige Male direkt nach dem Metronom gegeben wird, welches normalerweise keinerlei Bedeutung für den Hund hat, wird es zum konditionierten Stimulus (CS) (oder bedingten Reiz). Der Hund hat gelernt, dass das Metronom das Erscheinen des Futters ankündigt. Er fängt also jetzt schon an zu speicheln, wenn er das Ticken des Metronoms hört. Dieses Speicheln nennt man jetzt die konditionierte Reaktion (CR) (oder bedingte Reaktion).

Das brauchen Sie sich nicht unbedingt zu merken. Wichtig ist, dass ein ehemals unbedeutender Reiz durch die Verknüpfung mit einem für den Hund bedeutsamen Reiz selbst Bedeutung bekommt.

Nach etlichen Jahren der Forschung auf dem Gebiet der klassischen Konditionierung hat sich herausgestellt, dass Pawlow eigentlich nur einen Spezialfall dieses Vorganges entdeckt hat. Heute weiß man, dass die klassische Konditionierung viel mehr als nur das ist. Mit ihr lernen Lebewesen etwas über die Zusammenhänge bestimmter Ereignisse in ihrer Umgebung.

Wir werden später sehen, wie wir uns die klassische Konditionierung in der Hundeausbildung zu Nutze machen können. Hier schon mal eine einfache Anwendung:

Die klassische Konditionierung in der Praxis: Konditionieren auf den Klicker

Genau wie Pawlow seinen Hunden das Metronom vorspielte, bevor sie Futter erhielten, werden Sie Ihrem Hund den Klicker »vorspielen«, bevor er Futter bekommt.

Sollten Sie aus irgendwelchen Gründen gegen die Verwendung eines Klickers sein, können Sie stattdessen auch ein Wort verwenden. Suchen Sie sich bitte eines aus, das kurz ist, das Ihr Hund noch nicht kennt und das im normalen Sprachgebrauch nicht vorkommt. Das können Sie dann im Folgenden an Stelle des Klickers verwenden. Ich empfehle Ihnen dennoch, den Klicker versuchshalber auszuprobieren, es sei denn, Sie haben einen extrem geräuschempfindlichen Hund.

Der Klicker ist eine Art Knackfrosch, wie es ihn als Kinderspielzeug gibt. Am besten machen Sie diese Übung abends vor dem Fernseher, wenn Sie bequem sitzen und für den Hund keine große Ablenkung da ist.

Sie brauchen dazu nichts weiter als den Klicker und eine Menge besonders guter Leckerchen. Diese sollten möglichst klein sein. Auch für einen großen Hund sind erbsengroße Stücke ausreichend. Sollte Ihr Hund Gewichtsprobleme haben, ziehen Sie ihm diese Extraration Leckerchen einfach von seiner normalen täglichen Ration ab, so dass es eben keine Extraration mehr ist. Dann kann es losgehen.

Füttern Sie dem Hund zunächst ein oder zwei Leckerchen, damit er weiß, dass Sie was Gutes haben. Dann brauchen Sie den Hund nicht mehr zu beachten und können sich in Ihren Film vertiefen.

Sie sitzen also da, sehen auf den Fernseher, haben in einer Hand den Klicker und in der anderen das Leckerchen. Von Zeit zu Zeit klicken Sie und öffnen anschließend sofort die Hand mit dem Leckerchen. Wichtig ist, dass der Hund das Leckerchen unmittelbar(!) nach dem Klick bekommt, am besten, wenn der Klick gerade am Abklingen ist. Wenn Sie die Hand gleichzeitig mit dem Klick öffnen und der Hund sich dann das Leckerchen nimmt, haben Sie das in etwa erreicht. Wiederholen Sie das einige Male. Sie sollten diese Übung völlig unabhängig vom Verhalten des Hundes machen. Wichtig ist wirklich nur, dass er anfangs das Leckerchen sofort nach dem Klick bekommt. Wenn Sie einen Hund haben, der nicht so heiß auf die Leckerchen ist, machen Sie diese Übung am besten, wenn er hungrig ist, also kurz vor seiner Mahlzeit.

Wenn er sich das Leckerchen genommen hat, nehmen Sie sich sofort ein neues, halten die Hand aber noch geschlossen. Diese öffnet sich erst unmittelbar nach dem nächsten Klick wieder.

Versuchen Sie, nach immer unterschiedlichen Zeitabständen zu klicken. Das fällt uns Menschen oft schwer. Wir kommen allzu leicht in einen gewissen Rhythmus, den der Hund dann auch schnell durchschauen würde. Deshalb ist es auch wichtig, dass Sie sofort wieder »nachladen«, wenn Sie ein Leckerchen abgegeben haben. Der Hund soll nämlich nicht das Greifen zur Dose als Zeichen für sein ersehntes Futter erkennen, sondern wirklich nur das Geräusch des Klickers. Wenn Sie das einige Male (10–15 Mal) wiederholt haben, warten Sie mit dem nächsten Klick mal, bis der Hund in eine andere Richtung schaut. Wenn er jetzt bei Ertönen des Klickers sofort guckt, wo denn sein Leckerchen bleibt, haben Sie ihn auf den Klicker konditioniert. Der ehemals unbedeutende Ton wurde zu einem Zeichen, dass die Hand aufgeht und er an sein Leckerchen kommt.

Erinnern Sie sich noch:

Futter	▸ unkonditionierter Stimulus (US)
Klicker	▸ konditionierter Stimulus (CS)
Speicheln	▸ unkonditionierte Reaktion (UR)
Speicheln, sich nach der Hand orientieren	▸ konditionierte Reaktion (CR)

Wiederholen Sie diese Übung einige Male in der nächsten Woche, um die Verknüpfung Klick = Futter gut zu festigen (siehe Seite 17).

WEITERE PHÄNOMENE DER KLASSISCHEN KONDITIONIERUNG ▸

Ein weiteres wichtiges Phänomen in der klassischen Konditionierung ist das **Löschen** einer konditionierten Reaktion. Wenn nämlich zum Beispiel dem Klicker als konditioniertem Stimulus einige Male kein Futter (unkonditionierter Stimulus) mehr folgt, wird die konditionierte Reaktion gelöscht. Der Klicker wird für den Hund wieder bedeutungslos. Deshalb ist es – zumindest in der Anfangszeit – wichtig, dass jedem Klick auch ein Leckerchen folgt.

Sally lernt hier, was der Klicker bedeutet.

Wichtig im Zusammenhang mit dem Löschen ist noch, dass ein Verhalten, bevor es gelöscht wird, erst noch besonders stark wird. Nehmen wir als Beispiel das Betteln bei Tisch. (Anmerkung: Die folgenden Beispiele sind keine reine klassische Konditionierung. In der Praxis kann man die klassische nicht so klar von der instrumentellen Konditionierung, die später noch erklärt wird, trennen. Aber die Prinzipien gelten dennoch.) Sie haben sich also vorgenommen, das Betteln am Tisch löschen zu wollen, indem der Hund nie mehr etwas Fressbares vom Tisch bekommt. Der Hund wird sich daraufhin erst einmal besonders ins Zeug legen, um wieder was zu bekommen. Darauf müssen Sie gefasst sein, und dem müssen Sie widerstehen und dürfen ja nicht nachgeben! Der Hund wird dann schon aufhören. Ähnlich verhalten Sie sich z. B., wenn Sie eine Mark in einen Getränkeautomat geworfen haben und es kommt nicht wie gewohnt eine Flasche heraus. Bevor Sie das so einfach hinnehmen, werden Sie wohl je nach Temperament

Anfangs schließt Lisa die Hand, der sich die Hündin als Erstes nähert, mit dem Kommando »Nein«, damit dadurch für Navajo ein Misserfolg angekündigt wird.

des, nämlich das Bellen, gelöscht. Die Klingel hat keine Bedeutung mehr für ihn. Am nächsten Tag wird er aber wieder bellen, wenn die Türglocke läutet. Das nennt man die spontane Erholung. Allerdings geht es dieses Mal viel schneller, bis das Verhalten wieder gelöscht ist, vorausgesetzt, die Türklingel bedeutet auch weiterhin nicht, dass jemand zu Besuch kommt.

Und nun wieder das Beispiel mit Ihnen und dem Getränkeautomat: Am nächsten Tag sind Sie ganz in Gedanken versunken und gehen wie immer zum Automaten, um sich ein Getränk zu ziehen. Auch Ihr Verhalten hat sich spontan erholt.

Dieses Phänomen können wir uns in der Ausbildung zu Nutze machen, wenn der Hund einmal einen schlechten Tag hat und eine Übung, die sonst immer geklappt hat, aus irgendwelchen Gründen nicht gelingt. Bevor Sie nun darauf herumreiten und sich und den Hund unnötig frustrieren, überschlafen Sie die Sache doch einfach. Sie haben gute Chancen, dass es zu einer spontanen Erholung kommt, und am nächsten Tag ist alles vergessen. Wenn nicht, kann man dann immer noch weitersehen.

Sie sehen, so langsam bekommt die ganze Theorie einen Sinn. Wir können dadurch bestimmte Verhaltensweisen des Hundes erklären und voraussagen.

Ein nächstes Phänomen ist die **konditionierte Hemmung**. Ein Reiz, der dem Hund zeigt, dass der unkonditionierte Stimulus mit Sicherheit nicht(!) folgt, ist ein konditionierter Hemmer. Für uns wäre das der Zettel mit der Aufschrift »Außer Betrieb« auf dem Getränkeautomat.

Dazu ein praktisches Beispiel:

vielleicht noch mal eine Mark einwerfen, vielleicht auch einmal kräftig am Automaten rütteln oder dagegentreten, ehe Sie es endgültig aufgeben.

In diesem Zusammenhang ist noch die **spontane Erholung** zu erwähnen. Ist eine Reaktion gelöscht, wird sie nach einiger Zeit erst mal wieder spontan auftreten. Hierzu ein Beispiel: Sie wollen Ihrem Hund abgewöhnen, sich aufzuregen und zu bellen, wenn die Türglocke läutet. Die Türglocke ist der konditionierte Stimulus (CS) zu dem unkonditionierten Stimulus (US) Besuch. Die konditionierte, also erlernte Reaktion auf das Läuten ist Bellen und Sichaufregen. Nachdem, was Sie bisher gelernt haben, wie würden Sie dieses Problem angehen? Richtig, man kann diese Reaktion löschen, indem das Läuten als konditionierter Stimulus nicht mehr von einem unkonditionierten Stimulus, nämlich dem Besuch, gefolgt wird. Sie würden also jemanden bitten, ganz oft bei Ihnen zu klingeln, ohne dass daraufhin irgendetwas passiert, d. h. Sie reagieren nicht darauf und gehen nicht zur Tür. Wenn das oft genug geschieht, wird das Verhalten des Hun-

»Nein«-Kommando I

Dieses Kommando soll für den Hund bedeuten, dass er mit dem, was er gerade tut, aufhören und stattdessen zu seinem Halter zurückkommen soll. Sie können Ihrem Hund folgendermaßen das »Nein«-Kommando beibringen: Machen Sie es sich mit Leckerchen bewaffnet bequem in Ihrem Sessel. Jede Hand wird mit einem Leckerchen »geladen« und der Hund darf sie sich von der flachen Hand einfach so nehmen. Dann geben Sie das »Nein«-Kommando und schließen augenblicklich die Hand, von der Ihr Hund das Leckerchen nehmen will. Wenn Ihr Hund das Wort »Nein« schon kennt, lassen Sie sich einfach ein neues Kommando einfallen, wie z. B. »Na, denkste«, »Pustekuchen« oder sonst was.

Das Leckerchen der anderen Hand darf sich der Hund als Belohnung nehmen. (Anmerkung: Diese Belohnung ist für die reine klassische Konditionierung gar nicht notwendig. Der Hund würde die Übung auch lernen, wenn Sie die weglassen. So beschleunigt es das Lernen aber etwas und macht auch

mehr Spaß.) Es wird wieder nachgeladen und wenn sich der Hund einer Hand nähert, geben Sie das Kommando und schließen die Hand. Wenn Sie das einige Male wiederholt haben, werden Sie feststellen, dass Sie die Hand gar nicht mehr zu schließen brauchen, wenn Sie das Kommando gegeben haben. Ihr Hund wird das betreffende Leckerchen liegen lassen und sich an der anderen Hand bedienen.

Was hat er also gelernt: Das »Nein«-Kommando bedeutet, dass es kein Leckerchen aus dieser Hand gibt. Es ist ein konditionierter Hemmer. Selbst wenn es der Hund trotzdem probieren sollte, bedeutet es nur Misserfolg. In der Natur wird aber normalerweise keine Energie für aussichtslose Vorhaben verschwendet. Wichtig ist nur, dass Sie auch immer schnell genug sind und das »Nein«-Kommando für den Hund auch wirklich Misserfolg bedeutet.

Das war jetzt der erste Schritt für den Aufbau des »Nein«-Kommandos. Üben Sie das in nächster Zeit an möglichst vielen Stellen. Trainieren Sie dabei Ihr Reaktionsvermögen und Ihre

Schon bald kann die Hand offen bleiben, weil die Hündin verstanden hat, dass ein Versuch zwecklos wäre.
Zur Belohnung gibt es ein Leckerchen aus der anderen Hand.

Geschwindigkeit. Später wird auf diese Übung aufgebaut. Das Ziel dieser Übung wird sein, den Hund mit »Nein« z. B. von einem Hasen abzurufen. Bis dahin ist es jedoch noch ein weiter Weg. Ich empfehle Ihnen, das Kommando für diese Übung vorläufig nur beim Üben zu verwenden, so lange, bis es so weit aufgebaut ist, dass der Hund auch im Ernstfall darauf hört.

KONDITIONIERUNG ZWEITER ORDNUNG ▶

Ist ein bestimmter Reiz erst einmal gut konditioniert, kann er als unkonditionierter Stimulus für einen anderen Reiz dienen. Dazu ein Beispiel: Der Hund hat eine schlechte Erfahrung in der Tierarztpraxis gemacht. Den Tierarzt im weißen Kittel hat der Hund mit Schmerz verknüpft. Die konditionierte Reaktion ist Angst und Meideverhalten. Das kann sich fortsetzen aufs Wartezimmer. Das Wartezimmer wird zum konditionierten Stimulus zweiter Ordnung.

Fährt der Hund außer zum Tierarzt sonst nie mit dem Auto, kann das Auto zum konditionierten Stimulus dritter Ordnung für den Hund werden. Auch hier wird er dann also Angst und Meideverhalten zeigen, obwohl von dem eigentlichen Angstauslöser, nämlich dem Tierarzt, noch weit und breit nichts zu sehen ist. Die Konditionierung zweiter Ordnung spielt eine große Rolle im Verhalten der Hunde. Für uns oft unverständliche Reaktionen lassen sich mit ihrer Hilfe erklären.

GEGENKONDITIONIEREN ▶

Außer dem Löschen entdeckte Pawlow noch eine andere Vorgehensweise, eine konditionierte Reaktion zu eliminieren, nämlich das Gegenkonditionieren.

Pawlow zeigte das damals auch an seinen Hunden. Der unkonditionierte Stimulus war ein leichter Schock, der eine Fluchtreaktion auslöste. Diesen Stimulus paarte er mit Futter. Ein Hund kann nicht fliehen und fressen gleichzeitig. Wenn also dieser milde Schock (US) auftrat, orientierten sich die Hunde nach dem Futter und fingen an zu speicheln. Sie zeigten keinerlei Fluchtverhalten. Gegenkonditionieren heißt also, ein Verhalten durch ein anderes zu ersetzen, wobei das eine Verhalten das andere ausschließt. Es ist eine Vorgehensweise, die man gut in der Ausbildung eines Hundes einsetzen kann. Einem Hund, der stürmisch jeden Besuch begrüßt, kann man beibringen, dass das Läuten der Türglocke heißt, er soll sich auf seinen Platz legen. Ein Hund kann nicht gleichzeitig die Leute anspringen und auf seinem Platz liegen. Hier haben wir also ein Beispiel für Gegenkonditionieren.

GENERALISIEREN – VERALLGEMEINERN ▶

Pawlow entdeckte außerdem, dass die Hunde nicht nur auf einen bestimmten Reiz reagierten, sondern auch auf ähnliche. Zum Beispiel paarte er Töne unterschiedlicher Höhe mit Futter, nachdem die Hunde auf einen bestimmten Ton konditioniert waren. Die Hunde reagierten dann auch in derselben Art und Weise auf ähnliche Töne. Dieses Phänomen nennt man Generalisieren.

Generalisieren bzw. verallgemeinern muss der Hund auch die Kommandos, die wir ihm beibringen. Zuerst heißt »Sitz« nämlich nur »Sitz« im Wohnzimmer, bzw es zuerst mit dem Hund üben. Er muss dann noch lernen, dass »Sitz« auch »Sitz« bedeutet draußen

Die Eurasier-
Hündin Ayla achtet
in diesem Fall
wahrscheinlich
nur auf Helenes
Handzeichen. Das
Wort-Kommando
wird von diesem
überschattet.

besteht eine Aufgabe darin, einen bestimmten Gegenstand aus mehreren
gleichen Gegenständen herauszufin-
den. Auch da macht man sich das Unterscheidungstraining zu Nutze.

Eine Kollegin von mir lehrte ihren
Hund, zwischen Anheben der linken
und der rechten Augenbraue zu unterscheiden. Das eine war das Signal für
»Sitz«, das andere für »Platz«.

auf der Wiese, auf der Straße usw. und
dass es auch egal ist, ob Sie stehen, sich
bewegen und nah oder weit vom Hund
entfernt sind, wenn Sie das Kommando
geben.

UNTERSCHEIDUNG ▶ In der Natur
ist es wichtig, dass man nicht alles verallgemeinert. Deswegen wollte Pawlow
herausfinden, inwieweit seine Hunde
in der Lage waren, ähnliche Stimuli zu
unterscheiden. Aber auch ein ständiges
Wiederholen ein und derselben Ton-
höhe gepaart mit Futter führte nicht dazu, dass die Hunde auf ähnliche Töne
anders reagierten. Das gelang nur mit
einem Unterscheidungstraining. Auf
das Ertönen eines Tones einer bestimmten Höhe folgte Futter, auf einen ähnlichen Ton folgte kein Futter. Während
die Hunde am Anfang des Experimen-
tes noch auf beide Töne reagierten,
lernten sie aber, diese mit der Zeit zu
unterscheiden, und reagierten nur noch
auf den Ton, dem auch Futter folgte.

Beim Betteln am Tisch lernen die
Hunde auch ganz schnell zu unterscheiden, bei wem sie Erfolg haben und
bei wem nicht. Beim Obedience-Trai-
ning, einer bestimmten Hundesportart,

DAS BLOCKIEREN ▶ Das Blockieren
ist eine Eigenschaft beim klassischen
Konditionieren, die erst in den siebzi-
ger Jahren entdeckt wurde. Es besagt
Folgendes: Wenn ein Reiz konditioniert
wird und daraufhin eine Bedeutung für
das Tier bekommt und anschließend
genau dieser Reiz in Kombination mit
einem anderen noch einmal konditioniert wird, wird die Konditionierung
dieses zweiten Reizes blockiert. Ein
Beispiel dafür ist folgendes Phänomen:
Wir haben dem Hund ein Verhalten
beigebracht, das wir jetzt unter ein
Wort-Kommando bringen wollen. Das
Handzeichen für dieses Verhalten
kennt der Hund bereits. Es bringt jetzt
nichts, das Wort-Kommando zusammen mit dem Handzeichen zu geben.
Das Wort-Kommando wird in diesem
Fall blockiert. Wenn nämlich unsere
Körpersprache bereits ein Hinweis für
das erwünschte Verhalten ist, braucht
man als Hund nicht nach weiteren
Hinweisen zu suchen. Die Natur ist in
dieser Hinsicht auf Energiesparen ein-
gestellt. Das bedeutet, dass das Wort-
kommando in dem Fall einfach über-
hört wird. Diesen Zustand findet man
bei den Hunden relativ oft. Das Kommando allein reicht meistens nicht aus,
ein von uns gewünschtes Verhalten
auszuführen. Die Hunde brauchen im-

mer noch ein wenn auch noch so kleines Körpersignal. Oft ist es uns gar nicht bewusst, dass wir noch ein solches Signal geben. Das fällt eher Beobachtern auf.

Wie kann man dem Hund aber dennoch das Wort-Kommando beibringen? Überlegen Sie einmal. Genau! Das Kommando muss kurz vor(!) dem Handzeichen kommen, eine Art Konditionierung zweiter Ordnung.

Ein ähnliches Phänomen ist das des **Überschattens**. Überschatten tritt auf, wenn zwei Zeichen gleichzeitig gegeben werden. In diesem Fall überschattet das für den Hund wichtige Zeichen das unwichtige. Das tritt oft in der herkömmlichen Ausbildung auf. Der Hund lernt ein bestimmtes Kommando, z.B. das »Sitz«. Außer dem Wort erhält er immer auch andere Zeichen, sei es nun ein Ruck am Halsband oder ein leichtes Vornüberbeugen des Hundeführers. In jedem Fall sind diese anderen Zeichen für den Hund wichtiger, weil ihm die Sprache nicht so viel bedeutet wie unsere Körpersignale. Das Lernen des Wort-Kommandos wird dadurch mehr oder weniger stark überschattet. Das können Sie leicht testen, indem Sie Ihrem Hund das Kommando »Sitz« geben (sofern er es schon kennt), indem Sie mit dem Rücken zu ihm stehen, er also die gewohnten anderen Zeichen nicht bekommt. Die allermeisten Hunde verstehen in diesem Fall nicht, was von ihnen gefordert wird, und sie können es aus oben genanntem Grund auch gar nicht verstehen.

Ärgern Sie sich darum nicht über Ihren »dummen« Hund. Sie können sicher sein, dass bei diesem Experiment bestimmt die allermeisten Hunde versagen werden.

▶ Instrumentelle Konditionierung – Lernen durch Versuch und Irrtum

Anfangs des 20. Jahrhunderts begann ein Wissenschaftler namens Thorndyke, das Lernen systematisch zu erforschen. Das machte er mit seiner hierfür entwickelten Puzzle-Box. Es handelte sich dabei um einen kleinen Käfig mit einem Mechanismus, mit dem das eingesperrte Tier die Tür öffnen konnte. Thorndyke stellte eine Schüssel voll Futter vor den Käfig und sperrte eine hungrige Katze hinein. Die Katze begann natürlich sofort im Käfig herumzulaufen und versuchte, an das Futter zu kommen. Nach einiger Zeit kam sie dabei zufällig an diesen Mechanismus, der die Tür öffnete. Doch ehe sie sich über das heiß ersehnte Futter hermachen konnte, hatte Thorndyke sie schon wieder gepackt und erneut in die Puzzle-Box gesetzt. Wieder versuchte die Katze, sich aus dem Käfig zu befreien.

Man hätte vielleicht annehmen können, sie wüsste ja nun, wie das geht, weil sie ja schon einmal Erfolg hatte. Aber dem war nicht so. Sie brauchte auch beim zweiten Mal einige Zeit, um sich aus dem Käfig zu befreien. Allerdings gelang ihr die Flucht von Mal zu Mal schneller, bis Thorndyke sie schließlich hineinsetzte und die Katze augenblicklich wieder herauskam. Die Katze hat also gelernt, dass sie sich befreien konnte, wenn sie den Hebel betätigte.

Skinner baute diese Versuche weiter aus. In der nach ihm benannten Skinner-Box lernten die Tiere Hebel zu bedienen, um an Futter zu kommen. Hatten die Tiere erst einmal verstanden, wie sie sich das Futter verdienen konnten, wurden die Anforderungen an sie immer höher gesteckt. Durch dieses so genannte Formen und den Aufbau von Verhaltensketten (siehe S. 74) konnte man ihnen die kompliziertesten Dinge beibringen. In einem solchen Versuch lernte z.B. eine Ratte eine Leiter hochzuklettern, durch eine Röhre zu krabbeln, eine Wendeltreppe hochzulaufen, sich mit einem Seil ein Wägelchen herzuziehen, um damit auf das nächste Podest zu kommen, in einen Aufzug zu steigen und damit wieder hinunterzufahren, um schließlich an ihr Futter zu kommen. Das nennt man Lernen durch Versuch und Irrtum bzw. Lernen am Erfolg. Die Tiere lernen an den Folgen ihres Tuns.

Einige Zeit glaubten die Wissenschaftler, auf diese Weise könnte man Tieren alles beibringen. Dabei wäre es unwichtig, um welche Tierart und um welche Aufgabe es sich handelte. Dass dem nicht ganz so ist, wurde in einigen Versuchen eines Forscherehepaares gezeigt, die auch Tiere für Filmaufnahmen ausbildeten.

Für einen Werbefilm wollten sie einem Waschbären beibringen, Münzen in ein Sparschwein zu werfen. Mit Futterbelohnung wurden die einzelnen Schritte eingeübt. Das klappte auch zunächst ganz gut. Je weiter allerdings das Training voranschritt, desto weniger gern ließ der Waschbär die Münze ins Sparschwein fallen. Stattdessen rieb er die Münze zwischen seinen Pfoten. Obwohl er für dieses Verhalten nie belohnt worden war, nahm es immer mehr zu. Das ursprüngliche Projekt musste abgebrochen werden. Wahrscheinlich hat die Münze im Waschbären schon so sehr die Erwartung von Futter geweckt, dass er automatisch die entsprechenden Bewegungsmuster

ausführte. Waschbären reiben nämlich ihr Futter mit den Vorderpfötchen.

Dieses Phänomen war kein Einzelfall. Ähnliches passierte mit Walen, die über Futterbelohnung lernen sollten, mit Bällen zu spielen. Sie verschluckten die Bälle mit fortschreitendem Training. Die Forscher nannten das Phänomen »instinctive drift«, was in etwa heißt, dass sich das konditionierte Verhalten zugunsten von angeborenem Verhalten verschiebt.

Warum das so ist, ist letztendlich noch nicht geklärt. Man tut aber gut daran, wenn man ein Tier ausbilden will, so viel wie möglich über sein normales Verhalten zu wissen. In manchen Punkten hat die Konditionierung eben ihre Grenzen und das Lernen der Tiere ist nicht ganz so einfach, wie anfangs zunächst angenommen wurde.

Auf einen Blick

▸ Die klassische Konditionierung ist das Lernen von Zusammenhängen. Ein ehemals für den Hund unbedeutender Reiz wird durch die Verbindung zu einem wichtigen Reiz ebenfalls von Bedeutung. Das Ganze geschieht unbewusst.

▸ Die instrumentelle Konditionierung bedeutet Lernen durch Versuch und Irrtum. Der Hund lernt bewusst an den Folgen seines Tuns.

▸ Beide Arten des Lernens spielen bei der Ausbildung unseres Hundes eine große Rolle. Jedoch lassen sich beide Arten in der Praxis nicht immer so deutlich trennen.

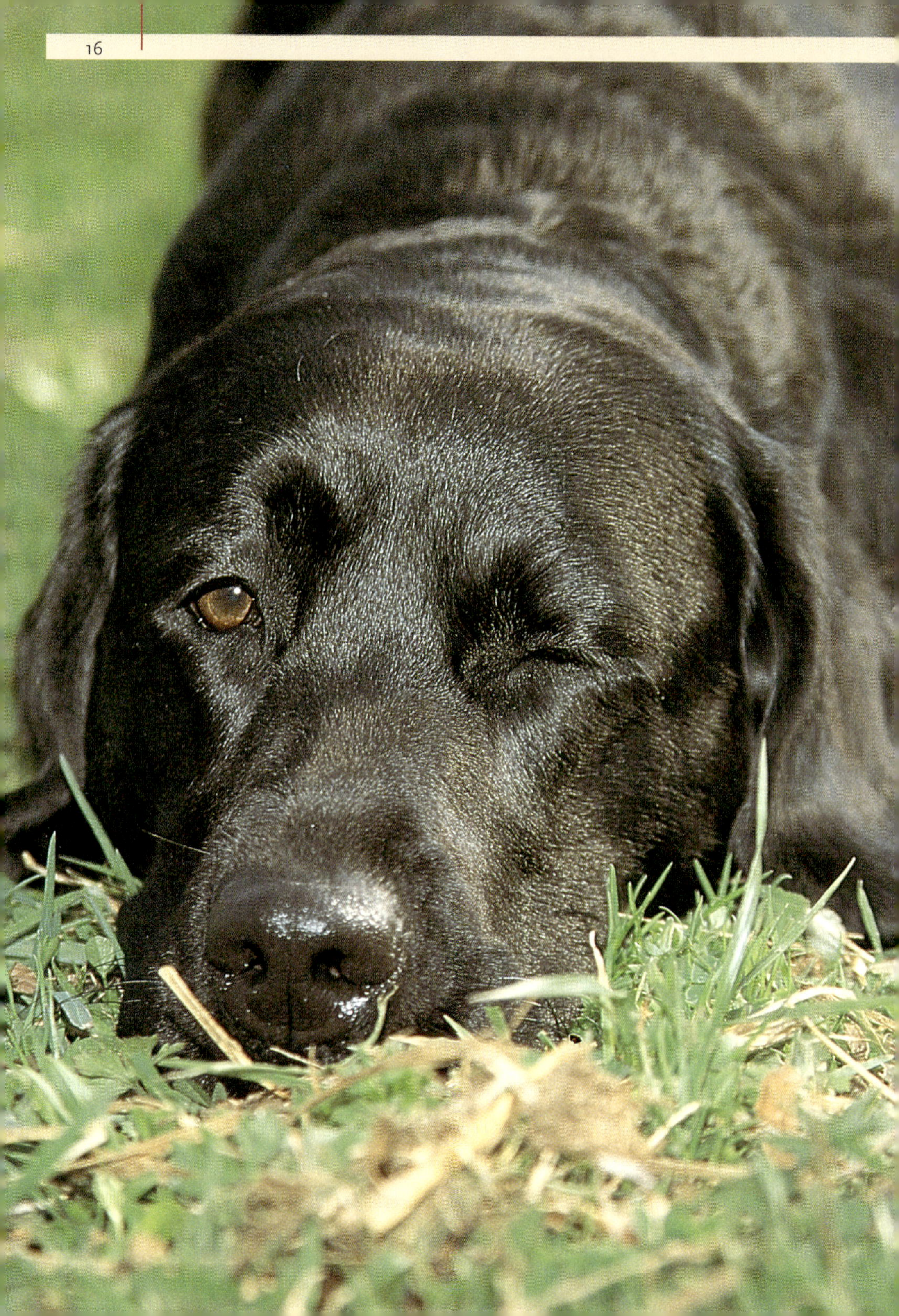

Assoziation

▶ Lernabläufe im Gehirn

Sowohl das klassische als auch das instrumentelle Konditionieren sind Formen assoziativen Lernens. Was bedeutet das? Eine Assoziation ist eine Verknüpfung. Es werden also im Gehirn bestimmte Verknüpfungen zwischen den einzelnen Nervenzellen hergestellt. Damit Sie sich das besser vorstellen können, sehen wir uns hier einmal kurz den Aufbau des Gehirns an. Das Gehirn ist eine Anhäufung von Nervenzellen und in verschiedene Bereiche unterteilt.

Mehr als 10 000 000 000 solcher Nervenzellen befinden sich im Gehirn! Jede einzelne bekommt Informationen von mehr als 50 000 anderen Nervenzellen.

Über elektrische und chemische Vorgänge werden Informationen verarbeitet und gespeichert.

Sind nun zwei dieser Zellbereiche zur selben Zeit aktiv, entsteht eine Verknüpfung (Assoziation) zwischen ihnen. Modellhaft kann man sagen, die Verbindungen, die zwischen ihnen bestehen, werden stärker ausgebaut.

An einem praktischen Beispiel wollen wir uns das mal genauer ansehen: Jutta gibt ihrem Hund das Kommando »Sitz«. Was passiert nun im Ge-

hirn des Hundes? Das akustische Signal, eben das Kommando »Sitz«, wird über die Ohren ins Gehirn geleitet. Das Gehirn steuert über die Nervenbahnen, die übers Rückenmark zu den Muskeln führen, den Vorgang des Hinsetzens. Gleichzeitig erfährt es über andere Nervenbahnen die Stellung der Hinterbeine. Im Gehirn sind also jetzt zwei verschiedene Bereiche gleichzeitig aktiv. Es entsteht zwischen diesen beiden Zentren eine Assoziation, die um so stabiler wird, je öfter diese beiden Zentren zusammen aktiv sind.

Wenn eine solche Assoziation besteht, genügt schon die Aktivierung des einen, in unserem Fall des akustischen Zentrums, um das andere automatisch zu aktivieren. Das heißt, der Hund

Jutta gibt Timmy das Kommando »Sitz«.

So wie Polly auf dem Foto sollte der Hund »Bei Fuß« gehen: mit viel Spaß und voll Vertrauen.

Man kann jedoch davon ausgehen, dass man einen Befehl mit einem Hund 3000 bis 5000-mal wiederholen müsste, bis er ihn wirklich kann, bis also eine Verknüpfung im Gehirn hergestellt ist.

Sehen wir uns jetzt aber einmal kurz die Praxis an: Wie sieht es denn aus in der Hundeausbildung? Nehmen wir als Beispiel das Bei-Fuß-Gehen. Lernt man es nicht normalerweise folgendermaßen: Wenn der Hund vorläuft, gibt man das Kommando »Bei Fuß « mit einem mehr oder weniger festen Ruck an der Leine. Wann also hört der Hund das Kommando? Was wird in diesem Fall also verknüpft? Richtig, nicht das schöne Neben-dem-Hundeführer-Hergehen, sondern das Vorlaufen wird mit »Bei Fuß« verknüpft! Und noch etwas anderes wird verknüpft: nämlich das Kommando mit dem Ruck an der Leine, also den Schmerzen am Hals. Deswegen zuckte der Hund, den ich in der Einleitung erwähnte, beim Hören des Kommandos so zusammen.

Dass diese Form der Ausbildung dennoch funktioniert, liegt daran, dass der Hund natürlich die Schmerzen zu meiden versucht. Das Kommando ist für einen so ausgebildeten Hund ein Warnsignal: Wenn er dem Leinenruck entgehen möchte, tut er gut daran, neben seinem Hundeführer zu gehen. Dass ein solcher Hund ständig unter Stress steht und sich nicht so frei und freudig bewegt, wie wir es gerne hätten und wie Brigitte es uns hier mit ihrer Hündin Polly auf dem Foto zeigt, ist einleuchtend.

Ein nächstes Beispiel, was ich noch erwähnen möchte, ist das Rufen. Viele Leute haben Probleme, ihren Hund zu rufen. Wann aber wird das Kommando

kann dann fast gar nicht anders, als sich hinzusetzen.

Ein gutes Beispiel für das Aufbauen von Assoziationen, was fast jeder schon am eigenen Leib erfahren hat, ist das Autofahren. Anfangs muss man über alles nachdenken. Ich weiß noch, wie ich bei meiner Nachtfahrt in der Fahrschule fast überfordert war, als mir in der Kurve ein Auto entgegen kam. An was man da alles denken muss: bremsen, zurückschalten, lenken und Fernlicht ausschalten! Heute kann ich darüber nur noch lachen. Denn nach einiger Zeit macht man das alles automatisch.

Die Verknüpfungen im Gehirn sorgen dafür, dass man gar nicht mehr darüber nachdenken muss. Bis es so weit ist, dauert es allerdings einige Zeit. Leider habe ich nicht mitgezählt, wie lange es bei mir dauerte, bis ich über die einzelnen Handgriffe beim Autofahren nicht mehr nachdenken musste.

gegeben? Sie erahnen es natürlich schon: wenn der Hund wegläuft, wenn er irgendwo schnüffelt, zu einem anderen Hund hinläuft oder Ähnliches.

Der Hund verknüpft also genau das Falsche. Vielleicht sagen Sie jetzt auch: »Aber genau das sind doch die Situationen, in denen ich den Hund rufen können muss und in denen er auch gehorchen sollte! Ich muss ihn also rufen, wenn er wegläuft.« Damit haben Sie natürlich Recht, und wir werden im Laufe des Buches auch darauf hinarbeiten, dass Sie das tun können.

Rückrufkommando I

Mit unserer nächsten praktischen Übung wollen wir damit anfangen, ein neues Rückrufkommando aufzubauen. Überlegen Sie sich für das Rufen Ihres Hundes ein neues Wort, eines, das Ihr Hund noch nicht kennt. Es kann auch ein Pfiff sein. Entweder pfeifen Sie selber oder benutzen eine Pfeife. Nur unbekannt für den Hund sollte es sein, damit wir nicht gegen eventuell schon bestehende Verknüpfungen arbeiten müssen. Damit im Gehirn die richtige Verknüpfung gebildet wird, geben Sie dieses Kommando immer nur, wenn Ihr Hund auf Sie zugelaufen kommt. Sie haben richtig verstanden: Sie rufen ihn anfangs nicht damit, sondern sagen es nur, wenn der Hund sowieso zu Ihnen kommt, z.B. wenn er sein Futter bekommt, wenn Sie die Leine holen, um spazieren zu gehen, usw. Nutzen Sie jede Gelegenheit, dieses Wort anzubringen. Denken Sie daran: Es geht darum, die Assoziation zwischen den zuständigen Gehirnnerven ganz stark und fest zu machen. Wir werden später auf dieser Übung aufbauen.

▶ Der Kontext – In welchem Zusammenhang lernt der Hund?

Ein weiteres Thema, was gut anhand dieses Nervenmodells erklärt werden kann, ist der Kontext. Hunde lernen kontextspezifisch. Was heißt nun das schon wieder? Wir hatten vorhin das Beispiel mit dem Kommando »Sitz«. Dieses Beispiel war nicht ganz vollständig. Wir sind davon ausgegangen, dass der Hund als Signal nur das Kommando »Sitz« erhält. Das wäre aber nur möglich, wenn wir den Hund in einer absolut reizfreien Umgebung hätten. Dazu bräuchten wir aber Pawlows Labor. In Wirklichkeit bekommt der Hund zur selben Zeit, in der sich seine Hinterbeine anwinkeln und der Hintern den Boden berührt, noch viel mehr Eindrücke, als nur das Kommando »Sitz«: Es ist Samstagmittag, er befindet sich auf dem Hunde-Übungsplatz, Frauchen hat die alte Jeans an, die Sonne scheint, die Kirchturmuhr schlägt gerade zwölf, es sind noch andere Hunde da, usw.

Jack läuft auf sein Frauchen zu. Genau in dem Moment gibt sie das Rückrufkommando, damit er lernt, »wie dieses Verhalten heißt«.

Beim nächsten Mal, wenn der Hintern den Boden berührt, ist es Samstagnachmittag, der Hund befindet sich auf dem Hunde-Übungsplatz, Frauchen hat die alte Jeans an, sie gibt das Kommando »Sitz«, es ist bewölkt, ein Schwarm Krähen fliegt durch die Luft, diesmal sind keine anderen Hunde da, usw.

Wieder ein anderes Mal ist Samstagvormittag, der Hund befindet sich auf dem Hunde-Übungsplatz, Frauchen hat ihre rote Hose an, sie gibt das Kommando »Sitz«, es nieselt leicht. Vom in der Nachbarschaft gastierenden Zirkus erklingt Musik, usw.

An diesem Beispiel werden zwei Dinge deutlich: Erstens braucht der Hund eine Weile, ehe er herausgefiltert hat, dass es das Wort »Sitz« ist, was bedeutet, dass der Hintern auf den Boden soll. Dafür ist es wichtig, dass wir, nachdem der Hund eine Idee von dem hat, was wir von ihm wollen, an immer wieder unterschiedlichen Orten, zu unterschiedlichen Zeiten und unter unterschiedlichen Bedingungen üben. Dadurch lernt der Hund, dass es das Kommando ist, auf das er achten muss. Außerdem lernt er zu generalisieren, d.h. ab einem bestimmten Punkt heißt dann »Sitz« wirklich immer »Sitz«, auch wenn wir uns mit dem Hund z.B. auf der Zugspitze befinden, wo wir noch nie mit ihm geübt haben. (Vorsicht: Unangenehme Erfahrungen generalisiert ein Hund unter Umständen nach einem einzigen Mal!)

Zweitens wird deutlich, was passiert, wenn wir eine weitere Komponente immer beibehalten – in unserem Beispiel oben ist es der Hundeplatz. In diesem Fall lernt der Hund: Wenn ich auf dem Hundeplatz bin und das Wort »Sitz« höre, geht mein Hintern auf den Boden.

Diesem Phänomen begegnet man fast auf allen Hundeplätzen: Eben noch legt der Hund eine fehlerfreie Unterordnung hin, doch kaum hat er den Platz verlassen, scheint er alles vergessen zu haben: Er zieht seinen Hundeführer an der Leine hinter sich her und befolgt keine Kommandos mehr. In Wirklichkeit hat er nichts vergessen! Er hat es eben nur nicht gelernt, dass die Kommandos auch außerhalb des Platzes gelten.

Das ist dann natürlich eindeutig ein Mangel in der Ausbildung und dem Hundeführer zuzuschreiben. Aber wer wird dafür ausgeschimpft oder sogar mit mehr oder weniger starken Mitteln bestraft? Natürlich der Hund. Wir werden im Folgenden noch sehen, dass es leider allzu oft ist, dass der Hund für unsere Fehler bestraft wird. Und leider ist es genau das, was man immer noch in den meisten Hundeschulen beigebracht bekommt.

▶ Assoziationszeit – Wie schnell muss ich reagieren?

Im Zusammenhang mit dem Verknüpfen spielt die Assoziationszeit eine wichtige Rolle. Damit ist die Zeit zwischen zwei Ereignissen gemeint, damit diese noch verknüpft werden können. Diese Zeit sollte nicht länger als eine halbe Sekunde sein! Oft liest man auch von zwei bis drei Sekunden. Das trifft aber nur für Laborbedingungen zu, wenn keine zusätzlichen Reize vorhanden sind. Außerdem brauchen wir auch immer erst noch etwas Zeit, das Verhalten des Hundes zu sehen und wahrzunehmen, und Zeit, auf das Verhalten zu reagieren. So bleibt am Ende nicht mehr als höchstens eine halbe Sekunde.

Man kann sich das wieder gut an unserem Modell vorstellen: Eine Verknüpfung kann nur stattfinden, während die betreffenden Gehirnabschnitte aktiv sind. Das sind sie aber eben nur für kurze Zeit. Wenn diese Zeit verpasst wird, kann keine Verknüpfung mehr stattfinden. Diese Tatsache spielt eine große Rolle bei der Anwendung von Lob oder Strafe in der Ausbildung.

Straft man z.B. einen Hund, wenn man nach Hause kommt und sieht, dass er etwas angestellt hat, kann er das nicht verstehen! Er verknüpft die Strafe dann unter Umständen damit, dass er zu Ihnen kommt. Natürlich duckt er sich dann, klemmt den Schwanz ein und legt die Ohren an, als hätte er das berühmte schlechte Gewissen. Das hat er aber nicht. Er hat einfach nur Angst und zeigt die für ihn in dieser Situation angebrachten Beschwichtigungsgesten. Das sollten Sie möglichst akzeptieren. Wenn Sie ihn nämlich dann noch ausschimpfen, ist das für den Hund völlig unverständlich.

Lobt einer seinen Hund, weil dieser sich ordentlich hingelegt hat, in dem Moment, wo der Hund wieder aufsteht, weil er erst dann das Leckerchen aus der Tasche gekramt hat, so hat er leider das Aufstehen belohnt. Passiert das öfter, wundert sich dieser Jemand vielleicht, warum sein Hund nicht gerne liegt, dabei hat er es ihm genauso beigebracht. Nicht das Liegen, sondern das Aufstehen wurde belohnt.

Unsere Aufgabe als Hundeführer ist es also, uns im Timing zu üben. Wir müssen lernen, schnell zu sein, schnell ein bestimmtes Verhalten des Hundes zu erkennen und schnell darauf zu reagieren. Mit der folgenden praktischen Übung können Sie das trainieren.

Hier beim Klickerspiel gelingt es Karl-Hans, Kilian nur mit Hilfe des Klickers klarzumachen, durch den Tunnel zu gehen ... eine lustige, aber auch sehr lehrreiche Möglichkeit, erst einmal ohne Hund Bekanntschaft mit dem Klicker zu machen.

Klickerspiel

Um dieses Timing und die Schnelligkeit erst einmal etwas zu üben, brauchen wir gar nicht unseren Hund, sondern nur einige menschliche Gleichgesinnte und den Klicker. Im Folgenden beschreibe ich Ihnen das von der amerikanischen Tiertrainerin Karen Pryor entwickelte Klickerspiel: Einer Ihrer Mitspieler wird erst mal vor die Tür geschickt. Er darf den Hund spielen. Die anderen denken sich inzwischen eine Aufgabe für ihn aus. Sie können z.B. damit anfangen, dass er sich auf einen bestimmten Stuhl setzen soll. Dann wird der »Hund« wieder hereingerufen. Ein Klick bedeutet, dass er das Richtige macht. Ansonsten wird nicht gesprochen oder sonst irgendeine Hilfestellung gegeben. Aber jede richtige Bewegung in die gewünschte Richtung muss mit einem Klick »eingefangen« werden. Dazu muss derjenige, der den Klicker bedient, schnell sein. Denn nur ein Bruchteil einer Sekunde zu langsam und der »Hund« bewegt sich schon in die falsche Richtung.

Diese Übung ist für alle Beteiligten sinnvoll: Derjenige, der den Klicker bedient, übt sein Timing; derjenige, der den Hund spielt, erfährt, wie es dem Hund in manchen Situationen ergeht und diejenigen, die zusehen, bekommen ein Gefühl für das Timing und entwickeln vielleicht Ideen, wie sie es anders machen würden. Es sollte jeder mal jede Position durchgemacht haben. Sie werden feststellen, dass Sie mit der Zeit immer schwierigere Aufgaben stellen können. Man kann dem »Hund« bei gutem Timing, nur mit dem Klicker als Kommunikationsmittel, scheinbar unlösbare Aufgaben stellen. Fragen Sie Ihren zweibeinigen Hund nach jeder Runde, wie er sich gefühlt hat. Das kann Ihnen wichtige Hinweise geben, die Ihnen im Folgenden noch sehr nützlich sein werden.

Das Ballspielen ist eine schöne Möglichkeit, Ihr Timing und den Umgang mit dem Klicker zu schulen.

Ballspiel mit dem Hund I

Nachdem Sie Ihr Timing mit Freunden jetzt einigermaßen geübt haben, können Sie mal den ersten Versuch mit Ihrem Hund wagen. Keine Angst: Mehr als schief gehen kann es nicht. Deshalb habe ich auch das Ballspielen als erste Übung gewählt. Das schöne am Klickertraining ist auch, dass man eigentlich nichts falsch machen kann. Schlimmstenfalls bringen wir dem Hund was anderes bei, als wir eigentlich vorhaben. Aber das lässt sich wieder ändern. Nehmen Sie sich also Ihren Hund, einen Fußball, gute Laune, Klicker und Leckerchen. Geben Sie Ihrem Hund jedes Mal einen Klick und ein Leckerchen, wenn er mit Schnauze oder Pfoten den Ball berührt. Schauen Sie einfach mal, was passiert: Ist Ihr Timing schon so gut, dass Sie dem Hund klar machen können, was Sie von ihm wollen? Wohlgemerkt: Nur mit Klicker und Leckerchen! Jede andere Hilfe ist gepfuscht! Sollte es noch nicht so richtig klappen, ist es nicht so schlimm. Entweder können Sie einfach weiter experimentieren oder Sie versuchen es nach dem Kapitel übers Formen noch einmal. Auf jeden Fall sollen Sie es als Spiel sehen und Sie und Ihr Hund sollten mit Spaß bei der Sache sein.

▶ Bildung von Verknüpfungen

Was der Hund gerade in einem bestimmten Augenblick verknüpft, kann man meistens nicht vorhersagen. Das hängt zu einem großen Teil auch davon ab, wie der Hund seine Umgebung wahrnimmt. Trotzdem ist das ein ganz wichtiger Aspekt in der Hundeausbildung.

So wird der Hund eher unsere Körpersignale mit einem bestimmten Verhalten verknüpfen als unsere Worte. Aber auch welches Körpersignal es ist, auf das der Hund achtet, ist oft schwer zu bestimmen. Oft meint man z.B. beim SITZ, es wäre der erhobene Zeigefinger, der dem Hund das Signal gibt, und in Wirklichkeit sind es vielleicht die leicht einknickenden Knie, die dem Hund als Signal dienen.

Ganz wichtig wird dieser Aspekt auch bei für den Hund sehr unangenehmen Dingen. Was verknüpft er z.B. in dem Moment, in dem er schmerzhaft eine Strafe zu spüren bekommt? Vielleicht das Kind, das er in dem Moment sieht oder das er in dem Moment schreien hört? Wenn dann das nächste Mal ein Kind in seiner Nähe schreit, kann es sein, dass er sich wehren wird, um nicht noch mal eine solche unangenehme Erfahrung zu machen. Dann ist das Entsetzen natürlich groß. Dabei handelt der Hund aus seiner Sicht ganz normal.

Auch in furchteinflößenden Situationen spielt es eine große Rolle, welche Assoziation der Hund gerade macht. Ein Beispiel: Sie gehen mit Ihrem Hund an der Straße entlang. Plötzlich hat eines der vorbeifahrenden Autos eine Fehlzündung. Es gibt einen lauten Knall, der den Hund sehr erschreckt. Wahrscheinlich wird er den Knall aber nicht mit dem Auto verbinden, denn er hat schon unzählige Male Autos erlebt, die eben nicht knallen. Aber genau in dem Moment als das passierte, bekam er vielleicht einen starken Geruch in die Nase, nehmen wir einmal an von einem Frisörsalon. Beim nächsten Mal wird der Hund in Panik wegzurennen versuchen, wenn er einen Frisörsalon riecht, und wir haben nicht einmal eine Idee davon, weshalb er dieses Verhalten zeigt. Vielleicht

finden wir noch heraus, dass es der Frisörsalon ist, vor dem der Hund Angst hat. Aber warum, lässt sich wohl nur in den seltensten Fällen rekonstruieren. Da ist eben im Gehirn des Tieres eine Verknüpfung gebildet worden, von der wir keine Ahnung haben.

Daher ist die Sache mit den Verknüpfungen eine ganz wichtige, und jeder Hundehalter sollte im Kopf haben, was es damit auf sich hat. Denn die Abläufe im Gehirn spielen sowohl bei der Ausbildung als auch im täglichen Umgang mit dem Hund eine Rolle.

Wir können nie vorhersagen, was der Hund gerade mit der Strafe verknüpft. Es könnte auch der Anblick eines Kindes sein.

▶ Auf einen Blick

▶ Sind verschiedene Gehirnbereiche zusammen aktiv, entsteht zwischen ihnen eine Verknüpfung (= Assoziation).

▶ Die Assoziationszeit beträgt nur eine halbe Sekunde, d.h. in dieser Zeit müssen Sie auf das Verhalten Ihres Hundes reagieren.

▶ Wenn der Hund ein Kommando lernen soll, muss es in dem Moment gegeben werden, in dem er das Verhalten auch zeigt.

▶ Hunde lernen kontextspezifisch. Das bedeutet für Sie, dass Sie alle Übungen an unterschiedlichen Orten und unter unterschiedlichen Bedingungen trainieren sollten, damit der Hund auch wirklich lernt, was Sie von ihm wollen.

▶ Man kann nicht genau vorhersagen, welche Verknüpfungen sich in den unterschiedlichen Augenblicken im Gehirn des Hundes bilden.

Motivation

▶ Mein Hund arbeitet mit

Oft ist es schwer, Lernen von Motivation zu unterscheiden. Führt unser Hund einen Befehl nicht aus, weil er ihn noch nicht gelernt hat oder weil er nicht ausreichend motiviert ist?

In vielen Köpfen herrscht auch noch die Meinung, dass, wenn der Hund nicht gehorcht, der dazugehörige Mensch nicht der Chef, also nicht dominant ist. Vergessen Sie das aber ruhig! Kommandos befolgen ist eine Verständigungs- und Motivationssache und hat nichts mit dem so sehr in aller Munde befindlichen Wort Dominanz zu tun. Dazu will ich Ihnen ein Beispiel geben: Meine kleine Tochter Chiara ist noch keine drei Jahre alt. Bei ihr kann man absolut nicht davon sprechen, dass sie dominant ist. Sie hat aber schon viel bei der Ausbildung der Hunde zugeschaut. Mit den Jackentaschen voller Leckerchen macht sie dann nach, was sie beobachtet hat. Unser Hund Fratz ist für eine Futterbelohnung immer bereit, etwas zu machen. Er ist also motiviert. Chiara gibt dem Hund Signale; und der führt sie aus, wenn er an die Leckerchen möchte, vorausgesetzt, er versteht sie auch. Das ist nicht immer der Fall. Denn die Kommandos klingen

bei einem Kind, das ja selbst erst gerade die Sprache lernt, natürlich ganz anders, als er sie sonst gewohnt ist. Aber mit der Dominanz hat das nichts zu tun. Außer der Verständigung muss nur die Motivation noch stimmen, damit der Hund Kommandos befolgt, vorausgesetzt er hat auch gelernt, was von ihm erwartet wird. Wenn die Motivation nicht mehr da ist, in diesem Fall Chiaras Taschen also leer sind, beachtet Fratz das Kind auch nicht mehr. Wäre Chiara dominant, hätte sie in diesem Fall eher noch die Aufmerksamkeit des Hundes. Das ist aber auch alles.

In der Hinsicht bestehen bei den meisten Hundebesitzern noch völlig falsche Vorstellungen, worauf wir später noch ausführlicher eingehen werden.

Chiara legt den Hund nicht über Dominanz ins »Platz«, sondern indem sie ihn motiviert.

Stimmt die Motivation, kommt der Hund auch gern angelaufen, wenn wir ihn rufen.

Sehen wir jetzt jedoch die Motivation einmal genauer an. Wenn wir versuchen würden, Motivation zu definieren, könnten wir sagen, es ist der Wunsch eines Lebewesens, ein bestimmtes Ziel zu erreichen. Das kann zwei Ursachen haben, nämlich erstens, dass dem Lebewesen etwas fehlt – jemand, der Hunger hat, ist motiviert, für was Essbares zu arbeiten – oder zweitens, dass eine bestimmte Sache von sich aus so viel Anreiz bietet, dass sie für das Lebewesen begehrenswert ist. Manche Naschereien haben wir z.B. gern, auch wenn wir längst satt sind. In dem ersten Fall wird in diesem Zusammenhang im englischsprachigen Raum noch von Trieben gesprochen. Dem Organismus fehlt etwas, z.B. Futter, Wasser, Sozialkontakt, usw., und er versucht das dadurch in seinem Körper entstandene Ungleichgewicht wieder auszugleichen.

Jedoch ist die Ansicht längst überholt, dass sämtliches Verhalten triebgesteuert ist, wie es früher noch angenommen wurde. Aus dieser Zeit existieren noch Begriffe wie Spieltrieb, Wehrtrieb oder Schutztrieb. Leider halten sich solche Begriffe hartnäckig in der Hundeausbildung. Nach wie vor hört man sie allerorts, obwohl sie längst überholt sind. Schutztrieb ist in der Tat nichts anderes als eine genetisch vorgegebene Umweltunsicherheit. Würde sich das endlich herumsprechen, ginge es wohl vielen Hunden besser, die heute noch von ihren ehrgeizigen Besitzern zum Schutzdienst gezwungen werden, weil diese glauben, damit wer weiß was für mutige Hunde auszubilden.

Aber nun zurück zum Thema:

Lernen und Motivation spielen eine Rolle, will man einem Tier ein bestimmtes Verhalten antrainieren. Wir haben schon gehört, dass das Lernen durch Verknüpfungen im Gehirn stattfindet. Grundsätzlich könnten wir unserem Hund also das Kommando »Sitz« beibringen, indem wir das Wort immer dann sagen würden, wenn der Hund gerade im Begriff ist, sich zu setzen. Ohne den Hund auf irgendeine Weise zu beeinflussen, würde er das Kommando so lernen. Da eine solche Verknüpfung aber erst mit zahlreichen Wiederholungen gefestigt wird (ca. 3000 mal), würde es bei manchen Verhaltensweisen wohl ein Hundeleben lang dauern, sie dem Hund beizubringen. Denn sitz ist noch relativ einfach zu lernen. Aber stellen Sie sich andere Sachen vor, die der Hund nicht so oft von sich aus zeigt, wie z.B. das Bei-Fuß-Gehen. Um auch ein solches Verhalten oft genug provozieren zu können, um eine Verknüpfung herzustellen, muss man den Hund motivieren, mitzumachen. Gute Motivationsmittel sind Lob und Strafe.

▸ Lob und Strafe

Jetzt kommen zwei ganz wichtige Sätze:

Ein Lob – oder besser gesagt positiver Verstärker – erhöht die Wahrscheinlichkeit, dass ein bestimmtes Verhalten in der Zukunft auftritt. Es ist etwas für das Tier Angenehmes. (Anstelle von Lob wird hier von positivem Verstärker gesprochen, weil damit genau definiert ist, dass ein bestimmtes Verhalten daraufhin öfter gezeigt wird. Ein Lob bedeutet nicht unbedingt, dass ein Verhalten, auf das es folgt, wahrscheinlich öfter gezeigt wird. Wenn dem aber so ist, ist es ein positiver Verstärker.)

Eine Strafe – oder besser gesagt ein negativer Verstärker – verringert die Wahrscheinlichkeit, dass eine bestimmte Verhaltensweise in der Zukunft auftritt. Es ist etwas für das Tier Unangenehmes. (Auch hier ist das Wort negativer Verstärker genau definiert. Es muss wirklich die Wahrscheinlichkeit des Verhaltens abnehmen. Leider wird das Wort Strafe oft viel zu emotional gesehen. Es bedeutet zwar ebenso wie negativer Verstärker etwas Unangenehmes, aber oft strafen die Hundehalter ihren Hund für ein bestimmtes Verhalten schon Jahre lang, ohne dass dieses jedoch weniger wird. Es handelt sich also in dem Fall nicht um einen negativen Verstärker für das jeweilige Verhalten. Wenn Sie im Folgenden das Wort Strafe lesen, meine ich das damit, was rein umgangssprachlich darunter verstanden wird. Ich spreche vom negativen Verstärker, wenn die Wahrscheinlichkeit, dass ein bestimmtes Verhalten in Zukunft auftritt, verringert wird.)

Die Art der Verstärkung bestimmt also jetzt, ob ein Verhalten zu- oder abnimmt.

Wenn ich ein bestimmtes Verhalten haben möchte, gibt es zwei Möglichkeiten:

1. Etwas für das Tier Angenehmes wird zugefügt oder
2. Etwas für das Tier Unangenehmes wird entfernt.

(▸ Anmerkung für diejenigen, die sich schon mit diesem Thema beschäftigt haben, bzw. es noch ausführlicher tun werden: Teilweise finden Sie in der Literatur für die beiden oben genannten Beispiele die Begriffe positive und negative Verstärkung. Lassen Sie sich bitte nicht verwirren, sondern lesen Sie genau nach, was jeweils darunter verstanden wird. Inzwischen wurden und werden diese Dinge nämlich ständig weiter diskutiert.)

In beiden Fällen erreichen wir eine positive Verstärkung. Im Gehirn des Hundes entstehen dabei bestimmte Gefühle: Im ersten Fall ist das Freude, im zweiten Erleichterung. Vielleicht wundern Sie sich jetzt, dass in einem scheinbar so maschinellen Funktionieren wie der Lerntheorie von Gefühlen gesprochen wird. Das sind aber Tatsachen, die aus der Hirnforschung kommen. Inzwischen weiß man weitestgehend, welche Areale im Gehirn für welche Gefühle zuständig sind. Ob die Hunde diese Dinge letztendlich genauso wahrnehmen wie wir, kann ich nicht sagen. Aber es werden dieselben Neurotransmitter, also Botenstoffe, ausgeschüttet, wie beim Menschen. Und an dem Verhalten des Hundes lässt sich auch feststellen, dass es für den Hund angenehm ist, dass es sich für ihn also lohnt, ein bestimmtes Verhalten zu zeigen, wenn es positiv verstärkt wird.

Dasselbe gilt entsprechend, will man ein Verhalten weniger häufig haben. Man erreicht das, wenn man
1. etwas für den Hund Unangenehmes zufügt oder
2. etwas für den Hund Angenehmes als Konsequenz auf ein bestimmtes Verhalten entfernt.

In diesem Fall handelt es sich um negative Verstärker. (Anmerkung: In der älteren Literatur wird in diesem Fall von positiver und negativer Strafe gesprochen.)

Es entstehen im ersten Fall die Gefühle Angst und Panik, im zweiten Enttäuschung und Frust. Das sind Dinge, die ein Hund – oder generell ein Lebewesen – zu vermeiden versucht. Das vorhergehende Verhalten wird also negativ verstärkt. Es wird weniger häufig auftreten.

Man kann sich die Motivation als eine Skala vorstellen. Links vom Nullpunkt haben wir die negative Verstärkung (»Strafe«), rechts davon die positive Verstärkung (»Lob«).

-4 -3 -2 -1 0 1 2 3 4
Negative Verstärkung: Strafe   Positive Verstärkung: Lob

Motivationsskala: Je weiter wir auf dieser Skala nach rechts bzw. nach links gehen, desto stärker ist der Hund motiviert. Die Entfernung vom Nullpunkt gibt die Stärke der Motivation an, ein bestimmtes Verhalten zu zeigen oder eben nicht zu zeigen.

An folgendem Beispiel will ich erklären, was das für die Praxis bedeutet:

Ein Hund hat gelernt, dass er ein Leckerchen bekommt, wenn er sich auf das Kommando »Sitz« hinsetzt. Das ist positive Verstärkung. Etwas Angenehmes, nämlich das Leckerchen, wird hinzugefügt.

Positive Verstärkung für den Hund ist es auch, wenn etwas Unangenehmes entfernt wird. Der Hund hat z. B.

gelernt, dass »Sitz« bedeutet, dass er mit der Leine nach oben gezogen und sein Hinterteil nach unten gedrückt wird. Also setzt er sich hin und der Zug am Hals und der Druck auf sein Hinterteil lassen nach.

Negative Verstärkung ist das, was man landläufig unter Strafe versteht: Etwas Unangenehmes wird zugefügt. Der Hund setzt sich z.B. nicht hin auf das Kommando »Sitz« und wird dafür laut geschimpft. Die andere Möglichkeit ist, dass etwas Angenehmes als Konsequenz auf das gezeigte Verhalten weggenommen wird. Bleiben wir bei unserem Beispiel: Der Hund setzt sich auf das Kommando »Sitz« nicht hin, der Hundeführer dreht sich um und geht weg, entzieht also Sozialkontakt.

In der Natur geschieht normalerweise nichts umsonst. Sowohl positive als auch negative Verstärker sind gute Motivatoren, was das Zeigen bestimmter Verhaltensweisen angeht. Denn schließlich will sich ein Lebewesen das Leben so angenehm wie möglich machen und nur so unangenehm wie nötig.

Zeigt ein Hund ein bestimmtes Verhalten, wird er es wieder zeigen, wenn es sich für ihn gelohnt hat. Zum Beispiel lohnt es sich für viele Hunde, am Tisch zu betteln; denn Herrchen oder Frauchen gibt doch meistens was ab. Es lohnt sich unter Umständen auch, sich im Sommer, wenn es heiß ist, einen Schattenplatz zu suchen, weil es da besser auszuhalten ist. Auch dieses Verhalten wird dann positiv verstärkt.

Umgekehrt heißt das auch, dass bei jedem Verhalten, das der Hund immer wieder zeigt, irgendwo ein positiver Verstärker sein muss! Nehmen wir als Beispiel das Anspringen zur Begrüßung. Zuerst einmal muss man wissen,

das hilft nichts. Das Verhalten wird also positiv verstärkt. In der Tat ist es so, dass die meisten Hunde es als schönes Spiel empfinden, wenn ihre Besitzer versuchen, sie vom Anspringen abzuhalten. Auf jeden Fall aber haben sie in dem Moment Frauchens oder Herrchens volle Aufmerksamkeit. Und Aufmerksamkeit ist schon ein sehr guter positiver Verstärker.

Auf unserer Motivationsskala können wir uns das folgendermaßen vorstellen: Das Schimpfen liegt eher im negativen Bereich, die Aufmerksamkeit liegt aber deutlich im positiven. Wenn man das »verrechnet« kommt am Ende eine positive Verstärkung heraus.

Wenn der Hund einen Menschen immer wieder anspringt, auch wenn dieser sich scheinbar dagegen wehrt, muss er doch irgendwie positiv verstärkt werden für dieses Verhalten.

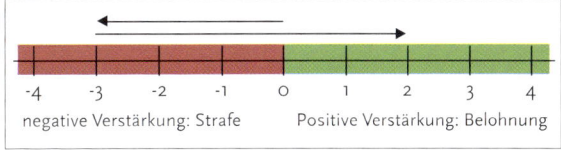

negative Verstärkung: Strafe   Positive Verstärkung: Belohnung

dass das für den Hund ein ganz normales Verhalten ist. Hunde begrüßen sich untereinander, indem sie einander die Mundwinkel lecken. Aus unserer Sicht ist das jedoch kein so wünschenswertes Verhalten. Vielleicht haben Sie daher auch schon oft versucht, es Ihrem Hund abzugewöhnen. Aber er zeigt es immer wieder. Wo ist also der positive Verstärker? Streicheln Sie ihn vielleicht doch hin und wieder, wenn er Sie anspringt, z.B. wenn Sie alte Sachen anhaben und das Anspringen Ihnen nichts aus macht? Vielleicht sind Sie aber auch konsequent und stoßen ihn jedes Mal weg oder versuchen sogar, ihm auf die Pfoten zu treten oder ein Knie in den Bauch zu stoßen, wie es so oft empfohlen wird. Jedoch auch

Genauso kann man sich das Entstehen eines Verhaltens tatsächlich vorstellen. Es wird eine Kosten-Nutzen-Analyse aufgestellt. Das geschieht zwar nicht bewusst, aber eben durch die Abläufe im Gehirn.

Aus dem bisher Gelernten können Sie sich schon eine wirksame »Therapie« für dieses unerwünschte Verhalten herleiten. Wenn der Hund unsere Aufmerksamkeit als positiven Verstärker empfindet, entziehen wir sie ihm doch einfach. Keine Aufmerksamkeit bedeutet: nicht ansprechen, nicht anfassen und nicht angucken. Am besten drehen Sie sich weg. Sie entziehen ihm also die positive Verstärkung, Ihre Aufmerksamkeit wird entfernt. Das können Sie noch ergänzen durch positive Verstär-

Motivationsskala: Der Hund »verrechnet« für ihn Angenehmes und Unangenehmes. Das Schimpfen ist eine negative Verstärkung für das Anspringen (z. B. – 3). Gleichzeitig ist es durch die Aufmerksamkeit aber eine positive Verstärkung (z. B. + 5). In diesem Fall überwiegt das Angenehme. Der Hund wird das Verhalten wieder zeigen.

Paula gelingt es, Sallys Schwanz gut wackeln zu lassen! Mal sehen, ob es ein anderer aus der Familie besser kann.

kung, wenn der Hund alle vier Füße auf dem Boden hat oder er sich sogar wohlerzogen hinsetzt, indem Sie sich ihm dann sofort wieder zuwenden, ihn loben und vielleicht auch noch ein Leckerchen geben. Sie werden sehen, wie schnell Sie Ihrem Hund damit das Anspringen abgewöhnen!

Prinzipiell sind positive und negative Verstärker rein theoretisch als Motivatoren gleich gut geeignet. Die Praxis sieht aber anders aus. Die Arbeit mit negativen Verstärkern hat nicht nur eine ganze Menge Nachteile, sie ist auch viel weniger effektiv.

In dem Kapitel über die Strafe werden wir genauer(!) darauf eingehen. Sie sollten bis dahin schon mal trainieren, mehr Augenmerk auf erwünschte Verhaltensweisen zu werfen und diese einfach wahrnehmen, um sie dann positiv verstärken zu können.

Es gibt so genannte primäre und sekundäre Verstärker. Ein **primärer positiver Verstärker** ist alles, was der Hund

sowieso gerne mag. Da er ein Rudeltier ist und Gesellschaft braucht, ist also die Aufmerksamkeit ein primärer positiver Verstärker. Futter ist ein solcher Verstärker. Spielen und Sex gehören auch dazu. Dabei ist es aber individuell unterschiedlich, was man als positiven Verstärker empfindet. Der eine ist für Futter nicht zu begeistern, weil er sowieso gerade vollgefressen ist, der andere spielt nicht so gerne oder einer, der den ganzen Tag fünf Kinder um sich rumspringen hat, die ihm alle irgendwelche Tricks beibringen wollen, ist auch froh, wenn er mal seine Ruhe, d.h. keine Aufmerksamkeit hat.

Man tut gut daran, seinen Hund in dieser Hinsicht genau kennen zu lernen. Wann mag er was am liebsten?

Wenn Sie Spielen als primären positiven Verstärker benutzen wollen, ist es wichtig, dass Sie bei dem Spiel auch mal richtig aus sich rausgehen. Es soll dem Hund nämlich Spaß machen. Die meisten Menschen sind erfahrungsgemäß in dieser Hinsicht etwas steif und unbeweglich. Vielleicht lassen Sie sich mal beim Spiel mit Ihrem Hund filmen und beurteilen dann selbst, ob Sie an Stelle Ihres Hundes begeistert mit sich spielen würden.

Auch Streicheln kann für den Hund ein guter primärer Verstärker sein. Mit Absicht sage ich hier kann(!). So, wie viele Menschen ihre Hunde streicheln, ist es nämlich eher unangenehm für die Tiere. Beugt man sich nämlich über den Hund und tätschelt seinen Kopf, ist das für den Hund eher eine Bedrohung. Die Hunde lernen zwar mit der Zeit meist, dass wir mit dieser Geste nicht wirklich das meinen, was sie in ihrer Sprache bedeutet, aber angenehm finden sie diese Art der angeblichen Belohnung doch nicht. Ich vergleiche das immer mit den Küssen von manchen Omas oder Tanten, die es ja ach so gut mit den Kindern meinen. Vielleicht haben Sie das ja auch schon als Kind erlebt? Am liebsten würde man sich in dieser Situation aus dem Staub machen! Und so ähnlich geht es den Hunden. Wenn Sie Ihren Hund streicheln wollen, achten Sie also gut darauf, dass Sie ihn nicht unbeabsichtigt bedrohen. Beugen Sie sich nicht frontal über ihn, sondern drehen Sie sich etwas seitlich oder gehen Sie in die Knie. Tätscheln Sie den Hund auch nicht auf dem Kopf, sondern kraulen Sie von unten seinen Hals. Das mögen die meisten Hunde. In einer gut funktionierenden Partnerschaft zwischen Mensch und Hund wird man, wenn man aufmerksam ist, auch herausfinden, was dem Hund gefällt. Achten Sie auf die Körperhaltung des Hundes. Wenn Sie beim Streicheln eines der Stressanzeichen (siehe Seite 110) an Ihrem Hund fest-

stellen, sollten Sie Ihre Art des Streichelns kritisch beurteilen und besser etwas anderes versuchen.

Machen Sie bitte auch nicht nach, was man vielerorts noch sieht, dass die Leute ihrem Hund – noch möglichst feste – auf die Brust klopfen. Das tut einfach weh und ist nicht angenehm.

Finden Sie heraus, was Ihr Hund an Berührungen mag, z.B. ein Kraulen am Hals, an den Ohren, am Bauch oder Ähnliches. Dann können Sie Streicheln auch wirklich als positiven Verstärker einsetzen.

Schwanzwackelspiel

Eine gute Übung für Sie zu lernen, was Ihrem Hund besonders viel Spaß macht, ist das Schwanzwackelspiel. Hierbei kann die ganze Familie mitspielen. Nacheinander bekommt jeder die Aufgabe, den Hund mit seinem Schwanz wackeln zu lassen. Das macht er natürlich umso mehr, je mehr er sich freut. Alles ist dabei erlaubt, seien es nun Spiele, Leckerchen, Herumtoben oder was auch immer. Sieger ist derjenige, bei dem der Hund am heftigsten mit dem Schwanz wedelt.

Wenn Sie dieses Spiel öfter spielen, kommen Ihnen vielleicht immer bessere Ideen. Sie werden auch feststellen, dass es durchaus nicht immer dieselben Dinge sein müssen, worüber sich der Hund am meisten freut.

Das ist also eine gute Möglichkeit, zu erfahren, was Ihrem Hund am meisten Spaß macht. Außer, dass dieses Spiel für alle sehr lustig sein kann, bekommen Sie dadurch gute Anregungen, was Sie beim Training als positive Verstärker benutzen können.

Nehmen wir jetzt einmal an, Ihr Hund freut sich am meisten, wenn Sie mit Ihm über den Boden kullern. Sie üben mit Ihrem Hund gerade das »Sitz Bleib« (siehe Seite 67). Wichtig ist ja, dass der Hund in der Sekunde belohnt wird, in der er das erwünschte Verhalten auch zeigt. Sie sind aber drei Meter von Ihrem Hund weg. Bei der Entfernung würde es Ihnen vielleicht noch gelingen, wenn Sie entsprechend sportlich sind, zu dem Tier hinzuhechten, damit Sie genau in der Sekunde mit ihm spielen können. Bei etwas größerer Entfernung wird das aber schon schwieriger. Um den Hund jetzt genau zur richtigen Zeit positiv verstärken zu können und trotzdem die Zeit zu haben, erst einmal dafür zu ihm hin zu gehen, bzw. ihn kommen zu lassen, sind ein unverzichtbares Werkzeug im Training die sekundären positiven Verstärker.

Ein **sekundärer positiver Verstärker** ist etwas, was ursprünglich keine Bedeutung für den Hund hat. Erst durch Verknüpfung mit einem primären positiven Verstärker erhält es seine positiv verstärkende Bedeutung. Für uns Menschen ist das Geld das beste Beispiel eines positiven sekundären Verstärkers. Ursprünglich hat Geld keine Bedeutung. Das sieht man an kleinen Kindern. Zeitweise eignen sich die Münzen zwar zum Spielen, aber ansonsten sind sie uninteressant. Das ändert sich, wenn die Kinder mal gelernt haben, dass man für Geld schöne Dinge haben kann. Das elektrische Schaukelpferd funktioniert nur, wenn man Geld einwirft. Für Geld bekommt man Schokolade oder schöne Spielsachen. So nach und nach wird also das Geld sehr bedeutend. Es ist nun ein sekundärer positiver Verstärker. Für manche Menschen ist dieser sekundäre positive Verstärker so wichtig, dass sie alles dafür tun.

Ein Lob, wie z.B. »Braver Hund«, wird für den Hund zu einem sekundären positiven Verstärker, indem es vorher oft mit einem Leckerchen oder Streicheleinheiten gepaart wird, damit der Hund die Verknüpfung herstellen kann. Das machen die meisten Hundehalter unbewusst. Die Worte, die für den Hund ursprünglich bedeutungslos waren, werden durch diese Verknüpfung zum positiven Verstärker. Erinnert Sie das noch an die klassische Konditionierung?

Der Klicker ist für unsere Hunde auch ein sekundärer positiver Verstärker, für den manche Hunde alles tun. In dem Kapitel über das klassische Konditionieren war es ja Ihre Aufgabe, den Klicker, der vorher keine Bedeutung für den Hund hatte, mit Futter zu paaren. Dadurch wurde im Gehirn des Hundes eine Verknüpfung hergestellt. Der Klicker ist nun ein sekundärer positiver Verstärker, was Ihnen in der Ausbildung des Hundes viele Vorteile bringt.

Klicker sind ein sekundärer positiver Verstärker für Hunde.

Eigenschaften des sekundären positiven Verstärkers

Er sollte kurz sein, um ein Verhalten damit ganz punktuell einfangen zu können.

Er sollte außer in dieser Funktion im Leben des Hundes nicht vorkommen, um ihn nicht zu verwirren.

Er sollte für den Hundehalter praktisch sein in der Anwendung.

Es muss nicht unbedingt der Klicker als sekundärer Verstärker sein. Man kann alles Mögliche dazu verwenden. Es kann auch ein für den Hund sichtbares Zeichen sein oder eine Berührung, wobei die wieder nicht so gut geeignet ist, um auf Entfernung positiv zu verstärken.

Die in der oberen Checkliste genannten Eigenschaften machen den Klicker so geeignet zu diesem Zweck. Außerdem schult er hervorragend das Timing. Die menschliche Stimme ist viel zu alltäglich, als dass der Hund oder auch man selber so gut darauf achten würde.

Wie ich jedoch schon sagte: Im Prinzip kann alles Mögliche sekundärer positiver Verstärker sein, was einem hilft, die Zeit vom Verhalten bis zum eigentlichen, also primären positiven Verstärker zu überbrücken. Man muss es nur vorher entsprechend konditioniert haben.

Entsprechendes gilt auch für den negativen Verstärker. Ein primärer negativer Verstärker ist z.B. Schmerz. Ein sekundärer negativer Verstärker können z.B. bestimmte Wurfscheiben als Ausbildungshilfe sein, die erst durch entsprechende Konditionierung für den Hund eine negative Bedeutung bekommen.

Rückrufkommando II

Das neue Rückrufkommando haben Sie Ihrem Hund bis jetzt immer gegeben, wenn er sowieso zu Ihnen kam. Es konnte sich im Gehirn also die richtige Assoziation bilden: »Hierher« bedeutet, ich laufe schnell zu meinem Menschen.

Jetzt können Sie mal testen, ob die Assoziation schon stark genug ist: Geben Sie Ihrem Hund das Kommando, wenn er noch nicht auf dem Weg zu Ihnen ist. Achten Sie darauf, dass Sie das Kommando nur einmal(!) geben (siehe Seite 52)!

Diese Stufe des Lernens sollten Sie an einem Ort durchführen, an dem Ihr Hund nicht abgelenkt ist. Kommt er auf das Kommando hin zu Ihnen, ist eine entsprechende Verknüpfung im Gehirn vorhanden, die es nun zu festigen gilt.

Wichtig ist, den Hund zu loben, während er das erwünschte Verhalten – in diesem Fall das Zu-Ihnen-Laufen – zeigt. Machen Sie das nämlich erst, wenn er bei Ihnen ist, springt er Sie vielleicht an oder setzt sich hin und wird dann dafür belohnt. Wir wollen aber schon das Kommen belohnen. Hier kommt jetzt der Klicker als sekundärer positiver Verstärker ins Spiel.

Filou schnüffelt. In dem Moment bekommt er das Rückrufkommando. Er befolgt es und sollte genau in diesem Moment positiv verstärkt werden.

Damit können Sie den Hund im Laufen positiv verstärken. Denn der Klick heißt: »Das ist genau was ich von dir will. Komm dir deine Belohnung abholen!« Ist der Hund dann bei Ihnen, bekommt er seinen primären Verstärker, also Leckerchen, ein Spiel mit Ihnen oder was auch immer.

Widerstehen Sie bitte an dieser Stelle noch der Versuchung, Ihr neues Rückrufkommando in Situationen zu verwenden, in denen es unwahrscheinlich ist, dass der Hund auch wirklich kommt. Sonst sind Sie schnell da, wo Sie mit Ihrem alten Kommando auch waren: Wenn es darauf ankommt, folgt der Hund natürlich nicht! Wir wollen hier aber ein Kommando aufbauen, das auch dann noch funktioniert, wenn der Hund sehr abgelenkt ist. Aber bis dahin ist es noch ein gutes Stückchen Arbeit. Also nur Geduld!

▸ Premack-Prinzip – Wie kann ich noch loben?

Es gibt das so genannte **Premack-Prinzip**. Der Wissenschaftler, nach dem es benannt ist, hat herausgefunden, dass ein Verhalten A als positiver Verstärker

für ein anderes Verhalten B dienen kann, wenn die Wahrscheinlichkeit, dass Verhalten A auftritt, höher ist als die des Verhaltens B.

Einfacher ausgedrückt bedeutet das, dass man das Verhalten seines Hundes mit allem positiv verstärken kann, was der Hund in dem Moment lieber machen würde. Man braucht also gar nicht immer ein Leckerchen zu verteilen.

Beim Agility, einem Hindernissport für Hunde, haben die meisten Hunde Vorlieben für bestimmte Hindernisse. Die Röhre wird z.B. von den meisten Hunden gerne angegangen. Für die Ausbildung bedeutet das, das man die Röhre hinter ein Hindernis postiert, das der Hund nicht so gerne geht, sagen wir mal die Wippe. Dadurch wird in diesem Fall die Röhre der positive Verstärker für das Laufen über die Wippe.

Auch im täglichen Leben kann man dieses Prinzip oft anwenden. Ruft man den Hund z.B. aus einem Spiel mit Artgenossen ab und er folgt, wird ihm die schönste Belohnung sein, dass er wieder dahin zurückdarf. Das Leckerchen ist dagegen in dem Moment völlig uninteressant. Dieses Wieder-Laufen-Lassen nach dem Rufen sollte man also ruhig oft in der Ausbildung verwenden. Nicht nur, weil es ein so guter positiver Verstärker ist, sondern auch, damit der Hund das Rufen nicht damit verknüpft, dass dann das Spiel mit den Kumpels immer zu Ende ist. Dann könnte es nämlich sein, dass er irgendwann nur noch kommt, wenn er genug gespielt hat. Und das kann lange dauern.

▶ Lernen und Motivation

Yerkes und Dodson, die beiden Psychologen, nach denen dieses Gesetz benannt ist, haben herausgefunden, dass ein umgekehrtes Verhältnis zwischen der Schwierigkeit einer Aufgabe und dem Motivationslevel besteht: Je schwieriger eine Aufgabe ist, desto niedriger ist der optimale Level an Motivation. Für die Praxis heißt das also, dass man den Hund für schwere Aufgaben nicht so stark motivieren darf. Warum das so ist, ist noch nicht genau geklärt. Wahrscheinlich hängt es damit zusammen, dass man, wenn man zu stark motiviert ist, zu aufgeregt ist und sich nur noch auf einige wenige Dinge konzentrieren kann.

(Ich rede hier von »man«. Damit wird deutlich, dass dieses Phänomen nicht nur für Hunde gilt, sondern auch für uns Menschen und für alle anderen Tierarten. Das trifft übrigens für die ganze Lerntheorie zu. Denn das Lernen funktioniert bei allen mehr oder weniger gleich.)

Für kompliziertere Aufgaben ist es also nicht von Vorteil, einen übermotivierten Hund zu haben. Das ist vor allem ein Thema für die Ausbildung von sehr leicht zu motivierenden Hunden, wie z.B. den Border Collies. Oft ist es sinnvoller, diese Hunde vor einer neuen Aufgabe nur so viel zu motivieren, dass sie mit ihrer Aufmerksamkeit bei einem sind. Schwierige Aufgaben lernen sie dann deutlich schneller. Ist die Aufgabe erst einmal gelernt, kann man ihre Ausführung durch mehr Motivation beschleunigen.

Das gilt allerdings nicht nur für so arbeitseifrige Hunde wie Border Collies. Vielen Hunden ginge es besser, wenn sie zum Lernen nicht erst so hochgepuscht würden. Denn dann brauchte man anschließend nicht so viel Druck, sie unter Kontrolle zu behalten, und das Lernen selbst erfolgte wesentlich schneller und effektiver.

Nach der Theorie noch einmal was Praktisches:

▶ »Nein«-Kommando II

Wiederholen Sie noch einmal kurz das »Nein«-Kommando, wie Sie es bisher geübt haben. Wenn Ihr Hund ziemlich sicher das Leckerchen in Ihrer Hand liegen lässt auf das Kommando hin, ohne dass Sie die Hand schließen müssen, können Sie zum nächsten Schritt übergehen:

Seien Sie konzentriert und schnell! Sie stellen sich hin, lassen das Lecker-

Timmy versucht, trotz »Nein« das Leckerchen zu bekommen. Aber Michaela ist schneller und sorgt dafür, dass er keinen Erfolg hat.

Die Röhre mögen die meisten Hunde sehr gerne. Sie kann folglich die Belohnung für ein weniger beliebtes Hindernis sein.

chen neben sich fallen und geben das »Nein«-Kommando. Wenn Ihr Hund das befolgt, wird er von Ihnen dafür mit einem möglichst besseren Leckerchen positiv bestärkt.

Befolgt er es nicht, muss Ihr Fuß auf dem Leckerchen stehen, bevor der Hund es sich geschnappt hat. Sie erinnern sich: »Nein« bedeutet Misserfolg. Und da ist wieder Ihr Geschick und Ihre Schnelligkeit gefragt.

Üben Sie diese Stufe an vielen unterschiedlichen Plätzen, bis Ihr Hund das Leckerchen fast zu 100%-iger Sicherheit liegen lässt.

Dann schließen Sie die nächste Stufe an: In dem Moment, in dem Sie das »Nein«-Kommando geben, laufen Sie einige Schritte rückwärts. Sie können dann nicht mehr aufs Leckerchen treten, deshalb sollten Sie schon sicher sein, dass Ihr Hund es sich nicht doch noch nehmen will.

Jetzt lernt der Hund, dass es nicht nur Misserfolg bedeutet, wenn das Wort »Nein« erklingt, sondern, dass er auch noch zu Ihnen laufen soll, was sich in der Praxis ganz gut bewährt hat, weil man sich dann das Rufkommando gleich sparen kann. Natürlich wird er dann wieder ganz toll gelobt, wenn er bei Ihnen ist.

▶   **Abwechslung**

»Abwechslung ist das Salz des Lebens.« Das gilt auch für den Hund. Wenn Sie als Ausbilder kreativ sind, können Sie Ihrem Hund sehr viel Spaß verschaffen. Auch damit können Sie ihn motivieren. Wenn der Hund nämlich gelernt hat, dass bei Ihnen immer tolle, interessante neue Sachen passieren, wird er sich gerne immer nach Ihnen

orientieren. Wenn Sie Ihrem Hund allerdings keine Abwechslung bieten, er es mit Ihnen also ziemlich langweilig findet, dürfen Sie sich nicht wundern, wenn er sich selber anderweitig beschäftigt. Und das kann unter Umständen zu nicht gewünschten Verhaltensweisen führen. Üben Sie sich also darin, Ihrem Hund das Leben so abwechslungsreich und spannend wie möglich zu machen. Hier erhalten Sie dazu einige Anregungen:

Für den Hund ist es viel abwechslungsreicher, wenn Sie über den Tag verteilt mehrere kurze Übungssequenzen einlegen, als nur eine längere. Das hat auch noch den Vorteil, dass sich der Hund für eine kurze Zeit viel besser konzentrieren kann. Üben Sie nicht immer dieselben Sachen in derselben Reihenfolge, sondern seien Sie flexibel.

Legen Sie auch einmal eine reine Spiel-session ein. Das bringt Sie eventuell auch auf neue Ideen für primäre positive Verstärker. Denn auch damit können und sollen Sie ja möglichst abwechslungsreich sein. Üben Sie auch immer an unterschiedlichen Orten. Wenn es auch für den Beginn einer neuen Übung für den Hund einfacher ist, das an dem gleichen Ort erst einmal zu festigen, ist es später durchaus spannend, auch an ganz ungewohnten Stellen zu üben. Bauen Sie z.B. bei Ihrem Spaziergang im Wald auch ruhig eine kleine Übungssequenz ein. Das hat außerdem noch den Nebeneffekt, dass Ihr Hund das, was Sie gerade üben, schneller verallgemeinert.

Verabreden Sie sich auch ruhig einmal mit anderen Hundebesitzern zum Spaziergang. Auch in dieser Situation

man gut zu einem Slalom nutzen kann. Überall gibt es Verstecke, wo man mal kurz vor dem Hund verschwinden kann. Dann können Sie auch einmal ein besonders gutes Leckerchen in einem Grasbüschel »finden« (weil Sie es zuvor unbemerkt dort deponiert haben!). Sie werden feststellen, wie Ihr Hund immer mehr nach Ihnen guckt. Auch wird der Hund durch die vielen Aufgaben, die Sie ihm stellen, selbstbewusster; vorausgesetzt, Sie stellen sie so, dass er sie auch bewältigen kann.

Gehen Sie z.B. auch einmal mit Ihrem Hund zusammen jagen, wenn er das sehr gerne macht. Mit Zusammen-Jagen-Gehen meine ich, dass Sie die Beute bestimmen, die auf dem Spaziergang gejagt wird. Das kann z. B. ein Spielzeug sein, dass besonders interessant wird, wenn es an einer Art Angel befestigt ist. Die können Sie sich mit einer langen Schnur an einem Stock gut selber bauen. Dann brauchen Sie dafür nur eine Schnur mit sich zu tragen. Den passenden Stock werden Sie wohl finden.

Für manche Hunde ist selbst ein Spielzeug ein langweiliges Jagdobjekt. Wenn Sie es mit einem solchen Kandidaten zu tun haben, dann lassen Sie ihn doch einen Teil seiner täglichen Futterration erjagen. Die können Sie in einem

ist es eine gute Übung, von Zeit zu Zeit ein kurzes Training einzubauen und die Hunde nicht die ganze Zeit sich selber zu überlassen.

Bekommen Sie einen Blick dafür, wie viele Abwechslungsmöglichkeiten in Ihrer Umgebung vorkommen: Da liegt ein Baumstamm, über den man den Hund laufen lassen kann. Hier stehen zur Abtrennung einige Pfosten, die

verschließbaren Gefäß an dieser oben beschriebenen Reizangel befestigen.

Je mehr Sie dem Hund beibringen, desto mehr Möglichkeiten haben Sie auch, ihm Abwechslung zu bieten. So begegne ich z.B. immer wieder Menschen, die sagen: »Was soll mein Hund Kunststücke können?« Dabei sind auch einige Tricks eine gute Übung für den Hund, die ihn je nachdem körperlich und/oder geistig beschäftigen. Es gibt Hunde, die über hundert verschiedene Kommandos ausführen. Jetzt überlegen Sie einmal, was ein durchschnittlicher Hund so alles kann? »Sitz«, »Platz«, »Komm«, »Bei Fuß«, »Bleib«, »Aus« und das ist es auch schon so ziemlich. Was man da noch so alles üben könnte, um dem Hund das Leben abwechslungsreicher zu machen! Einige Anregungen hierzu erhalten Sie auf Seite 116.

Aber auch schon mit einfachen Gegenständen, wie Skateboard, Pappkarton oder in unserem Fall die Flyball-Maschine, kann man wahnsinnig viele Sachen machen. Haben Sie Phantasie!

So wird Ihr Hund einfallsreich

Das ist wieder eine Übung, die nicht nur Ihren Hund, sondern auch Sie in gleichem Maße schulen soll. Nehmen Sie sich also irgendeinen Gegenstand. Bewaffnen Sie sich mit Klicker und Leckerchen und machen Sie es sich in einiger Entfernung zu diesem Gegenstand bequem. Jetzt bekommt Ihr Hund einen Klick und ein Leckerchen für alles, was er mit diesem Teil macht. Zuerst wird es nur ein Angucken sein, dann wird der Hund das Ding vielleicht berühren, mit den Pfoten oder mit der Nase. Vielleicht schubst er es auch an, klettert darauf oder hinein. Lassen Sie sich einfach überraschen!

Für einen Hund, der, wie leider noch so oft üblich, mit Zwang ausgebildet ist, werden Sie etwas Geduld brauchen. Er hat ja nie gelernt, kreativ zu sein. Er lebte bisher eher nach dem Motto: Wer gar nichts macht, macht auch keine Fehler. Aber auch ein solcher Hund kann umlernen.

Beim Kreativitätstraining lernt Fratz, was man alles mit dieser Flyball-Maschine machen kann:
Man kann oben hineingucken …
man kann mit der Pfote auf die Taste drücken …
und man kann sich darauf stellen.

Legen Sie beim Spaziergang mit Freunden immer wieder Übungssequenzen ein, so wie diese 4 Teams auf dem Foto. Das macht allen viel mehr Spaß als eintöniges Üben auf dem Hundeplatz.

Haben Sie einfach Geduld. In ähnlicher Weise, wie Sie mit etwas Übung immer einfallsreicher werden, wird Ihr Hund auch immer experimentierfreudiger.

Zum Schluss noch eine Anmerkung zur Abwechslung: Alles in Maßen! Nehmen Sie wieder sich selber als Beispiel: Auch Sie lieben mit Sicherheit Abwechslung in Ihrem Berufsalltag. Wenn Ihr Chef aber jetzt auf die Idee kommt, Ihnen jeden Tag ein neues Büro zuzuteilen, wird Ihnen diese »Abwechslung« wohl ganz schnell zu viel werden. Daher seien Sie für Ihren Hund berechenbar unberechenbar! Zu viel des Guten bedeutet Stress. Beobachten Sie Ihren vierbeinigen Freund und achten Sie darauf, dass es ihm nicht zu viel wird!

▶ Auf einen Blick

▶ Will man haben, dass der Hund mitarbeitet, muss er motiviert sein.

▶ Gehorsam hat nichts mit Dominanz zu tun, sondern mit Verständigung und Motivation.

▶ Lob (positiver Verstärker) und Strafe (negativer Verstärker) sind Motivationsmittel.

▶ Primäre positive Verstärker sind Sachen, die ein Hund von Natur aus gerne macht, wie fressen, trinken, bei vielen Rassen laufen, usw.

▶ Ein sekundärer positiver Verstärker ist etwas, was erst durch Verknüpfung mit einem primären positiven Verstärker für den Hund etwas Angenehmes wird, wie z. B. der Klicker.

▶ Sekundäre positive Verstärker sind für die Ausbildung immens wichtig, weil man oft nur dadurch genau zum richtigen Zeitpunkt belohnen kann.

▶ Schaffen Sie Abwechslung, aber seien Sie berechenbar unberechenbar.

Das Formen

▶ Verhalten trainieren

Wenn Sie Ihrem Hund ein bestimmtes Verhalten beibringen wollen, haben Sie mehrere Möglichkeiten dazu:

Sie können ihn im normalen Tagesablauf einfach nur beobachten. Zeigt er dann das von Ihnen gewünschte Verhalten, geben Sie in genau dem Moment das entsprechende Kommando dazu und nach 3000 bis 5000 Wiederholungen hat der Hund das Kommando mit dem Verhalten verknüpft, so dass er das Verhalten auch zeigen wird, wenn Sie ihm das Kommando geben.

Für einfache Verhaltensweisen, wie »Sitz« und »Platz« ist das gar keine so schlechte Lösung. Wenn Sie den Hund zehn Mal am Tag dabei beobachten, wie er sich hinsetzt und das entsprechende Kommando dazu sagen, beherrscht Ihr Hund es in ca. einem Jahr. Und das, ohne dass Sie irgendetwas mit dem Hund gemacht haben. Wenn Sie ihn dann noch jedes Mal für das gewünschte Verhalten belohnen, wird er es öfter zeigen und Sie haben öfter die Gelegenheit, das Kommando anzubringen. Dann geht es noch schneller.

So unüblich, wie Sie jetzt vielleicht meinen, ist diese Art der Ausbildung gar nicht. Auf diese Art und Weise bringen viele Hundehalter Ihrem Hund bei, sein Geschäft auf Kommando zu erledigen. Wenn man jedes Mal, während der Hund sein Geschäft verrichtet z.B. »Beeil dich« sagt, hat man den Hund irgendwann so weit, dass man die Worte sagen kann und der Vierbeiner muss tatsächlich.

Allerdings macht der Hund nicht alles so oft, wie sich hinsetzen, sich hinlegen oder sein Geschäft verrichten. Manche Verhaltensweisen, die wir gerne von ihm hätten, wird er vielleicht von sich aus überhaupt nicht zeigen.

Wie also schaffen wir es, sie dem Hund beizubringen? Wir können sie »formen«.

Das Formen (aus dem Englischen: **shaping**) bedeutet, dass man ein bestimmtes Verhalten bei einem Tier schrittweise aufbaut. Skinner drückte das mal so aus, dass man ein Verhalten formen kann wie einen Klumpen Lehm.

Also wird das gewünschte Verhalten geformt. Es gibt zwei Möglichkeiten, um zu formen: erstens das freie Formen und zweitens das Formen durch Hilfestellung.

Im Folgenden werden wir uns beide Möglichkeiten näher ansehen.

▶ Freies Formen

Beim freien Formen muss sich unser Hund das von uns gewünschte Verhalten selber erarbeiten. Die einzige Hilfestellung ist ein Lob/eine positive Ver-

Schrittweise lernt Navajo, den Targetstick zu berühren: Anfangs belohnt Lisa schon einen Blick in die richtige Richtung ...

stärkung, wenn er sich auf dem richtigen Weg befindet. Dem Hund geht es dann also genauso wie Ihnen beim Klickerspiel, das Sie ja schon mit einigen Bekannten gespielt haben.

Hier zeigen sich deutlich die Vorzüge des Klickers. Damit fällt es uns im Allgemeinen am leichtesten, ein bestimmtes Verhalten »einzufangen«, d.h. genau auf den Punkt positiv zu verstärken. Theoretisch könnte man dazu jeden primären oder sekundären Verstärker verwenden. Sie müssten dem Hund also das Leckerchen genau in der Sekunde ins Maul stecken, wenn er das gewünschte Verhalten zeigt. Das ist gar nicht so einfach, besonders, wenn das Verhalten nur einen Bruchteil einer Sekunde lang auftritt. Auch die Stimme als sekundärer Verstärker ist meist zu langsam. Ein Daumen »am Abzug« auf dem Klicker ist aber auch bei einem Ungeübten relativ schnell.

Der Unterschied zwischen dem Klickerspiel, das Sie gespielt haben und darin, dass Sie mit Ihrem Hund »klickern«, besteht darin, dass Ihr menschlicher »Hund« sich nach jedem Klick weitergearbeitet hat. Für den Hund beendet der Klick dann erst einmal die Übung. Das ist aber nicht schlimm, denn auch er wird sich wieder zu der Stelle hinarbeiten, wo er den Klick bekommen hat.

Dazu eine praktische Übung:

Berühren des Targetsticks I

Der Targetstick ist wörtlich übersetzt ein Zielstock. Gut geeignet für diese Übung sind die teleskopartigen Zeigestöcke, die man für ein paar Euro im Schreibwarengeschäft kaufen kann.

Das Endergebnis, welches wir nun formen wollen, ist, dass der Hund mit der Nasenspitze die Spitze des Targetsticks berührt. Diese Übung ist ganz sinnvoll, um einige Prinzipien des freien Formens zu zeigen, und wir können später bei anderen Übungen noch gut darauf aufbauen.

Für diese Übung brauchen Sie den Targetstick, den Klicker, Leckerchen, Ihren Hund und etwas Geduld. Was Sie nicht brauchen, ist Ihre Stimme. Versuchen Sie also wirklich mal, kein Wort mit dem Hund zu reden. Das einzige Kommunikationsmittel ist der Klicker. Da Sie ihn als sekundären positiven Verstärker konditioniert haben, bedeutet der Klicker für den Hund: »Genau das will ich von dir, dafür bekommst du ein Leckerchen!« Auch sonst dürfen Sie dem Hund keinerlei Hilfestellung geben, indem Sie z.B. mit dem Finger auf die Spitze des Targetsticks zeigen. Denn wir wollen ja das freie Formen üben.

Bevor Sie dem Hund nun den Targetstick zeigen, bereiten Sie alles vor und konzentrieren Sie sich. Der Daumen gehört schon an den Abzug! Da Hunde von Haus aus neugierig sind, bekommen Sie nämlich meist ganz zu Anfang schon eine Möglichkeit, den

Hund mit einem Klick und einem Leckerchen positiv zu verstärken.

Da wir das gewünschte Verhalten, nämlich Nasenspitze des Hundes an der Spitze des Targetsticks jetzt formen, heißt das, dass jedes Verhalten belohnt wird, welches in die richtige Richtung geht. Zuerst kann es sein, dass der Hund nur in die richtige Richtung guckt, wobei es auch egal ist, ob das schon die Spitze des Targets ist. Hauptsache, er guckt irgendwohin auf den Target. Und hier müssen Sie Ihre Schnelligkeit, die Sie beim Klickerspiel geübt haben, beweisen. Oft guckt der Hund nämlich wirklich nur den Bruchteil einer Sekunde in die richtige Richtung. Und das gilt es »einzufangen«! Schaffen Sie das, hat Ihr Hund meist ganz schnell raus, wofür er ein Leckerchen bekommt. Sie merken das daran, weil er das belohnte Verhalten dann immer wieder zeigt.

Dann muss er den nächsten Schritt zum gewünschten Verhalten hin machen. Das brauchen Sie ihm nicht zu sagen (Sie dürfen ja ohnehin während dieser Übung nicht reden!), er bekommt einfach keinen Klick und Leckerchen mehr fürs Nurgucken. Jetzt muss er näher kommen. In diesem Fall macht der Hund das meist sowieso schon, weil er auch herausgefunden hat, dass die Belohnung irgendwie mit dem Target zu tun hat. Und wenn der Hund fürs Nurgucken nichts mehr bekommt, wird er ausprobieren, so nach dem Motto: Nanu, das hat doch eben noch funktioniert! Bei diesem Ausprobieren wird ein Verhalten dabei sein, das schon dem Zielverhalten wieder etwas näher kommt. Genau das müssen Sie wieder einfangen! Also schnell sein!

Irgendwann berührt der Hund also den Target an einer beliebigen Stelle. Wenn Sie den Eindruck haben, er weiß genau, dass er fürs Berühren einen Klick mit dem Leckerchen bekommt (meist hört man den Groschen beim Hund richtig fallen!), dann werden die Anforderungen wieder erhöht und es gibt nur noch Klick/Leckerchen für ein Berühren des Targets in der oberen Hälfte und schließlich nur noch fürs Berühren der Targetspitze.

Was hier jetzt so lange und ausführlich erklärt wurde, dauert in der Praxis nur wenige Minuten, vorausgesetzt Ihr Timing stimmt, d.h. Sie sind schnell genug, mit dem Klicker das richtige Verhalten einzufangen, und Ihr Hund ist genügend motiviert.

HIER JETZT NOCH MAL EINIGE REGELN ZUM FREIEN FORMEN: ▸

▸ Sie brauchen Geduld und dürfen dem Hund keinerlei Hilfestellung geben, außer der von Ihnen gewählten positiven Verstärkung für den Fall, dass er »sich auf dem richtigen Weg befindet«.

▸ Diesen richtigen Weg, der zum erwünschten Verhalten führt, sollten Sie sich schon vor Beginn der Übung ge-

... am Ende nur noch das Berühren der Spitze.

nau vorstellen! Sie können sich das Verhalten z.B. wie in einem Daumenkino in viele einzelne Bilder aufgeteilt vorstellen.

▸ Oft gibt es auch mehrere Wege, die zum Ziel führen. Wenn Sie Ihrem Hund z.B. die Rolle beibringen wollen, ist einer der ersten Schritte, dass er sich hinlegt. Ob er sich dazu nun zuerst hinsetzt und dann hinlegt oder ob er zuerst mit den Vorderbeinen runtergeht, um sich dann hinzulegen, ist egal. Sie müssen sich nur bewusst sein, dass es mehrere Wege gibt. Und Sie sollten entsprechend flexibel sein, damit Sie nicht wertvolle Gelegenheiten verpassen, den Hund auf dem richtigen Weg positiv zu verstärken.

▸ Es kann auch sein, dass Ihr Hund mehrere Schritte überspringt, die Sie sich schon im Kopf zurechtgelegt haben. Auch dann müssen Sie flexibel sein und vor allem darauf vorbereitet. Nicht, dass Sie auf einmal nicht mehr wissen, wie es weitergeht!

▸ Sie dürfen die Anforderungen erst dann steigern, wenn der Hund eine

Stufe sicher beherrscht. Man merkt eigentlich ganz deutlich, wann der Hund genau weiß, dass er sich für ein bestimmtes Verhalten ein Leckerchen verdient hat. Gehen Sie zu schnell vor, verliert Ihr vierbeiniger Partner sozusagen den Faden und damit auch bald die Lust.

▸ Es ist sinnvoll und erleichtert Ihrem Hund zunächst das Lernen, wenn Sie eine bestimmte Übung an einem bestimmten Platz üben. Dann können Sie mit dem Hund mehrere Übungen an unterschiedlichen Orten trainieren. Jede Übung hat also ihren eigenen Platz. Die unterschiedlichen Plätze geben dem Hund dann den Hinweis, dass jeweils etwas anderes geübt wird. Denn Sie dürfen schließlich noch nichts sagen! Außerdem würde Ihr Hund Sie in diesem Stadium des Lernens noch gar nicht verstehen.

▸ Schließlich muss das Verhalten noch verallgemeinert werden, d.h. der Hund muss lernen, dass es überall gilt, nicht nur an diesem einen bestimmten Ort.

▸ Formen durch Hilfestellung

Die nächste Möglichkeit, ein Verhalten zu formen, besteht darin, dass Sie dem Hund mit irgendwelchen Mitteln gezielt Hilfestellung geben. Der Hund erarbeitet sich das Verhalten also nicht vollständig selbst, sondern er folgt Ihren Hilfen. Im Gegensatz zu Skinners Vergleich des freien Formens mit dem Modellieren von Ton, wäre diese Art des Formens eher ein Gießen in eine vorgefertigte Form. Das geht auf den ersten Blick schneller. Aber die Figur in der Form braucht noch einige Zeit, bis sie fertig ist. Nimmt man sie zu früh heraus, geht sie kaputt. Aber nun weg von irgendwelchen Tonfiguren und wieder zurück zu den Hunden.

Mit dem Leckerchen über Gingers Nase lockt Birgit die Berner Sennenhündin ins »Sitz«.

Ute lockt ihre Rott-
weiler-Hündin Leda
mit dem Leckerchen
ins »Platz«.

»Sitz« und »Platz« I

Dazu werden wir zwei einfache Beispiele in der Praxis üben, nämlich dass
der Hund sich hinsetzt bzw. hinlegt.
Bitte machen Sie die beiden Übungen
auch, wenn Ihr Hund die Kommandos
»Sitz« und »Platz« schon beherrscht.
Wieder dürfen Sie nicht reden bei der
Übung, Sie dürfen also Ihre Kommandos nicht benutzen.

Für das Hinsetzen nehmen Sie sich
ein Leckerchen in die Hand und
führen diese über die Hundenase nach
oben und leicht nach hinten, wobei Ihre Hand mit dem Handrücken nach
oben eine Nach-oben-Bewegung
macht. Der Hund wird mit der Nase
dem Leckerchen folgen, und weil ihm
das auf diese Weise zu unbequem
wird, wird er sich setzen. In dem Moment, wo der Hintern den Boden
berührt, bekommt er einen Klick und
sein Leckerchen. Sie werden merken,
dass das durch Ihre Hilfe relativ einfach ist. Vielleicht erahnen Sie aber
schon das Problem?

Mit dem Hinlegen machen Sie es
entsprechend: Diesmal geht Ihre
Hand von der Hundeschnauze vor der
Brust des Hundes entlang nach unten.
Ihre Hand mit dem Handrücken nach
oben macht eine Nach-unten-Bewe-
gung. Jetzt haben Sie zwei Möglichkeiten: Entweder Sie warten jetzt mit der
Hand auf dem Boden, bis der Hund
sich hinlegt, was unterschiedlich
schnell gehen kann. Manche Hunde
legen sich sofort. Dann bekommen sie
ihren Klick mit dem Leckerchen. Manche Hunde probieren aber auch erst
einmal aus, ob sie nicht auch anders
ans Leckerchen rankommen, indem
sie z.B. erst einmal Ihre Hand kratzen.
Dann können Sie also warten, bis Ihr
Kumpel es irgendwann doch mal mit
Hinlegen probiert, oder Sie führen
Ihre Hand von hinten unter einem
Ihrer Beine durch, was ziemlich tief
überm Boden steht. Dann muss Ihr
Hund sich hinlegen, wenn er ans
Leckerchen will.

Was ist also bei dieser Art der Ausbildung das Problem? Sie müssen sich
zum einen erst einmal einfallen lassen,
wie Sie ein bestimmtes Verhalten beim
Hund erreichen, was manchmal schon
etwas akrobatische Übung erfordert.

Ute zeigt uns mit Leda die Möglichkeit, wie man auch Hunde ins »Platz« bekommt, die sich nicht gerne hinlegen.

Das werden diejenigen gemerkt haben, deren Hunde sich nicht sofort hinlegen und die die zweite Lösung dieses Problems gewählt haben. Zum zweiten haben Sie dem Hund ganz deutliche Hilfen gegeben, die man dann erst mal so nach und nach abbauen muss. Das kann – je nach Art des Verhaltens, Ihrer und des Hundes Geschicklichkeit – schon sehr lange dauern. So ist diese Art der Ausbildung am Ende oft doch nicht schneller als freies Formen.

Welche Möglichkeit Sie nun wählen, bleibt Ihnen überlassen. Ich erlebe es immer wieder, dass die meisten Menschen nicht die Geduld fürs freie Formen haben. Trotzdem möchte ich Ihnen wärmstens empfehlen, Ihrem Hund außer dem Berühren des Targetsticks noch ein anderes – kompliziertes

res – Verhalten durch freies Formen beizubringen (siehe praktische Übung: Die Rolle). Es ist schon eine sehr schöne Erfahrung, wenn man es endlich geschafft hat. Außerdem werden die Hunde, die über freies Formen ausgebildet werden, immer einfallsreicher. Schließlich wollen sie ja schnell an ihre Belohnung kommen. Wenn Sie also die Spielregel erst mal verstanden haben, werden Sie staunen, wie schnell Ihr Hund neue Sachen lernt.

Erst kürzlich erzählte mir eine frühere Kursteilnehmerin, die jetzt schon lange nichts mehr mit ihrem Hund geübt hatte: »Das, was ich ihm damals übers freie Formen beigebracht habe, sitzt alles noch perfekt. Das zeigt er auch von sich aus oft, wenn er z.B. etwas haben will!«

Die Rolle als Daumenkino: Das sind mögliche Zwischenschritte, die Sie auf dem Weg zum endgültigen Verhalten belohnen können.

Dieses Phänomen, dass die Hunde dann spontan bestimmte Verhaltensweisen zeigen, liegt daran, dass sie damit ja schon Erfolg hatten. Aus Sicht des Hundes hat er herausgefunden, wie er Sie(!) dazu bringen kann, dass Sie ihm ein Leckerchen geben. Er hat aus seiner Sicht also alle Fäden in der Hand. Wenn er dann mit seinem Verhalten Erfolg hat, ist das natürlich eine sehr gute positive Verstärkung.

Oft kommt an diesem Punkt der Einwand: »Aber wird der Hund dann nicht größenwahnsinnig, wenn er meint, er hätte alles im Griff? Kann das nicht zu Dominanzproblemen führen?«

Die Sache mit der Dominanz ist ein Thema für sich. Hier möchte ich dazu nur so viel sagen, dass die Hunde durch ihre vielen Erfolgserlebnisse immer selbstbewusster werden. Das führt aber nicht zu Dominanzproblemen, weil Sie es ja sind, der den Rahmen setzt. Eher das Gegenteil ist der Fall. Sie lernen, immer klarer zu werden und Ihr Hund versteht Sie immer besser.

Rolle durch freies Formen

Das Berühren des Targetsticks war relativ einfach. Nun wagen wir uns an eine etwas schwierigere Aufgabe heran. Das Erlernen der Rolle durch freies Formen kann etwas länger dauern. Haben Sie einfach Geduld. Und wieder gilt: Halten Sie den Mund! Das einzige Kommunikationsmittel zwischen Ihnen und Ihrem Hund ist der Klicker.

Der erste Schritt ist, sich die Rolle wie in einem Daumenkino vorzustellen. Unterteilen Sie dieses Verhalten in möglichst viele kleine Schritte. Wichtig ist, dass Sie eine genaue Vorstellung davon haben, was Sie als erste Schritte in die richtige Richtung belohnen können. Nicht nur die ersten, auch die folgenden Schritte sind wichtig, denn die Hunde sind unterschiedlich schnell. Es kann sein, dass Sie für einen bestimmten Schritt sehr lange brauchen; es kann aber auch sein, dass Ihr Hund gleich 4 – 5 Schritte überspringt. Und darauf sollten Sie vorbereitet sein.

Suchen Sie sich am besten eine bestimmte Ecke im Zimmer oder Garten oder wo auch immer aus, um diese Übung durchzuführen. Das macht es für den Hund am Anfang einfacher. Das gilt besonders, wenn Sie mehrere Dinge parallel trainieren, was man ohne weiteres machen kann. Eine gute Hilfe für den Hund ist dann, wenn jede Übung ihren speziellen Platz hat.

Achten Sie darauf, die Übungseinheit auf jeden Fall mit einem Erfolg zu beenden. Z.B. könnten Sie Ihren Hund zum Abschluss noch einmal den Targetstick berühren lassen. Das kann er ja schon gut und Sie können ihn ganz toll dafür loben.

▶   **Trainingstagebuch**

Empfehlenswert ist es, während der
Ausbildung ein Trainingstagebuch zu
führen. Dieses sollte für jede Übung,
die Sie mit Ihrem Hund lernen wollen,
einen Trainingsplan enthalten. Darin
sollten Sie sich die einzelnen Schritte
möglichst genau überlegen und wissen,
wie Sie die einzelnen Übungen gestalten wollen, die jeweiligen Teilschritte,
wo Sie üben, was Sie als Belohnung
einsetzen usw. Jeden Tag sollten Sie
sich dann kurz notieren, wie weit Sie
tatsächlich mit dem Hund gekommen
sind, oder auch, wo es eventuell Probleme gegeben hat. Besonders, wenn man
viele Dinge gleichzeitig übt, ist das eine
gute Hilfe. Und mehrere Dinge gleichzeitig übt man eigentlich immer. Wenn
Sie jetzt z. B. nur die Rolle neu üben, so
arbeiten Sie aber auch noch daran, dass
der Hund auch unter Ablenkung zu Ihnen kommt, möglichst lang auf Kommando sitzen bleibt usw.

Das Trainingstagebuch hat den Vor-
teil, dass Sie immer wissen, wie weit
Sie sind. Außerdem ist es eine gute
Hilfe, wenn Sie einmal meinen, Sie kä-
men in der Ausbildung nicht weiter.
Das geht jedem von Zeit zu Zeit so.
Wenn Sie jedoch dann in Ihrem Trai-
ningsbuch nachlesen, wie weit Sie drei
Wochen zuvor waren, sehen Sie, dass
doch Fortschritte da sind.

Vielleicht stellen Sie damit auch
fest, dass Ihr Hund z.B. immer an
Vollmond Schwierigkeiten hat, sich
zu konzentrieren. Dann könnten Sie
beim nächsten Vollmond eine Pause
einlegen, um sich und dem Hund den
Frust zu ersparen. Dasselbe gilt, wenn
Sie feststellen, dass immer eine gewisse Tageszeit von Bedeutung ist. Oder
es fällt Ihnen dadurch eher auf, dass

Ihr Hund immer an bestimmten Stellen Schwierigkeiten hat. So kommen
dann eventuell Dinge ans Licht, die
sonst unbemerkt bleiben würden. Sie
werden feststellen: Die Arbeit lohnt
sich auf jeden Fall.

▶   **Auf einen Blick**

▶ Man kann dem Hund ein Verhalten beibringen, indem man
ihn einfach beobachtet und jedes
Mal, wenn er das entsprechende
Verhalten zeigt, ein dazu passen-
des Kommando gibt. Wenn durch
dauernde Wiederholung auf diese Art und Weise eine Verknüpfung zustande gekommen ist,
wird der Hund das Kommando
ausführen, obwohl man nie etwas
mit ihm gemacht hat.
▶ Verhaltensweisen, die der
Hund nicht so oft von sich aus
zeigt, kann man formen.
▶ Beim freien Formen lässt man
den Hund selbst das gewünschte
Verhalten erarbeiten, indem man
jeden Schritt in die richtige Richtung mit dem sekundären Verstärker »einfängt«. So nähert
sich der Hund in kleinen Schritten dem gewünschten Verhalten.
▶ Beim Formen durch Hilfestellung gibt man dem Hund Hilfen,
das gewünschte Verhalten auszuführen. Diese Hilfen müssen später schrittweise wieder abgebaut
werden.
▶ Beim Training ist es sehr
sinnvoll, ein Trainingstagebuch
zu führen, in das die jeweiligen
Vorgehensweisen und Ergebnisse
eingetragen werden.

Das Kommando

Das Kommando

Würde Michael seinem noch jungen Golden Retriever das Kommando »Bei Fuß« öfter in einem solchen Moment geben – wie es in der herkömmlichen Ausbildung gelehrt wird –, würde Felix nicht lernen, was das Kommando eigentlich bedeutet.

▶ Wie sage ich es meinem Hund?

Sie werden sich sicher gefragt haben, weshalb Sie bis jetzt nicht mit Ihrem Hund reden sollten während der Übungen, und im Speziellen, weshalb Sie ihm kein Kommando geben durften.

Die Antwort ist ganz einfach: Weil Ihr Hund das sowieso nicht versteht!

Zu jemandem, der unsere Sprache spricht, können Sie sagen: »Setz dich hin!« Er versteht Sie, kann sich was darunter vorstellen und kann darauf reagieren. Aber wenn Sie dieselben Worte zu jemandem sagen, der nicht unsere Sprache spricht, haben Sie schon ein Problem.

Bei einem Hund ist dieses Problem dann noch größer. Er spricht nicht unsere Sprache und er gehört einer ganz anderen Art an. Selbst unsere Gesten kann er nicht verstehen. Da können Sie schmeicheln, Sie können schreien, egal: Er versteht es nicht! Er muss die Bedeutung eines Kommandos erst einmal lernen.

Wir haben vorhin ausführlich besprochen, wie im Gehirn die Verknüpfung funktioniert. Ihr Hund muss jetzt also erst einmal das Wort, welches Ihr Kommando werden soll, mit dem gewünschten Verhalten verknüpfen. Nun stellen Sie sich vor: Ihr Hund steht neben Ihnen, schaut Sie im besten Fall an und Sie sagen: »Sitz!« Da er Sie nicht versteht, solange Sie ihm das Kommando nicht beigebracht haben, wird er nicht in der gewünschten Weise reagieren. Stattdessen verknüpft er nun das Wort mit allem Möglichen anderen, nur nicht damit, dass sein Hintern zu Boden geht.

Dasselbe passiert z.B. besonders deutlich mit dem Kommando »Bei Fuß«. Wann wird es gesagt? Natürlich, wenn der Hund zu weit vorläuft. Was verknüpft er also in diesem Fall? Genau, »Bei Fuß« heißt dann für ihn, ein Stück vorzulaufen. Nur zu dumm, dass man dafür meist durch einen Leinen-ruck bestraft wird!

Bei der herkömmlichen Form der Ausbildung sagt das Kommando dem Hund nicht, was wir gerne hätten, was er machen soll. Denn es wird eigentlich nie in dem Moment gegeben, wenn der Hund das Verhalten zeigt, sondern vorher oder wenn er es nicht mehr zeigt. Er kann also nicht das Kommando mit dem richtigen Verhalten verknüpfen.

Bei dieser Art der Ausbildung wird das Kommando ein Warnsignal. Nehmen wir wieder das Beispiel »Bei Fuß«. Der Hund läuft zu weit vor, bekommt das Kommando und direkt anschlie-ßend einen mehr oder weniger starken Ruck an der Leine. In einer typischen Form der klassischen Konditionierung wird das Kommando mit dem Leinen-ruck verknüpft. Das Kommando kün-digt dem Hund Schmerzen an. Glückli-cherweise bekommt der Hund meis-tens die Chance, diesen Schmerzen zu entgehen, wenn er eben an der richti-gen Stelle neben seinem Ausbilder geht. Etwas Unangenehmes wird ent-fernt, bzw. tritt gar nicht erst auf. Auch das ist eine positive Verstärkung. Das Gefühl der Erleichterung sorgt dafür, dass der Hund das gewünschte Verhal-ten öfter zeigen wird.

Mit Absicht habe ich gesagt: Er be-kommt meistens(!) die Chance ... . Sehr oft bekommt er sie nämlich auch nicht. Dann kommt der Leinenruck aus heite-rem Himmel ohne die Vorwarnung »Bei Fuß«. Das Ergebnis sind sehr ver-unsicherte Hunde, die geduckt und mit eingeklemmtem Schwanz an der Seite ihres Hundeführers gehen. Fälschli-cherweise wird diese Angst und Unsi-cherheit dann noch als toller Gehorsam angesehen.

Gibt Helene das Kommando »Bei Fuß« in diesem Moment, kann Ayla das richtige Verhalten – nämlich schönes Bei-Fuß-Gehen – damit verknüpfen.

Wir wollen aber ein Kommando ha-ben, das nicht ein Warnsignal ist, bei dem ein sensibler Hund zusammen-zuckt, sondern eines, das dem Hund sagt, was wir von ihm wollen; eines, womit er die Chance hat, sich eine Be-lohnung zu verdienen.

Wenn wir dem Hund also ein Kom-mando beibringen wollen, müssen wir dafür sorgen, dass er das Kommando auch mit dem richtigen Verhalten ver-knüpfen kann. Dafür muss der Hund das Verhalten jedoch erst einmal zei-gen. Beim freien Formen brauchen Sie deshalb nichts zu sagen. Sie haben ja zu Beginn noch kein Verhalten, was Ihr Hund mit Ihrem Kommando verknüp-fen könnte.

Wenn Sie dann ein bestimmtes Ver-halten fertig geformt haben, in unse-rem Beispiel das Berühren des Target-sticks mit der Nase, dann erst wird das Kommando eingeführt.

Woran merkt man nun, dass ein Verhalten fertig geformt ist?

Wenn Sie Ihrem Hund den Target-stick hinhalten und er ihn mit fast 100%-iger Sicherheit schön an der Spit-ze berührt, auch wenn Sie den Target in unterschiedliche Richtungen oder in unterschiedlicher Höhe halten, dann können Sie das Kommando einführen.

Das üben wir direkt in der Praxis:

Berühren des Targetsticks II

Wenn Ihr Hund also den Targetstick zuverlässig an der Spitze berührt – wenn nicht, üben Sie das erst noch weiter –, dann geben Sie kurz bevor die Nase am Target ist das Kommando. Das könnte in diesem Fall heißen »Stick« oder »Touch« oder auch »Sessel« oder »Blümchen«, ganz egal, denn der Hund versteht die Bedeutung des Wortes ja sowieso nicht. Wichtig ist nur, dass Sie immer dasselbe Wort benutzen. Jetzt kann der Hund das Kommando mit dem richtigen Verhalten verknüpfen.

Nehmen Sie sich jetzt mehrmals am Tag den Targetstick und lassen Sie ihn vom Hund berühren, indem Sie kurz zuvor das Kommando geben.

Damit dem Hund diese relativ einfache Übung nicht zu langweilig wird, bauen Sie Abwechslung ein, indem Sie den Target z.B. so hoch halten, dass Ihr Hund auf ein Hindernis springen muss, um dranzukommen, oder von einem Hindernis zum anderen oder sonst was. Wichtig ist, dass Ihnen und Ihrem Vierbeiner das Üben Spaß macht.

Jetzt geben Sie immer, wenn die Hundenase kurz vor der Targetstickspitze ist, das Kommando.

Wichtig ist, dass das Kommando kommt, während(!) der Hund das Verhalten zeigt, damit er das Richtige verknüpfen kann. Das Kommando ist also in dieser Lernstufe noch nicht der Auslöser des Verhaltens, sondern es wird zunächst einmal mit dem Verhalten verknüpft. So lernt der Hund, der ja unsere Sprache nicht versteht, wie wir dieses spezielle Verhalten nennen.

Wenn Sie diese Verknüpfung ca. 15–20-mal verstärkt haben, versuchen Sie mal, dem Hund das Kommando vor(!) dem Verhalten zu geben, um zu sehen, ob es das Verhalten schon auslöst. In diesen Fall wird das wohl so sein, weil der Targetstick allein schon ein Auslöser für das Verhalten ist.

Ab jetzt bekommt der Hund nur noch Klick und Belohnung, wenn er aufs Kommando hin den Targetstick berührt, nicht mehr, wenn er das ohne Kommando macht.

Das Kommando wird also zum Signal, dass sich der Hund ein Leckerchen verdienen kann. Und genau so sollten Sie es auch sehen. Sie geben dem Hund die Möglichkeit, sich ein Leckerchen zu verdienen. Wenn er das dann nicht macht, ist das sein Pech! Denn es gibt eigentlich so gut wie nie einen Grund, den Hund für ein Nichtbefolgen eines Kommandos zu bestrafen, weil der Grund in den meisten Fällen ein Fehler Ihrerseits ist (siehe: Wenn mein Hund nicht folgt).

Lassen Sie den Hund also ruhig den Target einige Male ohne Kommando berühren, ohne Klick und Leckerchen, und dann wieder mit Kommando und mit Klick und Leckerchen. So lernt er dann schnell zu unterscheiden, dass es sich ohne Kommando nicht lohnt, sich anzustrengen, denn nur nach dem Kommando hat man auch Aussicht auf Erfolg.

Bitte gewöhnen Sie sich auch direkt an, ein Kommando nur einmal(!) zu geben. Denn wenn Sie – wie viele Menschen – dazu neigen, ein Kommando einige Male zu wiederholen, lernt Ihr Hund ganz schnell: Warum soll ich beim ersten Mal gehorchen? Mein Mensch wiederholt es ja doch noch drei- bis fünfmal. Es kann dann auch so sein, dass der Hund in der Tat sogar verknüpft: »Komm Komm

Komm« bedeutet, dass er kommen soll. Ein einziges »Komm« wird er noch gar nicht beachten. Das haben Sie ihm dann genau so beigebracht und dürfen sich nicht wundern, wenn er erst beim dritten Rufen hört. Also: Üben Sie sich darin, ein Kommando immer nur einmal zu geben. Dabei ist es hilfreich, sich von Zeit zu Zeit von einem Freund beobachten zu lassen, der darauf achtet. Denn selber merkt man es oft noch nicht einmal, dass man gerade schon wieder zweimal das Kommando gegeben hat. Ich denke, das ist eine typisch menschliche Schwäche; aber eine, die man abstellen kann, wenn man daran arbeitet.

Anfangs bekommt der Hund das Kommando während (!) er den Target mit der Nase berührt, damit er das gewünschte Verhalten damit verknüpfen kann.

▶ **Kommando und Hilfestellung**

Wenn Sie nun verstanden haben, wobei es beim Beibringen des Kommandos ankommt, nämlich, dass der Hund es auch mit dem richtigen Verhalten verknüpft, werden Sie jetzt schon alleine den Zeitpunkt finden, wann Sie das Kommando einsetzen können. Das kann ziemlich schnell gehen. Aber Sie sollten beachten: Durch Ihre Hilfestellung bekommt der Hund bereits ein Signal, z. B. beim »Sitz« die nach oben gehende Hand. Wenn er zusätzlich dazu noch den Befehl bekommt, erhalten wir das Phänomen des Überschattens. Was heißt das? Das Handsignal und das Kommando zusammen sind für den Hund dann ein(!) Signal.

Für die Hunde ist aber unsere Körpersprache wichtiger als unsere Stimme. Sie sind es nämlich untereinander gewohnt, sich über die Körpersprache zu verständigen. Also achten die Hunde vielmehr auf unsere Körpersprache und das Kommando wird davon überschattet. Es bedeutet dem Hund nicht so viel.

Wir wollen aber, dass für den Hund unser Kommando von großer Bedeutung ist. Um das zu erreichen, gibt man es nicht mit dem Handsignal, sondern kurz vorher(!). Dadurch kündigt das Kommando das Handzeichen oder sonstige Hilfe an.

Wenn Sie nach dem Kommando ab und zu mal eine kurze Zeit warten, können Sie feststellen, ob Ihr Hund schon das Verhalten ausführt oder ob er noch aufs Zeichen wartet.

Ein so aufgebautes Verhalten ist schließlich auf Wortkommando und Handzeichen hin abrufbar.

Je nachdem, wie deutlich Ihre Hilfe zum Erreichen des Verhaltens aussieht, kann es allerdings einige Zeit dauern, bis die Hilfe so weit abgebaut ist, dass schließlich nur noch ein kleines Zeichen, das dann als Kommando dienen kann, übrig ist. Beim »Sitz« wollen wir z.B. nicht immer die ganze Bewegung mit dem Leckerchen in der Hand über die Nase das Hundes nach oben durchführen, sondern am Schluss sollte ein andeutungsweise gehobener Zeigefinger genügen, das Setzen auszulösen.

Das üben wir wieder in der Praxis:

In diesem Ausbildungsstadium lässt Birgit das Leckerchen aus der Hand weg und gibt nur noch das Handzeichen
... anfangs noch in der Hocke

... dann aber auch schnell im Stehen. Ginger hat verstanden.

Ute gibt Leda das Handsignal für »Platz«.

»Sitz« und »Platz« II

Bis jetzt haben Sie Ihren Hund in die entsprechenden Positionen gelockt. Nun gilt es, so nach und nach die Hilfsmittel abzubauen. Als erstes bleibt das Leckerchen aus der Hand weg. Diesen Schritt können Sie ziemlich bald machen. Der Hund wird zwar zunächst noch mit Leckerchen belohnt, aber das kommt aus der anderen Hand oder wird aus der Tasche genommen, wenn es gebraucht wird. Sie geben jetzt also nur noch Handzeichen. »Sitz« bedeutet, die Hand macht eine Bewegung nach oben(!), »Platz« bedeutet, die Hand macht eine Bewegung nach unten(!). Zuerst ist es noch die ganze Hand, später nur noch der Zeigefinger. Wenn Sie die Hilfegebung so langsam abbauen, geben Sie ruhig noch jedes Mal einen Klick und eine Belohnung, damit Sie den Hund nicht verwirren.

Nun haben Sie einen Hund, der ganz gut auf Handzeichen reagiert. Wir wollen aber eigentlich beides: Er sollte auf Wortkommando und auf Handzeichen reagieren. Damit der Hund jetzt das Wortkommando lernt, gehen Sie folgendermaßen vor: Kurz bevor(!) Sie das Handzeichen geben, sagen Sie das Kommando. Das Kommando wird so zur Ankündigung des Handzeichens.

Erinnern Sie sich noch an die Konditionierung zweiter Ordnung? Wenn Ihr Hund »Sitz« und »Platz« schon gut beherrschte kann er es jetzt noch zusätzlich auf Handzeichen. Wenn er nicht so gut darauf hört, wäre es sinnvoll, sich neue Wörter als Kommandos einfallen zu lassen. Die sind dann sozusagen noch unverbraucht und nicht mit schlechten Erfahrungen besetzt.

▶ Freizeichen

Wenn man dem Hund ein bestimmtes Kommando gibt, sollte er das entsprechende Verhalten so lange ausführen, bis er entweder ein neues Kommando bekommt oder das Verhalten vom Ausbilder auf andere Art beendet wird.

Dadurch wird verhindert, dass der Hund von sich aus ein Verhalten irgendwann nach seinem Willen abbricht.

Bisher hat der Klicker eine Übung beendet. Immer wenn der Hund den Klicker hört, darf er sich sein Leckerchen abholen kommen, die Übung ist abgeschlossen.

Aber auch wenn mal nicht mit Klick und Leckerchen belohnt wird, sollte es der Ausbilder sein, der die Übung beendet. Gewöhnen Sie sich dafür ein Freizeichen an. Das kann z.B. ein »Okay« sein. Wenn Sie dieses Wort konsequent sagen, wenn Sie mal eine Übung ohne Klicker beenden, bekommt der Hund ein deutliches Signal, wann er wieder seiner Wege gehen darf. Im nächsten Kapitel werden wir das Freizeichen brauchen.

▶ Das Falsch-Signal

Der Klicker – oder sonst ein sekundärer positiver Verstärker – sagt Ihrem Hund: »So ist es richtig! Das will ich von dir!« Sie können die Verständigung mit Ihrem Vierbeiner noch verbessern, indem Sie ein Falsch-Signal einführen.

Das kann z.B. ein »So nicht« sein. Ähnlich dem Spiel, das wir aus Kindertagen kennen, wo wir mit »Heiss« und »Kalt« geführt wurden, können wir den Hund so mit ganz feinen Hilfen zum gewünschten Verhalten hinführen.

Beim Falsch-Signal ist wichtig, dass Sie es wirklich nur als Signal anwenden. Es ist keine Strafe! Es wird also nicht schimpfend oder mahnend, sondern in einer ganz neutralen und ruhigen Art gegeben. Wenn Sie einmal nicht mehr ruhig sein können bei der Ausbildung, ist es ohnehin besser, Sie lassen den Hund noch etwas machen, was er gut beherrscht und hören dann mit dem Üben auf. Das Lernen soll immer Spaß machen!

Mit dem Falsch-Signal können Sie Ihrem Hund schön helfen, wenn Sie ihm schon einige Übungen durch freies Formen beigebracht haben, die noch nicht unter Kommando-Kontrolle sind. Wenn Sie den Klicker holen, kann es nämlich sein, dass der Hund sein ganzes Repertoire abspult, was er schon gelernt hat. Wenn er dann »So nicht« hört, was er nach einigem Üben mit »Jetzt kommt kein Leckerchen« verknüpft hat, wird er nicht länger an einem Verhalten rumprobieren, sondern schneller was Neues versuchen.

Manche Hunde reagieren allerdings sehr empfindlich auf ein solches Falsch-Signal. Dem Hund wird dadurch ja mitgeteilt, dass er keine Belohnung bekommt. Dadurch entstehen Emotionen wie Enttäuschung, Frustration und Ärger. Manche Hunde stecken das relativ gut weg und versuchen einfach etwas Neues. Anderen macht das aber eine Menge aus und sie können dann leicht die Lust am Mitmachen verlieren. Bei einem solchen Hund ist es besser, in diesen Fällen die kleinstmögliche Belohnung anzuwenden.

▶ Wenn mein Hund nicht folgt ...

Um es gleich vorwegzunehmen: Ein nicht befolgtes Kommando hat nichts damit zu tun, dass Sie mit Ihrem Hund Dominanzprobleme haben, wie es leider noch so oft behauptet wird! Daher hilft es auch nicht sehr viel, dem Hund nur mal gut zu zeigen, wer der Herr im Haus ist. Beim Nichtbeachten von Kommandos spielen andere Dinge eine Rolle.

Zuerst einmal müssen Sie sich bei einem Kommando klar machen, was es für Sie bedeutet. Was erwarten Sie, wenn Sie ein bestimmtes Kommando geben? Nehmen wir als Beispiel das hier. Was erwarten Sie, wenn Sie das sagen? Dass der Hund zu Ihnen kommt und dass er sofort kommt und nicht erst noch etwas anderes macht. Vielleicht erwarten Sie außerdem, dass er schön vorsitzt, wenn er gekommen ist. Im Prinzip ist es gar nicht so wichtig, was man erwartet, sondern dass man sich darüber genau im Klaren ist; und das möglichst schon während des Trainings. Sie müssen sich nämlich jetzt fragen: Habe ich das meinem Hund überhaupt beigebracht? Hat er gelernt, dass »Hier« heißt, er soll sofort(!) kommen? Denn so etwas muss man üben.

Denken Sie auch an den Kontext. Haben Sie schon an mehreren Stellen die einzelnen Bestandteile des Kommandos trainiert, so dass der Hund auch unter verschiedenen Gegebenheiten das Kommando gelernt hat? Haben Sie es auch schon unter immer weiter gesteigerter Ablenkung geübt? Es ist nämlich etwas ganz anderes, zu Frauchen oder Herrchen zu kommen, wenn sonst sowieso nichts Besseres los ist, als wenn man als Hund gerade so schön im Spiel mit seinen Kumpanen ist. Solange Sie solche Situationen nicht geübt haben, dürfen Sie vom Hund auch nicht erwarten, dass er dann Ihr Kommando befolgt. Man kann von einem Kind im ersten Schuljahr nicht schon das Große Einmaleins erwarten, geschweige denn das Lösen von Gleichungen mit mehreren Variablen, wie sie erst in den höheren Schuljahren vorkommen. Genauso ist es auch mit Ihrem Hund. Ein Kommando wie das »Hier« ordentlich aufzubauen, so dass Sie ihn hinter einem flüchtenden Kaninchen abrufen können, bedeutet langes, geduldiges und fleißiges Üben. Solange Sie das nicht getan haben, dürfen Sie sich nicht wundern, wenn das Befolgen des Kommandos noch nicht so toll klappt.

Die nächste Frage, die Sie sich stellen müssen, ist, ob der Hund Ihr Kommando überhaupt verstanden hat. Ist das Signal, das Sie gegeben haben, überhaupt beim Hund angekommen? Wir haben schon gehört, dass die Hunde viel mehr auf unsere Körpersprache achten, als auf unsere Worte. Nun kann es z.B. sein, dass für den Hund Ihr »Sitz«-Signal heißt: Er guckt mich an und geht leicht in die Knie. Nun sind Sie mitten in einer Unterordnungsprüfung, ein »Sitz« aus der Bewegung ist als nächstes dran, Sie sehen aber diesmal schön geradeaus und nicht auf Ihren Hund, weil sich das in der Prüfung ja so gehört. Nun ist es wieder nicht der dumme Hund, der das Kommando nicht befolgt! Er hätte es befolgt, wenn Sie es gegeben hätten! So konnte er Sie nicht verstehen.

Dafür ist es also sinnvoll zu wissen, welches Signal für den Hund ein bestimmtes Verhalten bedeutet. Wenn Sie wollen, dass Ihr Hund wirklich aufs Wort hört, müssen Sie ihm das auch so beibringen. Geben Sie das Kommando auch einmal, wenn Sie mit dem Rücken zu Ihrem Hund oder hinter einer Tür stehen. Dann können Sie fest-

Recky und Mogli beim Spiel. Es erfordert schon einen hohen Ausbildungsstand, die Hunde aus dieser Situation abzurufen.

stellen, ob Ihr Hund schon aufs Wort hört oder ob er noch ein Körperzeichen von Ihnen braucht. Wenn das nicht mehr der Fall ist, haben Sie schon gute Arbeit geleistet.

Der nächste Schritt ist dann, das Verhalten unter **Signalkontrolle** zu bringen. Das ist der Fachbegriff dafür, dass der Hund das gewünschte Verhalten jedes Mal auf das Signal hin zeigt und kein anderes; dass er das Verhalten nicht zeigt, wenn das Signal nicht gegeben wird, und dass er es nie auf ein anderes Signal hin zeigt. Das ist schon ein anspruchsvolles Ziel im Training, aber trotzdem erstrebenswert. In den praktischen Aufgaben wird gezeigt, wie man darauf hinarbeitet.

Eine dritte Frage, die Sie sich stellen müssen, wenn der Hund ein Kommando nicht befolgt, ist, wie es denn mit der Motivation aussieht. Ihnen sollte klar sein, dass der Hund nichts Ihnen zum Gefallen macht! Ein Verhalten

muss sich für den Hund in irgendeiner Form lohnen. Es kann auch lohnend sein, einer erwarteten Strafe zu entgehen. Das verwechseln viele Ausbilder leider damit, dass der Hund etwas Ihnen zum Gefallen tun würde. Dem ist nicht so. In dieser Hinsicht verhalten sich die Hunde fast sogar menschlich! Oder gehen Sie etwa aus Gefallen bei Ihrem Chef arbeiten? Wie lange würden Sie noch gehen, wenn Sie ab heute keinen Lohn mehr bekämen?

Das heißt jetzt natürlich nicht, dass Sie immer die Taschen voller Leckerchen haben müssten. Bis jetzt haben Sie ja schon gelernt, dass es auch anders geht. Noch mehr Möglichkeiten erfahren Sie im nächsten Kapitel. Auf jeden Fall ist die Motivation ein ganz wichtiges Thema, wenn es um Befolgen von Kommandos geht. Ein Hund, der nicht motiviert ist, mitzuarbeiten, ist aber nicht automatisch dominant, um es noch einmal zu wiederholen!

Grisou befolgt das »Sitz« auch, wenn Silke ihm den Rücken zukehrt –– was übrigens die wenigsten Hunde können, weil sie eben doch auf ein Körpersignal und nicht auf das gesprochene Wort reagieren.

Durch dieses Missverständnis wird leider immer noch eine ganze Menge Schaden angerichtet. Dazu ein Beispiel aus meiner Praxis: Ehepaar X möchte mit seinem zweijährigen Hund eine Hundeschule besuchen, damit er die grundlegenden Dinge wie »Sitz«, »Platz«, »Bei Fuß« usw. lernt. Außer dass er noch nicht richtig gehorcht, gibt es mit dem Hund keinerlei Probleme. Schon beim ersten Mal in der Hundeschule hat Frau X ein komisches Gefühl. Sie soll Ihren Hund mit Stachelhalsband führen. Der Hund fühlt sich merklich unwohl. In der zweiten Stunde wird das »Platz« geübt. Die ersten zehn Mal hat ihr Hund auch noch gut mitgemacht, erzählte Frau X, aber dann wollte er nicht mehr. Das ist eine Situation, in der bei vielen Ausbildern die Alarmglocken klingen. »Das darf man nicht durchgehen lassen. Dem Hund muss richtig gezeigt werden, wer der Herr im Haus ist!« So auch in diesem Fall. Da Frau X dazu nicht in der Lage war, übernahm das der Ausbilder. Der Hund wurde an dem Stachelhalsband nach unten gerissen. Als er daraufhin

vor lauter Angst knurrte, um sich gegen diese Behandlung zu verteidigen, fühlte sich der Ausbilder in seiner Meinung über diesen dominanten Hund zusätzlich bestätigt. Dass ein Hund einen anknurrt, darf natürlich erst recht nicht sein. Zur Strafe schleuderte er den Hund am Halsband durch die Luft. Seit dem Tag hat Familie X mit dem Hund ein ernstes Problem. Wenn man ihn ins Auto einlädt, dreht er fast durch und beißt sich die Zähne blutig. Sein Vertrauen in die Menschen wurde durch diesen einen Vorfall aufs Tiefste zerstört. Bei den unbedeutendsten Sachen fühlt er sich bedroht und schnappt zu.

Natürlich reagiert nicht jeder Hund so extrem auf diese Behandlung wie dieser hier. Aber ähnliche Geschichten hört man leider oft. Wann werden diese Ausbilder endlich für den Schaden, den sie so anrichten, zur Rechenschaft gezogen?

Und wann verschwindet endlich die Annahme aus den Köpfen noch vieler Hundehalter, dass das Befolgen von Kommandos etwas mit Dominanz zu tun hätte?

Womit es in Wirklichkeit zu tun hat, haben Sie nun gelernt. In den allermeisten Fällen ist es der Fehler des Ausbilders, wenn der Hund ein Kommando nicht befolgt. Es bringt also absolut nichts, sich über den Hund zu ärgern, nur weil man z.B. bisher noch keine Zeit oder keine Lust hatte, ein Kommando auch unter entsprechender Ablenkung zu üben. Ein Hund folgt nun mal nicht auf Knopfdruck. Die Leute, die das immer noch glauben, bezahlen oft einen hohen Preis für ihre irrige Annahme. Meiner Meinung nach sollten sich solche Menschen ferngesteuerte Plüschhunde zulegen, wenn sie eben so viel Wert auf Fernsteuerung legen.

»Nein«-Kommando III

Wiederholen Sie wieder kurz, dass Sie ein Leckerchen auf den Boden werfen und mit »Nein« den Hund dazu bringen, es liegen zu lassen und stattdessen Ihnen nachzulaufen. Wenn das gut klappt, kommt der nächste Schritt. Nun brauchen Sie einen Helfer. Für Hunde, die gerne mit einem Ball spielen, können Sie jetzt den Ball nehmen. Wenn nicht, bleiben Sie einfach beim Leckerchen. Ihr Helfer stellt sich in einiger Entfernung zu Ihnen auf. Sie machen den Hund heiß auf das Spielzeug und werfen es dann in Richtung der Hilfsperson. Sie haben einige Versuche, möglichst gut zielen zu üben. Eventuell müssen Sie Ihren Helfer noch ein wenig anders postieren. Der macht im Moment noch gar nichts. Einige Male werfen Sie also den Ball und der Hund darf ihn sich nehmen. Nach fünf bis sechs Mal sagen Sie »Nein«, wenn der Hund losstürmt, den Ball zu jagen. Denken Sie daran, Sie brauchen es nicht zu schreien! Es ist für den Hund sozusagen jetzt nur eine Information: Wenn du jetzt rennst, rennst du umsonst. Dafür muss Ihr Helfer sorgen! Sollte der Hund trotzdem durchstarten, muss der den Ball vor dem Hund haben! Deshalb sollten Sie möglichst gut zielen. Sie laufen rückwärts und wenn der Hund zu Ihnen kommt, wird mit einem möglichst für den Hund besseren Spielzeug eine Weile gespielt. Dann müssen Sie wieder eine Weile den Hund den Ball fangen lassen. Denn sonst wird der Hund bald gar nicht mehr loslaufen, weil er schon ahnt, dass ja doch ein »Nein« kommt. Auch wenn der Hund sich den Ball schnappen darf, soll der Helfer in Position stehen. Sonst lernt der Hund schnell, dass er immer nur ein »Nein« hört, wenn die zweite Person anwesend ist.

Wenn das soweit ganz gut klappt, können Sie immer bessere Spielzeuge für diese Übung verwenden und den Hund vorher immer heißer machen.

Bei einem nicht ganz so tollen Spielzeug können Sie es dann mal riskieren, den Ball zu werfen, wenn keine zweite Person da steht. Erst darf sich der Hund wieder einige Male den Ball holen, dann kommt das »Nein«. Dieser Schritt sollte aber erst folgen, wenn Sie sich ziemlich sicher sind, dass der Hund auch folgen wird. Jetzt haben Sie nämlich niemanden mehr, der auch für den Misserfolg sorgt, wenn der Hund trotzdem den Ball holen will. Der Hund sollte jedoch möglichst nie Erfolg haben, wenn er das »Nein« gehört hat.

Timmy befolgt das »Nein« und dreht sich zu Jutta um – sonst hätte Michaela für seinen Misserfolg gesorgt.

Wenn der Hund folgt und zu Ihnen zurückkommt, denken Sie daran, ihn ausgiebig zu loben! Machen Sie diese Übung immer mal wieder, damit der Hund sie nicht verlernt.

Sie können die Anforderungen an den Hund noch weiter steigern, wenn Sie – wieder mit Helfer arbeitend – ihm erst das Kommando geben, wenn er immer näher an seiner »Beute« ist. Je näher der Hund mit der Nase schon am Ziel ist, desto schwerer wird es für ihn, sich loszureißen. Und desto flinker muss aber auch die Hilfsperson sein!

Zunächst geht Karl-Hans rückwärts, um Jerrys Aufmerksamkeit zu bekommen ...

Nun wird es auch Zeit, auf variable Belohnung umzuschalten. Was es damit auf sich hat, wird im nächsten Kapitel erklärt.

Wenn Sie sich bis hierhin mit dieser Übung vorgearbeitet haben, können Sie es auch schon mal wagen, das »Nein« außerhalb der Trainingssituation anzuwenden. Wenn es funktioniert, haben Sie gute Arbeit geleistet. Wenn es noch nicht klappt, war der Anreiz für den Hund wohl noch zu groß. Dann müssen Sie sich überlegen, wie Sie eine Trainingssituation gestalten können, in der der Hund einen ähnlich großen Anreiz hat, Sie aber im Notfall für einen Misserfolg sorgen können.

Der Hund erblickt ein potentielles Jagdopfer. Es ist leichter, ihn jetzt mit »Nein« von der Jagd abzuhalten, als wenn er schon gestartet ist.

Bei Fuß I

Wir wollen den Hund nicht mit der Leine in die richtige Position ziehen, um dann das Kommando geben zu können. Die Leine sollte nur da sein, um den Hund im Notfall am Weglaufen zu hindern! Versuchen Sie sich also abzugewöhnen, dem Hund mit der Leine irgendetwas sagen zu wollen. Das ist gar nicht so einfach, wenn man schon lange Zeit immer mal wieder an der Leine zieht. Statt dessen machen Sie den Hund auf sich aufmerksam. Dazu können Sie ein Spielzeug oder ein Leckerchen für den Anfang in der Hand haben. Hier sind wir wieder beim Formen durch Hilfestellung. Mit dem Futter oder dem Spielzeug wird der Hund in die richtige Position gelockt. Ist Ihr Hund sehr unaufmerksam, können Sie die ersten Schritte rückwärts gehen und ihn hinter sich herlocken. Dann wird der Hund nicht vorlaufen wollen. Wenn Sie die Aufmerksamkeit des Tieres haben, können Sie sich dann an seine Seite drehen. Wenn der Hund sich dann in der richtigen Position befindet, geben Sie

Hat der Hund den Anfang einer Übung richtig verstanden, können Sie das relativ schnell weiter ausbauen. Daher sind zu Beginn wirklich »nur« die ersten Schritte wichtig. Über die richtige Belohnung (nächstes Kapitel) geht es dann weiter.

Auf einen Blick

▶ Der Hund versteht unsere Worte nicht. Ein Kommando muss daher zunächst mit dem entsprechenden Verhalten verknüpft werden, d.h. es muss in dem Moment gegeben werden, wenn das zugehörige Verhalten auch gezeigt wird.

▶ Geben Sie Ihrem Hund nach jedem ausgeführten Kommando ein Freizeichen, wenn er die Übung beenden darf. Dadurch lernt der Hund, ein von Ihnen gewünschtes Verhalten so lange zu zeigen, bis er entweder ein anderes Kommando oder das Freizeichen bekommt.

▶ Wenn ein Hund ein Kommando nicht befolgt, liegt das zu 99% daran, dass er es noch nicht richtig gelernt hat. Entweder versteht er Sie nicht oder er hat das Verhalten noch nicht wirklich mit dem Kommando verknüpft. Vielleicht hat er das Kommando noch nicht verallgemeinert oder es wurde noch nicht unter immer steigender Ablenkung geübt. Vielleicht ist der Hund auch einfach nur nicht motiviert. Es besteht also keinen Grund, auf den Hund böse zu sein. Man sollte sich lieber an die eigene Nase fassen.

... dann dreht er sich in die richtige Position und kann den Hund für ein tolles Bei-Fuß-Gehen belohnen.

das Kommando und einen Klick mit der Belohnung. Belohnen Sie anfangs den Hund ziemlich schnell. Zwei bis drei Schritte reichen vollkommen aus! Die meisten Hundehalter neigen dazu, viel zu viel am Anfang zu verlangen, und der Hund wird wieder unaufmerksam. Machen Sie es dem Tier also relativ einfach, damit es auch Erfolg haben kann! Am besten probieren Sie erst einmal ohne Hund die zwei bis drei Schritte. Es ist nicht viel, für den Hund und auch für Sie aber dicke genug, weil Sie beide sich gut konzentrieren müssen.

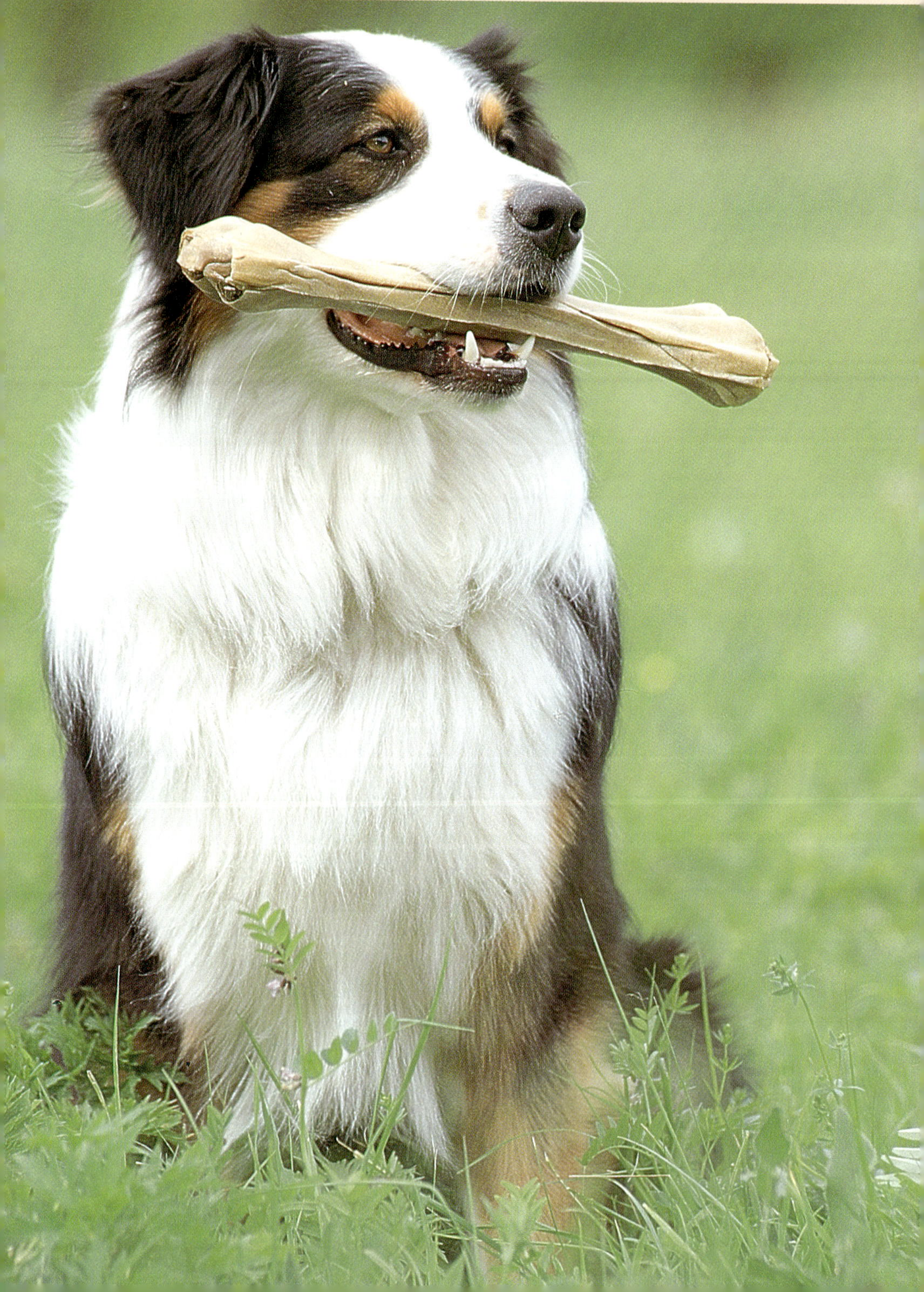

Verschiedene Belohnungsmodelle

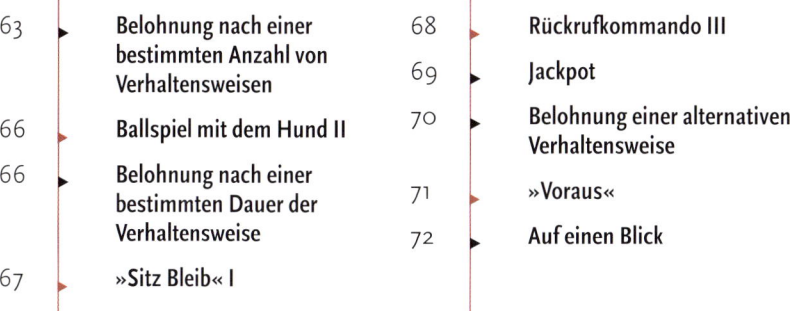

»Schluss mit Leckerli und Trallala!« war neulich in einer Hundezeitschrift zu lesen. Und damit ist genau getroffen, was viele mit der positiven Ausbildungsart missverstehen. Die meisten Menschen glauben, man müsste den Hund dann sein Leben lang mit Leckerchen bestechen. Denn ohne Leckerchen gehorche er gar nicht mehr. Bei all den Leuten, die in der Ausbildung nur bis hierhin kommen, ist das in der Tat so möglich. Daher gehört zu einer guten Ausbildung auch unbedingt, über die unterschiedlichen Belohnungsmodelle Bescheid zu wissen. Da muss ich diejenigen loben, die Klickertraining als ihre Ausbildung gewählt haben. Denn alle Bücher übers Klickertraining enthalten auch die wichtigen theoretischen Hintergründe. Aber wo erfährt man sonst schon etwas über unterschiedliche Belohnungsmodelle? Dabei ist das ein so wichtiges Thema! Allein darüber könnte man ein Buch schreiben! Im Folgenden möchte ich die unterschiedlichen Belohnungsmodelle auch wieder anhand von Beispielen aus dem menschlichen Alltag bringen, um deutlich zu machen, was sie bewirken.

▶ **Belohnung nach einer bestimmten Anzahl von Verhaltensweisen**

Bis jetzt wurde der Hund noch jedes mal belohnt, wenn er sich in der gewünschten Weise verhalten hat, was anfangs auch sehr wichtig ist. Versuchen Sie sich das übrigens auch anzugewöhnen, wenn der Hund sich »normal« verhält. Das wird nämlich leider viel zu oft übersehen: Da liegt der Hund schön brav auf seiner Decke oder im Restaurant unterm Tisch und keiner beachtet ihn. Denken Sie daran: Dieses Verhalten ist nicht selbstverständlich! Bestärken Sie Ihren Hund auch darin!

Wir Menschen neigen nämlich dazu, gutes Benehmen als selbstverständlich hinzunehmen, nur bei schlechtem Benehmen werden wir aufmerksam. Es gibt Hunde, die lernen gerade dadurch das schlechte Benehmen! Denn nur dann bekommen sie Aufmerksamkeit!

Aber zurück zu unseren Belohnungsmodellen: Bis jetzt hatten wir es also mit der ständigen Belohnung zu tun. Zum Erlernen einer Verhaltensweise und dafür, dem Hund verständlich zu machen, was wir von ihm wollen, ist es wichtig, jedes Mal zu beloh-

Loben Sie Ihren Hund auch immer wieder, wenn er sich, wie hier Aljoscha, »normal« verhält!

Anders ist es, wenn Sie mit Ihrem Fahrrad z.B. durch zwei eng stehende Mülltonnen gefahren sind oder wenn Sie ein geschicktes Ausweichmanöver gefahren sind, um dadurch vielleicht einen Unfall zu vermeiden. Wenn Sie in dieser Situation nach langer Zeit mal wieder für Ihr Können gelobt werden, ist das doch sehr aufbauend.

Daher ist es wichtig, in der Hundeausbildung von der ständigen Belohnung weg und hin zu einem anderen Belohnungsschema zu kommen. Eine Möglichkeit ist es, nach einer bestimmten Anzahl von Verhaltensweisen zu belohnen. Der Hund wird z.B. erst nach jedem zweiten Hinsetzen belohnt.

Das ist der erste Schritt nach der ständigen Belohnung. Man muss den Hund nämlich erst langsam umgewöhnen. Sehr sensible Hunde werden u.U. deutlich auf diesen Entzug des Leckerchens reagieren. Daher ist es wichtig, den Hund schrittweise diese neue Erfahrung machen zu lassen.

Wann steigt man also auf diese Art der Belohnung um?

Wenn man den Eindruck hat, der Hund weiß, was man von ihm will! Ob man in seiner Ansicht richtig gelegen hat, sieht man daran, wie der Hund reagiert, wenn er kein Leckerchen bekommt. Wird er dadurch ganz verunsichert und demotiviert, war dieser Schritt noch zu früh. Benimmt er sich aber nach dem Motto: »Nanu? Ich habe doch alles richtig gemacht. Wo bleibt denn mein Leckerchen?«, dann war der Zeitpunkt richtig gewählt. Jetzt können Sie die Anforderungen an den Hund immer weiter hochschrauben: Erst muss er also zweimal ein Kommando befolgen, bevor er wieder ein Leckerchen bekommt, dann dreimal usw.

nen, wenn der Hund in der gewünschten Weise reagiert. Wenn er dann jedoch eine Übung beherrscht, wird dieses Belohnungsschema zu langweilig. Überlegen Sie sich noch mal, wie es war, als Sie lernten, Fahrrad zu fahren. In der Anfangsphase wurden Sie durch jede Belohnung angespornt. Stellen Sie sich aber jetzt vor, nach einiger Zeit, als Sie das Radfahren schon gut beherrschen, kommt immer noch jemand und sagt immer, wenn er Sie sieht: »Mensch, du kannst aber gut fahren!« Kämen Sie sich nicht ziemlich veräppelt vor? Ob die Hunde auch so empfinden, kann ich natürlich nicht sagen. Aber auf jeden Fall ist das, was eigentlich als Lob gedacht ist, in einer solchen Situation eher nichtssagend und langweilig.

REGELMÄSSIGE UND VARIABLE BELOHNUNG ▶ Um dem Hund die neuen Spielregeln einfacher verständlich zu machen, ist es ganz sinnvoll, für kurze Zeit regelmäßig jedes zweite oder auch jedes dritte Mal zu belohnen. Dann sollte man von dieser regelmäßigen aber unbedingt auf eine variable Belohnung wechseln!

Dazu wieder zunächst ein Beispiel aus dem menschlichen Leben. In vielen Berufen werden Arbeiter nach der Anzahl ihrer Arbeitsstücke entlohnt. Stellen Sie sich also vor, Sie müssten hundert Arbeitsstücke machen, bevor Sie Ihren Lohn bekommen. Dann ist es in der Regel so, dass nach empfangenem Lohn die Arbeit erst einmal sehr schleppend losgeht. Die Motivation ist erst einmal dahin; denn bis zum nächsten Lohn muss man ja erst noch hundert Stücke abliefern. Ist man aber dann gegen Ende, sagen wir bei Nummer neunzig, angelangt, dann ist man für die nächsten paar hochmotiviert, weil es ja dann auch wieder Lohn gibt.

Genauso ginge es Ihrem Hund, wenn er wüsste, er würde – sagen wir mal – jedes fünfte Mal belohnt. Die ersten Übungen nach der Belohnung würde er recht halbherzig machen und sich höchstens für die fünfte Übung etwas anstrengen. Daher ist es wichtig, die Belohnung variabel zu gestalten, d.h. einmal wird er nach fünf Übungen belohnt, einmal nach dreien, dann auch mal nach einem Mal, dann wieder nach vier Mal usw. Der Hund weiß also nie, wann das Leckerchen oder das Spiel kommt.

Nach demselben Prinzip arbeiten die Spielautomaten oder die Lotteriegesellschaften. Man weiß nie, wann der Gewinn kommt. Es könnte immer das nächste Mal sein. Viele Leute sind regelrecht süchtig danach.

Außer der steigenden Spannung, die man damit für den Hund erzeugt, hat diese Art der Belohnung noch einen anderen wichtigen Vorteil:

Im ersten Kapitel haben Sie schon vom Löschen gehört. Wenn eine Verhaltensweise nicht mehr von einer angenehmen Konsequenz gefolgt wird, wenn sie sich also nicht mehr lohnt, wird sie gelöscht. Wenn ein Hund regelmäßig jedes Mal für ein »Sitz« belohnt wird und auf einmal bleibt die Belohnung weg, wird der Hund sich relativ bald nicht mehr hinsetzen. Es lohnt sich nämlich nicht für ihn.

Wenn der Hund schon auf ein regelmäßiges Belohnungsschema umgestellt war, wobei er z.B. jedes fünfte Mal belohnt wird, doch dann bleibt die Belohnung weg, wird auch hier das Verhalten gelöscht. Es dauert jedoch etwas länger, weil der Hund nicht so schnell merkt, dass die Belohnungen ausbleiben.

Ist er jedoch schon auf variable Belohnung umgestellt, ist das Löschen eines Verhaltens am schwierigsten. Das möchte man natürlich haben für die Dinge, die wir dem Hund beibringen. Anders ist es bei von uns unerwünschten Verhaltensweisen. Hier gilt natürlich dasselbe Prinzip. Auch hier ist am schwersten zu löschen, was variabel belohnt wird. Ein Hund, der nur ganz selten vom Tisch mal einen Happen abbekommt, ist auf einem perfekten variablen Belohnungsschema und daher ist sein Bettelverhalten nur sehr schwierig zu löschen.

Sie sehen also, wie viel Wirkung die unterschiedlichen Belohnungsmodelle haben!

So fasziniert wie Menschen von Spielautomaten sind, kann der Hund von der Arbeit mit Ihnen sein.

Lotte hat gelernt, den Ball mit der Pfote zu manipulieren.

Ballspiel mit dem Hund II

Diese Theorie wollen wir gleich wieder in die Praxis umsetzen. Nehmen Sie sich noch einmal Ihren Hund, einen Ball, Klicker und Leckerchen. Beim letzten Mal gab es noch bei jedem Berühren des Balles Klick und Leckerchen. Wiederholen Sie diese Übung kurz, damit der Hund wieder weiß, worum es geht. Wenn das der Fall ist, setzen Sie mal einmal mit dem Klick und dem Leckerchen aus. Versucht Ihr Hund es dann noch einmal, bekommt er auch wieder seine Belohnung.

Ist er aber ganz verwirrt und weiß gar nicht mehr, was er tun soll, dann war er noch nicht so weit. Gehen Sie dann einfach noch mal eine Weile dazu über, ihn für jedes Berühren zu belohnen, bevor Sie noch einmal den Versuch starten, dass der Hund zweimal den Ball berühren muss, bevor Klick und Leckerchen kommen.

Wenn es aber schon klappt, gehen Sie zügig zum nächsten Schritt, dem 3er: erst dreimal Ball berühren gibt Klick und Leckerchen.

Und wenn auch das klappt, werden Sie variabel: Manchmal reicht einmal berühren, manchmal muss der Hund den Ball fünf Mal berühren. Sie sind damit auch flexibel, welche Ausführung Sie belohnen. Berührt Ihr Hund nur so halbherzig den Ball, bekommt er dafür keine Belohnung. Schießt er ihn aber schon ein Stück nach vorne, gibt es was. So können Sie sich die schönsten Ballkontakte aussuchen und diese immer weiter positiv verstärken.

Vielleicht wollen Sie auch die Ballkontakte verstärken, die das Leder in Richtung Tor befördern. Dann gibt es demnächst nur noch Leckerchen für ein geschossenes Tor. Spätestens dann können Sie Ihren Vierbeiner im örtlichen Fußballverein anmelden!

Belohnung nach einer bestimmten Dauer der Verhaltensweise

Auch in dem Fall kann man wieder eine regelmäßige und eine variable Belohnung unterscheiden.

Bei der regelmäßigen Form wird der Hund z.B. immer nach einer Minute gelobt, wenn er ein bestimmtes Verhalten, z.B. das »Sitz Bleib« zeigt. Ein Hund gewöhnt sich schnell an eine bestimmte Zeit. Er wird dann nach einiger Weile automatisch nach einer

Gleich schießt Lotte ein Tor!

Minute aufstehen. Daher ist es auch hier wichtig, variabel zu sein und immer wieder die Zeitspanne zu verändern.

Auch einen Hund, der das »Sitz Bleib« schon über fünf Minuten beherrscht, soll man zwischendurch ruhig auch schon mal nach wenigen Sekunden belohnen. So bleiben die Übungen für den Hund immer spannend.

Wenn man stattdessen die Länge immer nur ausdehnt, weil »der Hund das ja schon so gut kann« und die meisten Leute es dann nicht mehr für nötig halten, ihn auch noch mal nach z.B. nur fünf Sekunden für ein »Bleib« zu belohnen, wird die Aufgabe für den Hund ziemlich langweilig. Wird er jedoch von Zeit zu Zeit mit einer Belohnung überrascht, wenn er sie noch gar nicht erwartet, wenn Sie also wirklich in Ihrer Art zu belohnen variabel sind, dann machen Sie dem Hund die Ausbildung spannend.

»Sitz Bleib« I

Lassen Sie Ihren Hund sich neben Sie hinsetzen. Nun zögern Sie die Belohnung bzw. das Geben des Freizeichens immer weiter hinaus. Bei manchen Hunden kann man diese Übung nur sekundenweise steigern. Anfangs stehen Sie immer noch neben dem Hund. Erst wenn der schon eine ganze Weile ziemlich sicher neben Ihnen sitzen kann, drehen Sie sich in der nächsten Übungseinheit mal vor ihn. Belohnen Sie ihn zunächst schon dafür, dass er sitzen bleibt, während Sie sich vor ihn drehen. Wenn das gut klappt, steigern Sie allmählich die Dauer, die Ihr Hund vorsitzen soll und machen Sie das variabel. Zuerst wird er also belohnt, wenn er durchschnittlich nur wenige Sekunden sitzen

bleibt. Das steigern Sie je nach Fortschritt Ihres Hundes auf durchschnittlich mehrere Minuten. Auch hier wird der Hund also manchmal schon nach sehr kurzer Zeit belohnt, manchmal muss er erst länger sitzen.

Das variable Belohnen ist für uns Menschen gar nicht so einfach. Wir neigen dazu, schnell in eine gewisse Regelmäßigkeit zu verfallen. Versuchen Sie sich also immer wieder kritisch zu beobachten. Beim variablen Belohnen der Dauer hilft es schon, wenn man die Sekunden für sich im Kopf mitzählt und darauf achtet, immer unterschiedlich lang zu zählen. Aber vor lauter Achten auf das Variable lassen Sie das Verhalten Ihres Hundes nicht aus den Augen und belohnen Sie besonders gute Verhaltensweisen, egal ob eine Belohnung jetzt an der Reihe wäre oder nicht.

Marianne übt mit ihrer Eurasierhündin zunächst in deren unmittelbarer Nähe, dass sie immer länger sitzen bleibt.

Eine für Hunde meist tolle Belohnung ist das Losmachen von der Leine. Achten Sie darauf, für was Sie den Hund damit belohnen. Michael macht es richtig: Felix wird für ein schönes »Sitz« losgelassen.

Vielleicht denken Sie jetzt: »Oh je, auf was man da alles achten muss!« Aber mit etwas Übung werden Sie ein Gespür dafür entwickeln. Es ist aber in der Tat so, dass die Hundeführer in unseren Kursen weitaus mehr lernen müssen als die Hunde. Die Hunde machen das, was sie lernen sollen, dann fast schon automatisch, wenn der Hundeführer erst einmal weiß, worauf es ankommt.

Wichtig ist also, mit der Belohnung immer variabel zu sein, wenn das Verhalten erst einmal sitzt. So kann man dann das Geben der Leckerchen nach und nach ausschleichen. Der Hund wird dann ebenso gut gehorchen, wenn Sie mal einige Zeit keine Leckerchen geben, eher sogar besser. Aber von Zeit zu Zeit sollte trotz allem – auch wenn ein Hund eine Übung schon sehr gut beherrscht – ein positiver Verstärker kommen. Aber auch das muss nicht unbedingt ein Leckerchen sein. Es gibt andere Möglichkeiten (siehe S. 34).

Rückrufkommando III

In bekannter abwechslungsarmer Umgebung kommt der Hund jetzt schon zügig beim ersten Rufen zu Ihnen. Das bedeutet jetzt noch lange nicht, dass er das Rückrufkommando beherrscht. Jetzt muss das Kommando erst an verschiedenen Stellen ohne Ablenkung(!) geübt werden. Sollte Ihr Hund allein durch die neue Umgebung schon so abgelenkt sein, dass er nicht beim ersten Rufen kommt, lassen Sie sich nicht zu einem zweiten Rufen verleiten. Stattdessen laufen Sie lieber in die entgegengesetzte Richtung des Hundes weg. Wenn er dann kommt, geben Sie während des Kommens noch einmal das Kommando und loben Sie den Hund. Üben Sie das Zurückrufen während eines Spazierganges immer mal wieder. Leinen Sie den Hund dann auch kurz an und lassen Sie ihn als Belohnung für gutes An-der-Leine-Gehen wieder laufen. Wenn Sie den Hund nämlich immer erst am Ende des Spazierganges zurückrufen und ihn dann anleinen, lernt der Hund, dass das Zurückrufen das Ende des Spazierganges bedeutet. Damit können Sie dem Hund das Kommen wieder abgewöhnen. Oder er kommt gerade nur so dicht an Sie heran, dass Sie ihn nicht anleinen können.

Als nächstes muss der Hund noch lernen, auch unter Ablenkung auf Kommando zu Ihnen zu kommen. Auch da müssen Sie schrittweise vorgehen und dürfen nicht direkt zu viel vom Hund erwarten. Steigern Sie also die Ablenkungen immer nur gerade so weit, dass Ihr Hund das Rückrufkommando noch befolgt. Sollte die Ablenkung einmal zu groß ausgefallen sein, gehen Sie lieber wortlos hin und nehmen den Hund aus der Situation heraus, als das Sie sich verleiten lassen, mehrmals zu rufen.

Ganz hilfreich ist auch das Üben mit langer Leine. Wenn der Hund dann nicht sofort auf das Kommando hört, wird er eben einfach eingezogen und auch dann fürs Kommen belohnt.

Oft hört man von Welpenbesitzern, dass die es gar nicht für nötig halten, in eine Welpenschule zu gehen, weil der Hund ja schon so schön folgt, wenn man ihn ruft. Mal ganz von der Sozialisation abgesehen, die dadurch vielleicht verpfuscht wird, klären Sie diese Leute auf, dass es für einen Welpen ein ganz normales Verhalten ist, zu kommen, wenn er gerufen wird, vorausgesetzt, er fühlt sich auch wohl in seinem menschlichen Rudel. Erst wenn er älter und unternehmungslustiger ist, wird der anfangs scheinbar so wohlerzogene Hund dann auf einmal nicht mehr so ohne weiteres hören. Oft wird er dann

dafür noch bestraft, weil er schließlich schon genau weiß, was das Rückrufkommando bedeutet. Und so wird der Hund systematisch dazu erzogen, eben dann genau nicht zu kommen!

▶ Jackpot

Das menschliche Glücksspiel, das ein so gutes Beispiel für eine variable Verstärkung darstellt, liefert uns noch eine weitere wertvolle Anregung für die Ausbildung unserer Tiere, nämlich den Jackpot, den Hauptgewinn.

Geben Sie Ihrem Hund von Zeit zu Zeit auch einen solchen Hauptgewinn. Das kann ein besonders gutes Leckerchen sein oder ein ganz tolles Spiel mit Ihnen, einfach etwas ganz Besonderes, eben einen Jackpot.

Dadurch machen Sie dem Hund das gute Befolgen Ihrer Kommandos noch erstrebenswerter. Genau wie ein Lotteriespieler hat er nämlich dann immer die Chance, das große Los zu ziehen.

WANN WÄHLE ICH WELCHE BELOHNUNG? ▶ Sie haben jetzt gelernt, dass das richtige positive Verstärken schon eine Kunst für sich ist, womit man jedoch auch sehr viel erreichen kann.

Jutta hat Timmy hier an langer Leine. So kann sie notfalls das Rückrufkommando durchsetzen, um den Hund dann für sein – wenn auch unfreiwilliges – Kommen zu belohnen.

Zusammenfassend lässt sich sagen: Seien Sie in Ihren Verstärkungen so abwechslungsreich wie möglich. Genau wie bei der Strafe, also der negativen Verstärkung, das eigentlich Wirksame der Schreck ist, ist es in diesem Fall die Überraschung! Überraschen Sie Ihren Hund also immer wieder. Verwenden Sie zur Belohnung unterschiedliche Leckerchen, unterschiedliches Spielzeug und auch alles, was der Hund sonst in dem Moment belohnend findet. Je einfalls- und abwechslungsreicher Sie in dieser Hinsicht sind, desto schneller kommen Sie auch davon weg, dass der Hund nur für Leckerchen arbeitet.

Auch mit dem Klicker als sekundärem positiven Verstärker sollte man so abwechslungsreich wie möglich umgehen. Mal bedeutet also Klick Leckerchen, mal bedeutet es spielen, dann laufen dürfen usw.

Mit fortgeschrittener Ausbildung muss dem Klicker auch nicht mehr unbedingt ein primärer Verstärker folgen. Auch ohne das hat er seine Verstärkerfunktion. Man muss ihn dann nur von Zeit zu Zeit wieder »aufladen«, den Hund also daran erinnern, dass der Klick etwas Gutes bedeutet.

▶ Belohnung einer alternativen Verhaltensweise

Auch das ist ein eigenes Belohnungsschema. Was bedeutet es? Nehmen wir einmal an, Ihr Hund liebt es, andere Hunde anzubellen. Wenn Sie dieses Verhalten nicht haben wollen, muss man das nicht unbedingt bestrafen. Sie können auch eine alternative Verhaltensweise positiv verstärken, d.h. der Hund wird für alles gelobt, wobei er nicht bellt. Damit geben Sie dem Hund einen wertvollen Hinweis darüber, was Sie denn eigentlich von ihm wollen.

Hier gibt Silke Grisou einen Jackpot, in diesem Fall eine ganze Hand voll Leckerchen.

Wenn Sie nämlich nur jedes Mal schimpfen, wenn Ihr Hund bellt, weiß er, wenn Sie Glück haben, wofür er geschimpft wird, er weiß aber deshalb noch lange nicht, wie er sich denn stattdessen verhalten soll. Wenn Ihr Hund dazu neigt, das Geschirr abzulecken, wenn Sie die Spülmaschine einräumen, und Sie das nicht mögen, belohnen Sie ihn, wenn er sich stattdessen auf Ihr Kommando einen Meter entfernt hinlegt. Dann kann er nicht lecken. Der Hund versteht, was er stattdessen tun soll und Sie brauchen ihn nicht zu strafen.

»Voraus«

Ihr Hund kann jetzt den Targetstick auf Kommando berühren. Damit haben Sie ein tolles Hilfsmittel für weitere Übungen in der Hand, bzw. für diese erste Übung nicht in der Hand, sondern am Boden.

Halten Sie Ihren Hund mit der linken Hand fest und mit der rechten stecken Sie den Target so weit entfernt, wie Ihr Arm lang ist, in die Erde. Sie geben das Kommando »Touch« oder was Sie gewählt haben. Der Hund wird den Targetstick berühren ✶ Klick und Belohnung.

Als Nächstes können Sie den Hund mit »Bleib« warten lassen und den Target immer weiter entfernen. Achten Sie darauf, den Hund nicht zu überfordern. Wenn er die Übung nicht ausführt, haben Sie den Abstand zu weit gewählt. Das kann er noch nicht. Bis jetzt war der Targetstick schließlich immer in Ihrer Hand. Das ist jetzt was ganz Neues für den Hund.

Wenn der Hund die Übung schön ausführt, können Sie gleich das Kommando »Voraus« einführen. Geben Sie

es kurz vor(!) dem Kommando zum Berühren des Targetsticks. Irgendwann können Sie dann das zweite Kommando weglassen und nur noch »Voraus« verwenden.

Wenn Sie sich auf eine gewisse Entfernung hingearbeitet haben, lassen Sie den Targetstick immer mehr verschwinden, indem Sie den Teleskopzeigestock immer weiter zusammenschieben, bis Sie ihn schließlich ganz weg lassen.

Sie können Ihrem Hund so beibringen, eine bestimmte Entfernung voraus zu laufen, oder dass er so lange läuft, bis Sie ihm ein neues Kommando geben.

Mit dem Spielzeug im Maul kann Leda nicht bellen. Das ist also ein mögliches alternatives Verhalten.

Das Kommando
»Voraus« kann
man einem target-
trainierten Hund
leicht verständlich
machen.

▶ Auf einen Blick

▸ Mit fortschreitender Ausbildung müssen wir davon wegkommen, den Hund für alles, was er macht, zu belohnen. Wir wollen schließlich keinen Hund, der nur für uns was macht, wenn wir auch Leckerchen oder Spielzeug in der Tasche haben. Indem wir ihn nicht immer belohnen, können wir seinen Arbeitseifer sogar steigern.

▸ Bei der Belohnung nach einer bestimmten Anzahl an Verhaltensweisen muss der Hund mehrere Dinge zeigen, bevor er seine Belohnung bekommt. Anfangs soll er immer eine bestimmte Anzahl an Verhaltensweisen zeigen, dann geht man aber über auf variable Belohnung. Jetzt weiß der Hund nie mehr, wann und wofür er bestärkt wird. Er wird sich also mehr anstrengen und wir können uns seine besten Übungen zur Belohnung aussuchen.

▸ Für die Belohnung nach einer bestimmten Dauer einer Verhal-

tensweise gilt sinngemäß dasselbe. Dieses Belohnungsschema kommt in Frage bei Übungen, die der Hund eine bestimmte Zeit lang machen soll, wie die Bleib-Übungen. Hier kann man entweder immer nach einer bestimmten Zeit positiv bestärken oder aber nach immer unterschiedlicher Dauer, womit man zu den besseren Ergebnissen kommt.

▸ Von Zeit zu Zeit sollte der Hund einen Jackpot, also einen Hauptgewinn bekommen. Das wird ihn für die Zukunft noch mehr anspornen. Er ist dann ähnlich motiviert wie ein Lottospieler: Beim nächsten Mal könnte es ja den großen Gewinn geben!

▸ Mit diesen unterschiedlichen Belohnungsmodellen kann man sogar unerwünschte Verhaltensweisen »behandeln«. Durch Belohnen einer alternativen Verhaltensweise zeigt man dem Hund, was er anstelle des unerwünschten Verhaltens tun soll.

Verhaltensketten

Verhaltensketten

▶ Was ist das?

Eine Verhaltenskette besteht aus meh-reren einzelnen Verhaltenselementen, die nacheinander in einer bestimmten Reihenfolge gezeigt werden sollen. Hinzu kommt, dass ein beendetes Ele-ment das Signal für das folgende Ele-ment ist, bzw. das folgende Verhaltens-teil dem vorhergehenden als positiver Verstärker dient.

Wenn Sie Ihrem Hund komplexere Verhaltensweisen beibringen wollen, wie z.B. Zeitung holen, können Sie ihm das in Form einer Verhaltenskette bei-bringen. Das ist sozusagen Training für Fortgeschrittene. Das bisher Gelernte wird jetzt für kompliziertere Aufgaben eingesetzt. Sie werden feststellen, dass es gar nicht so schwer ist, dem Hund relativ anspruchsvolle Dinge wie Zei-tung holen beizubringen.

▶ Aufbau einer Verhaltenskette

Zuerst einmal müssen Sie sich wieder genau klar machen, was Sie dem Hund beibringen wollen. Der allerwichtigste Schritt ist dann, dieses Verhalten in möglichst viele Zwischenschritte zu un-terteilen. Nehmen wir als Beispiel das Apportieren. Auch da haben Sie die Möglichkeit, es in Form einer Verhal-tenskette aufzubauen. Es gibt natürlich auch andere Möglichkeiten, dem Hund das Apportieren beizubringen. So ist es mit allen Beispielen in diesem Buch,

wie Sie sicherlich schon festgestellt ha-ben. Meiner Meinung nach ist es wich-tig, möglichst viele Möglichkeiten zu kennen, einem Hund eine bestimmte Sache beizubringen. Dann kann man damit nämlich – wie auf dem Klavier – spielen. Sie werden mit Sicherheit fest-stellen, dass nicht jede Methode für je-den Hund richtig ist. Daher ist es im-mer äußerst fraglich, wenn man Ausbil-der hört, die sagen: »Du musst(!) das so und so machen...« oder die nach einer bestimmten Methode arbeiten. Wenn Sie an einen solchen Ausbilder geraten sind und eine Sache klappt nicht, so wie Sie es sich vorstellen, können Sie ganz beruhigt sein: Es gibt noch eine ganze Menge anderer Möglichkeiten, einem Hund ein bestimmtes Verhal-ten beizubringen. Und bestimmt ist eine darunter, die Ihnen und Ihrem Hund eher zusagt, als das bisher Ver-suchte. Es zeichnet einen guten Aus-bilder aus, möglichst viele dieser Mög-lichkeiten zu kennen und so flexibel zu sein, sie auch je nach Bedarf einzu-setzen. Die(!) Methode gibt es nun mal nicht!

Nun aber zurück zum Apportieren: Zuerst wollen wir uns klar machen, was genau wir damit dem Hund beibringen wollen. Eine Möglichkeit ist, dass ich den Hund neben mir absitzen lasse, ei-nen bestimmten Gegenstand werfe, der Hund dann erst auf Kommando los-

Einzelschritte beim Apportieren

- Der Hund muss neben Ihnen sitzen können.

- Er muss sitzen bleiben können, wenn Sie den Apportiergegenstand wegwerfen.

- Er muss auf Ihr Zeichen zu dem Gegenstand hinlaufen.

- Das muss er auf unterschiedliche Entfernungen hin können.

- Er muss den Gegenstand dann in den Fang nehmen,

- mit dem Gegenstand im Fang zu Ihnen zurücklaufen,

- das möglichst zügig,

- sich mit dem Gegenstand im Fang vor Sie hinsetzen und

- Ihnen den Gegenstand auf Ihr Zeichen hin abgeben.

läuft, den Gegenstand aufnimmt, auf direktem Weg zu mir zurückkommt, sich mit dem Gegenstand im Fang vor mich hinsetzt und ihn – auf mein Zeichen hin – mir in die Hand gibt.

Es könnte auch der Fall sein, dass Sie es nicht für nötig halten, dass sich der Hund am Anfang und am Ende der Übung hinsetzt. Das ist egal. Wichtig ist nur, dass Sie für sich vorher genau definieren, was für ein Verhalten der Hund zeigen soll. Wenn Sie das einmal so festgelegt haben, sollten Sie auch konsequent dabei bleiben. Es würde den Hund nämlich nur verwirren, wenn er mal sitzen müsste und mal nicht.

Bleiben wir aber jetzt bei unserem oben genannten Beispiel. Nachdem Sie für sich die Aufgabe genau definiert haben, ist der nächste Schritt – immer noch ohne Hund – , die Übung in möglichst viele Unterschritte aufzuteilen. Je genauer Sie vorhin waren, umso einfacher ist das jetzt.

Neun einzelne Teile beinhaltet das auf den ersten Blick so einfach erscheinende Apportieren.

Jetzt erst kommt die Arbeit mit dem Hund. Ihre Aufgabe ist es jetzt zunächst einmal, ihm diese einzelnen Übungen beizubringen. Dabei konzentrieren Sie sich bitte wirklich auf diese einzelnen Schritte. Wenn Sie z.B. mit dem Hund üben, dass er neben Ihnen sitzen bleibt, wenn Sie z.B. einen Ball werfen, üben Sie nur das eine! D.h. Sie werfen den Ball, der Hund bekommt fürs Sitzenbleiben Klick und Leckerchen. Vielleicht geben Sie Ihrem Hund eine Hilfe, indem Sie ihn am Halsband festhalten, während Sie den Ball werfen. Vielleicht interessiert Ihren Hund dann auch das Leckerchen nicht, weil die schönste Belohnung in diesem Fall ist, dem Ball hinterherzujagen. Das ist dann auch in Ordnung. Das Klick beendet ja die Übung. Auch für Sie sollte die Übung an der Stelle beendet sein, auch

Verhaltenskette Apportieren:
Ganz oben: Silas sitzt neben Michaela.
Oben: Er bleibt sitzen, wenn das Bringsel geworfen wird.
Rechts: Auf Befehl läuft er zügig hin und holt es.
Unten: Schließlich sitzt Silas mit dem Bringsel vor, um es dann noch herzugeben.

wenn der Hund von sich aus schon andere Teilstücke des Apportierens anbietet. Aber alles zu seiner Zeit! Jetzt rufen Sie einfach wieder den Hund zu sich, wobei egal ist, ob er mit oder ohne Ball zurückkommt. Dann arbeiten Sie weiter an dem Sitzenbleiben, während Sie den Ball werfen.

Auf diese Art und Weise üben Sie alle einzelnen Teilschritte, bis Ihr Hund jeden für sich beherrscht. Die Reihenfolge ist dabei zunächst ganz unerheblich. Wie Sie sehen, setze ich jetzt schon einiges voraus, z.B.: Wie bringt man dem Hund bei, den Gegenstand ins Maul zu nehmen? Viele Hunde haben damit überhaupt keine Probleme, bei vielen ist es aber ein schwieriger Zwischenschritt. Wie würden Sie es also machen? Durch freies Formen oder durch Formen mit Hilfestellung? Die Prinzipien sind immer die gleichen. In unserem praktischen Beispiel wird eine Möglichkeit genauer erklärt. Aber denken Sie daran: Immer gibt es mehrere Möglichkeiten!

Wenn Sie nun alle diese Teilschritte für sich genommen dem Hund beigebracht haben, beginnt das Zusammensetzen der Kette. Dabei wird von hinten(!) angefangen. Das erste, was Sie jetzt mit dem Hund noch mal üben, ist das Hergeben eines Gegenstandes. (Um ihn hergeben zu können, muss der Hund ihn natürlich auch erst im Maul haben. Von daher lässt sich das Schema hier nicht 100%-ig einhalten.) Das Hergeben ist der letzte Schritt der Verhaltenskette und wird ganz toll belohnt. Jetzt erst werden die anderen Übungsteile eins nach dem anderen in umgekehrter Reihe aneinander gehängt. Der nächste Schritt ist demnach das Vorsitzen mit Gegenstand und dann das Hergeben. Zu diesem Zeitpunkt sollte Ihr Hund schon die variable Verstärkung kennen. Jetzt wird nämlich nicht mehr nach jedem Schritt belohnt, sondern nur noch nach dem letzten. Dadurch wird aber der letzte Schritt zum konditionierten positiven Verstärker für den vorhergehenden und immer so weiter.

(Hunde, die diese variable Verstärkung noch nicht kennen, könnten an dieser Stelle durcheinander kommen. Deshalb sollten Sie diese Art der Belohnung unbedingt vorher geübt haben.)

Wenn Sie auf diese Art und Weise die gesamte Verhaltenskette aufbauen, werden Sie vielleicht auch schon ahnen, weshalb sie rückwärts aufgebaut wird. Dadurch dass Sie mit dem letzten Schritt immer zuerst anfangen, üben Sie ihn daher auch am häufigsten. Dadurch wird der Hund diesen letzten Teilschritt am sichersten ausführen. Er arbeitet sich also von relativ unsicher ausgeführten Übungen zu immer sichereren vor. Das und dass die Belohnung erst am Ende kommt, hält eine Verhaltenskette in Gang. In einem unserer Kurse war ein Musiker mit seinem Hund. Als ich dieses Prinzip erklärte, erzählte er, dass sie im Orchester manche Stücke nach derselben Art und Weise lernen. So wird das Spielen immer sicherer und das Finale klappt am besten.

Wenn Sie vielleicht mal wieder etwas auswendig lernen müssen oder wenn Sie Kinder in der Schule haben, die ein Gedicht lernen sollen, versuchen Sie doch einfach mal, mit dem Lernen von hinten anzufangen. Sie werden überrascht sein, wie gut das geht! Sie wissen ja bereite: Die Lerngesetze gelten auch für Menschen.

▶ Belohnen einer Verhaltenskette

Sie haben bisher gelernt, dass die Verhaltenskette nach dem letzten Verhalten belohnt wird. Ist sie einmal ganz aufgebaut, ist es auch hier wichtig, auf variable Verstärkung umzusteigen. Wenn Sie die Verhaltenskette nämlich immer nach dem letzten Verhalten verstärken, haben Sie keine Möglichkeit, auf die Verhaltenselemente am Anfang oder in der Kette einzuwirken. Es könnte dann dazu kommen, dass der Hund die letzte Übung ganz gut macht, die vorherigen aber immer nachlässiger. Daher ist es wichtig, bei der variablen Belohnung die Kette immer mal wieder nach einem besonders guten Zwischenschritt zu unterbrechen und diesen positiv zu verstärken und nicht erst den letzten Schritt. Damit stellen Sie sicher, dass der Hund immer alle Einzelschritte gut ausführen wird, weil es ja auch dafür schon eine Belohnung geben könnte. Hier ist wieder ein sekundärer Verstärker wie der Klicker wichtig. Damit können Sie exakt den Teilschritt einfangen, den Sie auch belohnen wollen.

Sollte es dennoch dazu kommen, dass eine Übung in der Kette nicht korrekt ausgeführt wird, besteht eine Möglichkeit darin, die Verhaltenskette an dieser Stelle zu unterbrechen, sofern das möglich ist. Nehmen wir noch mal unser Beispiel. Der Hund bleibt nicht sitzen und wartet, bis er unser Kommando zum Apportieren bekommt. Wenn dies das Problem ist, können Sie ihn – wenn Sie schnell genug sind – am Halsband greifen, wenn er einen Frühstart hinlegt. Schaffen Sie es nicht, ihn zu fassen, wird er für sein inkorrektes Verhalten belohnt, indem er den

Eine weitere
Verhaltenskette:
Mogli holt die
Zeitung.

Rest der Kette ausführen wird. Es nützt dann auch nichts, wenn er am Ende keine Belohnung bekommt, denn er weiß dann nicht, was er falsch gemacht hat. Wenn es also möglich ist, sollte man die Kette an der Stelle unterbrechen, wo der Fehler auftritt. In unserem Fall könnte jemand anderes den Ball fangen, um die Kette zu unterbrechen. Dann übt man am besten diesen Einzelschritt noch einmal separat, bevor man die Kette wieder zusammensetzt.

Da es oft schwierig sein kann, eine Verhaltenskette an der richtigen Stelle zu unterbrechen, kommt der variablen Belohnung eine besondere Bedeutung zu, damit es möglichst erst gar nicht zu Problemen kommt. Auch hier gilt der Satz: Eine Kette ist immer so stark wie ihr schwächstes Glied. Welches das schwächste Glied ist, stellt sich oft schnell heraus. Dann ist es wichtig, da besonderen Wert darauf zu legen, es öfter losgelöst von der Kette zu trainieren und in der Kette auch ruhig mal einen Jackpot dafür springen zu lassen, wenn dieser Teil gut klappt.

Üben einer Verhaltenskette: Zeitung holen

Bei dieser Übung handelt es sich um eine sehr umfangreiche, die Sie sich auch in kleinere Abschnitte aufteilen sollten. Die einzelnen Übungsschritte bieten sich dazu an.

Anhand dieses Beispieles wird die Verhaltenskette jetzt noch einmal erklärt. Welche Übung Sie mit Ihrem Hund machen wollen, bleibt Ihnen überlassen. Vielleicht lassen Sie ihn ja lieber die Fernbedienung vom Fernseher holen oder eine Dose Cola aus dem Kühlschrank, oder Sie üben lieber eine Übung aus der Unterordnung (Obedience), wenn Sie sich für diesen Sport begeistern, wie z.B. das Abrufen aus dem »Sitz Bleib« mit ordentlichem vorsitzen und anschließendem »Sitz« in der Grundstellung.

Alles das sind Verhaltensketten und werden nach demselben Prinzip dem Hund beigebracht.

1. Schritt: Sie müssen sich alle einzelnen Schritte der Verhaltenskette verdeutlichen! So unser Beispiel:

▶ Zum Briefkasten laufen, in dem die Zeitung ist (vorausgesetzt, er ist auf direktem Weg zugänglich).

▶ Die Zeitung aus dem Briefkasten nehmen.

▶ Mit der Zeitung in der Schnauze zu Ihnen kommen.

▶ Ihnen die Zeitung abgeben.

Im einfachsten Fall sind es vier Schritte. Muss der Hund noch eine Tür öffnen oder den Deckel vom Briefkasten, erhöht sich die Anzahl der Schritte entsprechend.

2. Schritt: Jede einzelne Übung der Verhaltenskette muss zunächst selbstständig geübt werden, bis der Hund sie beherrscht. Das machen Sie entweder durch freies Formen oder durch Formen mit Hilfestellung.

Eine Möglichkeit, dem Hund beizubringen, die Zeitung ins Maul zu nehmen, sieht über freies Formen im Einzelnen folgendermaßen aus:

Sie beginnen wie beim Berühren des Targetsticks: Zuerst gibt es für jeden Blick in Richtung der Zeitung einen Klick mit Leckerchen, dann nur noch fürs Berühren. Wenn auch das klappt, gibt es die Belohnung, wenn der Hund die Zeitung ansatzweise ins Maul nimmt, dann, wenn er sie richtig nimmt, dann, wenn er sie vom Boden hochhebt und schließlich, wenn er sie unterschiedlich lange hält. Bei so apportierfreudigen Hunden, wie z.B. den Retrievern, schafft man das Ganze eventuell schon in einer Übungssequenz. Es gibt aber auch Hunde, da brauchen Sie für diesen Teil der Übung Wochen. Nur Geduld! Ihr Hund bestimmt das Tempo.

3. Schritt: Die einzelnen Übungen werden in umgekehrter Reihenfolge aneinander gehängt. Also: Sie geben dem Hund die Zeitung ins Maul, lassen sie ihn wieder hergeben ✲ Klick und Belohnung; Sie geben ihm die Zeitung ins Maul, gehen einige Schritte rückwärts, lassen sich die Zeitung geben ✲ Klick und Belohnung; Sie legen die Zeitung vor dem Briefkasten auf den Boden, lassen den Hund sie holen, zu Ihnen bringen und abgeben ✲ Klick und Belohnung; Sie stecken

die Zeitung in den Briefkasten, lassen den Hund sie holen, zu Ihnen bringen und abgeben ✳ Klick und ganz große Belohnung.

4. Die ganze Verhaltenskette bekommt einen Namen, in diesem Fall z.B. »Bring die Zeitung«.

5. Belohnt wird die Verhaltenskette für sehr lange Zeit jedes Mal. Denn der Hund führt in dem Fall schon mehrere einzelne Verhalten aus, die nicht speziell belohnt werden. Erst wenn er die ganze Verhaltenskette sozusagen im Schlaf beherrscht, wird hier auf variable Belohnung umgeschaltet. Das bedeutet dann auch, von Zeit zu Zeit ruhig wieder einmal genau an der Stelle zu verstärken, wo der Hund die Zeitung aus dem Briefkasten holt oder eine andere Stelle. Seien Sie flexibel und machen Sie Ihrem Hund die Übungen immer spannend! Dann wird er auch stets freudig für Sie arbeiten.

Anfangs wird Navajo für ein Anschauen der Zeitung belohnt ...

... dann werden die Kriterien allmählich erhöht. Hier nimmt sie die Zeitung schon ins Maul.

Laufsteg (Beispiel für Kontaktzonengerät im Agility-Sport)

Auch das Bewältigen eines solchen Gerätes kann man als Verhaltenskette von hinten her aufbauen. Das bringt in dem Fall den wichtigen Vorteil, dass der Hund kaum Probleme mit der Kontaktzone haben wird. Für diejenigen, die sich damit nicht auskennen: Bei solchen Kontaktzonenhindernissen muss der Hund beim Auf- und Abgang eine bestimmte Fläche mit mindestens einer Pfote berühren. Viele Hunde haben Probleme v. a. mit der »hinteren« Kontaktzone. Sie neigen dazu, sie zu überspringen. Das kann man ganz gut verhindern, indem man den Tieren dieses Hindernis als Verhaltenskette »rückwärts« beibringt.

Der erste Schritt sieht in dem Fall so aus, dass man den Hund auf die Kontaktzone hebt. (Mit schweren Hunden ist diese Methode natürlich nicht so geeignet!) Auf der Kontaktzone wird der Hund mit Leckerchen und/oder streicheln belohnt. Erst mit einem Freizeichen darf er den Laufsteg verlassen. Einmal vom Laufsteg herunter, bekommt der Hund kein Lob mehr! Nur auf der Kontaktzone gibt es all die guten Sachen!

Wiederholen Sie diesen Schritt einige Male. Der Hund sollte sich auf der Kontaktzone sichtlich wohl fühlen.

Sollte Ihr Hund es nicht gewohnt sein, von Ihnen hochgehoben zu werden, üben Sie das zunächst. Es könnte den Hund nämlich ansonsten ganz schön stressen, wenn Sie ihn hochheben und dann auf der Kontaktzone absetzen.

Im nächsten Übungsschritt wird der Hund in der Mitte des vom Laufsteg herunterführenden Brettes abgesetzt.

Viele Hunde brauchen Sie nun auf der Kontaktzone gar nicht mehr zu bremsen. Das tun sie von alleine, weil sie auf ihre Streicheleinheiten warten. Wieder werden sie auf der Kontaktzone ausgiebig gelobt und dürfen erst mit dem Freizeichen den Laufsteg verlassen. Sollten Sie einen sehr temperamentvollen Hund haben, können Sie ihn natürlich am Halsband halten, um ihm zu helfen. Aber auch wirklich nur dann. Greifen Sie nur ein, wenn Sie merken, dass der Hund nicht alleine stehen bleibt, ansonsten geben Sie keinerlei Hilfestellung.

Als Nächstes arbeiten Sie sich schrittweise immer weiter nach vorne, bis Sie den Hund schließlich alleine auf den Laufsteg hochlaufen lassen. Sie werden sehen, Sie haben dann einen Hund, der zuverlässig auf der Kontaktzone stoppt. Natürlich muss man dann später im Training auch immer wieder einmal auf das Stoppen Wert legen, sonst verlernt der Hund das irgendwann wieder. Wenn das aber gemacht wird, haben Sie mit der Kon-

taktzone keine Probleme. Das Gelernte kann der Hund übrigens auch leicht auf die anderen Kontaktzonen-Hindernisse übertragen.

Wie gesagt: Das ist eine mögliche Lösung zum Erlernen der Kontaktzonen. Es gibt noch viele andere. Man sollte sich das aussuchen, was einem selber und dem Hund am meisten liegt.

Auch der Laufsteg lässt sich als Verhaltenskette von hinten her trainieren: Zuerst setzt Brigitte Ihren Hund Polly auf die Kontaktzone und lobt ihn dort überschwänglich. Erst dann lässt Sie Polly von Mal zu Mal weiter vorne beginnen.

▶ Auf einen Blick

▶ Eine Verhaltenskette ist eine Aneinanderreihung einzelner Übungen, wobei die vorhergehende jeweils das Signal für die folgende ist.

▶ Beim Training einer Verhaltenskette arbeitet man sich rückwärts von einer Übung zur nächsten.

▶ Es ist wichtig, in einer schon gut trainierten Verhaltenskette immer mal wieder einzelne Elemente zu verstärken, damit die Kette nichtzusammenbricht.

Strafe

In diesem speziellen Kapitel werden wir uns noch einmal ausführlich mit der Strafe beschäftigen. Denn leider ist die Strafe immer noch etwas, was viel zu häufig, ohne das nötige Hintergrundwissen und damit auch ohne Erfolg angewandt wird. Die Leidtragenden sind leider die Hunde (dasselbe gilt für alle Tiere, ja sogar Kinder!).

Das könnte jetzt bedeuten, dass man Strafe ruhig anwenden kann, wenn man das nötige Wissen darüber hat (Und das meinen leider viele von sich!). Aber um es gleich vorwegzunehmen:

Jede Art gewaltsamer Strafe, seien es Schläge, Tritte oder Dinge wie Stachelhalsband oder Elektroschock-Halsband, sind aus Tierschutzgründen unbedingt abzulehnen!

Nicht nur tierschutzrechtliche Gründe sprechen gegen die Anwendung solcher Maßnahmen, sondern auch lerntechnische Gründe. Es besteht eine ganz große Gefahr bei der Anwendung solcher Formen von Strafe, wie wir später noch sehen werden.

Warum meint nur jeder, es ginge nicht ohne Strafe? Wir sind es leider alle nicht anders gewohnt. Unsere ganze Gesellschaft benutzt Strafe als etwas ganz Normales. Schon als Kinder werden wir gestraft, wenn wir etwas falsch machen; in der Schule gibt es die Strafarbeiten, später dann die Bußgelder, die einen z.B. für das Nichtbeachten der Regeln im Straßenverkehr bestrafen. Die Gefängnisse sind voll von Straftätern. Aber seien Sie mal ehrlich: Haben Sie das Gefühl, all das bringt etwas? So einfallsreich, wie die Menschheit schon immer im Erfinden von Strafmaßnahmen war (wofür die Folterkammern erschreckende Beispiele sind), müsste man doch annehmen können, dass man die Menschen damit so erziehen kann, dass diese Maßnahmen nicht mehr nötig sind. Aber das ist nicht der Fall.

Vielleicht gelingt es mit den Erfolgen aus der Tierausbildung, ein Umdenken herbeizuführen. Kürzlich schlug ein Minister vor, Autofahrer für vorbildliches Benehmen zu belohnen. Ob der einen Berater hat, der sich in der modernen Ausbildung von Tieren auskennt?

> **TIPP**
> *Die positive Verstärkung funktio-*
> *niert auch beim Menschen. Versu-*
> *chen Sie es doch einfach mal!*

Womit wir wieder bei den Hunden wären: Selbst, wenn Sie sich zu denen zählen, die ihren Liebling sowieso nie strafen würden, sollten Sie sich mit dem Thema beschäftigen. Als so genannter Multiplikator können Sie dazu beitragen, dieses Wissen weiterzuverbreiten, um damit das Leben vieler Hunde angenehmer zu machen. Außerdem sollten die vielen Tiere, die in den wissenschaftlichen Laboren bei der Erforschung der Strafe und ihrer Auswirkungen geholfen haben, das nicht umsonst gemacht haben. Die Erkenntnisse, die dabei gefunden wurden, sollten endlich Einzug in die Köpfe der Menschen halten, womit ich nicht nur die der Hundeausbilder meine.

Um aber über ein Thema zu sprechen, muss zunächst mal sichergestellt sein, dass auch jeder dasselbe darunter versteht.

> ### Was ist Strafe?
Rein wissenschaftlich gesehen ist Strafe – oder besser negativer Verstärker – etwas, was die Wahrscheinlichkeit, dass ein bestimmtes Verhalten in Zukunft auftritt, verringert. Das passiert entweder durch die Präsentation eines aversiven (= unangenehmen) Stimulus oder durch das Entfernen eines angenehmen Stimulus.

Das hört sich natürlich sehr wissenschaftlich an. Da Sie jedoch durch das Kapitel Lob und Strafe schon einige Vorkenntnisse haben, wollte ich Ihnen diese Definition nicht vorenthalten.

Jetzt aber noch einmal im Klartext: Durch das Zufügen von etwas Unangenehmem oder das Entfernen von etwas Angenehmem entstehen Gefühle wie Angst und Panik, bzw. Enttäuschung und Frust. Beide Male wird die Wahrscheinlichkeit, dass das vorhergehende Verhalten in Zukunft auftritt, verringert.

Erinnern Sie sich: Wenn die Wahrscheinlich, dass ein Verhalten häufiger auftritt, erhöht wird, handelt es sich um eine positive Verstärkung.

Für einen, der nicht gewohnt ist, mit diesen Begriffen in dieser Weise umzugehen, ist das ziemlich verwirrend. Diese anfängliche Verwirrung ist aber ganz verständlich. Sie wissen ja inzwischen, wie das mit den Assoziationen im Gehirn abläuft. Sie können sozusagen gar nicht anders. Auch in Ihrem Gehirn müssen sich erst einmal die entsprechenden Verknüpfungen bilden.

Ich werde noch einmal für jeden Fall Beispiele aus dem alltäglichen Leben bringen. Dinge, die man schon am eigenen Leib erfahren hat, sind einleuchtender.

Negative Verstärkung kennt jeder, der in der Kindheit schon mal einen Klaps von seinen Eltern bekommen hat. Das ist die Strafarbeit, die man in der Schule schreiben muss oder das Brüllen des Chefs, wenn einem ein Fehler unterlaufen ist.

Negative Verstärkung ist z. B. der Stubenarrest. Das Angenehme, nämlich draußen spielen zu dürfen, wird entfernt.

Streng genommen dürfte man in all diesen Fällen als Strafe im wissenschaftlichen Sinn jedoch nur sehen, was auch wirklich in der Lage war, das vorhergehende Verhalten in seiner Auftrittshäufigkeit zu verringern!

Positive Verstärkung kann ein Lob sein von den Eltern oder eine Extra-Geldprämie vom Arbeitgeber, vorausgesetzt, es erhöht die Wahrscheinlichkeit, dass das vorhergehende Verhalten öfter auftritt, sonst handelt es sich eben nur um eine Belohnung.

Eine positive Verstärkung kann auch Folgendes sein: Vielleicht haben Sie das schon am eigenen Leib erfahren, wenn Sie Kopfschmerzen hatten und eine Schmerztablette dagegen genommen haben. Die Kopfschmerzen verschwinden und die Wahrscheinlichkeit, dass Sie das nächste Mal wieder zur Tablette greifen, ist erhöht.

Positiv verstärkt wird auch die Mutter, die ihrem schreienden Kind endlich die gewünschten Süßigkeiten kauft. Das Kind hört auf zu schreien, damit verschwindet etwas Unangenehmes und die Wahrscheinlichkeit, dass die Mutter dem Kind auch beim nächsten Schreien etwas kauft, ist erhöht.

Nach diesen Beispielen sind Ihnen die Begriffe nun schon etwas geläufiger. Und wenn ich Ihnen jetzt erzähle, dass dieses Kapitel zum großen Teil von etwas handelt, was streng genommen gar keine Strafe, nämlich negative Verstärkung ist, werden Sie verstehen, was ich meine. Bei einem Hund, der schon fast sein Leben lang mit einem Stachelhalsband rumläuft, kann man nicht davon sprechen, dass die Wahrscheinlichkeit, dass er am Halsband zieht, verringert wurde.

Was jedoch passiert, ist, dass sein Besitzer bei der Anwendung des Stachelhalsbandes positiv verstärkt wird; denn das unangenehme An-der-Leine-Ziehen lässt in dem Moment nach. Sie bekommen eine Ahnung, wie sehr auch wir Menschen in dieses System

Ein so an der Leine ziehender Hund ist nicht nur lästig, das kann auch gefährlich werden. Achten Sie darauf, ein solches Verhalten nicht unabsichtlich zu fördern.

von positiver und negativer Verstärkung verstrickt sind.

So ist also die Strafe wissenschaftlich definiert. Ich denke, Sie bekommen eine Idee davon, dass das Thema Strafe viele auch interessante Fassetten hat, über die man normalerweise gar nicht nachdenkt. Der Amerikaner Steven Lindsay beschreibt das in seinem Buch ganz schön: »Strafe ist eine unausweichliche Tatsache des Lebens. Aus Sicht der Verhaltensforschung ist Strafe überall.... Zusammengenommen bilden das Ausweichen vor unangenehmen – und das Erreichen-Wollen von belohnenden Dingen das Yin und Yang des Verhaltens.«

Wer als Ausbilder das Verhalten des Hundes ändern will, sollte sich mit diesem Thema auskennen.

▶ **Verhalten belohnen – Unangenehmes entfernen**

Wird etwas Unangenehmes entfernt, entsteht das Gefühl von Erleichterung. Auch das ist eine Belohnung, eine positive Verstärkung.

Wenn der Hund zieht, bleiben Sie jedes Mal stehen ...

Obwohl das also keine Strafe ist, wird es in diesem Kapitel mit besprochen, weil hiermit viele für den Hund oft sehr schmerzhafte Fehler gemacht werden.

Das praktische Beispiel ist der Hund, der sich auf Kommando hinsetzt, damit er dem sonst folgenden Leinenruck ausweicht. Der Leinenruck kommt also nicht. Das Verhalten des Hundes ist positiv verstärkt und wird in Zukunft häufiger auftreten.

Ausbilder, die dieses System verwenden, glauben dann, die Hunde tun das ihnen zum Gefallen. Sie wissen es jetzt besser!

Voraussetzung für diese Art der Ausbildung ist erst einmal ein Zufügen von etwas Unangenehmem, was das Tier dann zu vermeiden versucht.

Dieses Meideverhalten wurde an Ratten in einer so genannten Shuttle-Box erforscht. Diese besteht aus zwei Abteilen, wobei man den Boden des einen Abteils unter Strom setzen kann. Passiert das, lernen die Ratten schnell, sich in das andere Abteil zu retten. Wenn der Stromstoß dann mit einem Ton, der kurz vorher ertönt, verknüpft wird, lernen die Ratten, den Strom zu vermeiden. Dasselbe gilt auch für Hunde.

So ein Meideverhalten, wenn es einmal aufgebaut ist, ist dann nur schwer wieder zu löschen, auch wenn die Tiere so erfolgreich sind im Vermeiden des Stromstoßes, dass sie kein weiteres Erlebnis mehr mit dem Strom haben.

Das ist im Gegensatz zu anderen Verhaltensweisen, die bei Nicht-Bestärkung relativ schnell wieder gelöscht werden, eine Eigentümlichkeit des Meideverhaltens. Aus demselben Grund sind auch Ängste und Phobien oft nur schwer zu behandeln.

Es handelt sich bei der Ausbildung über Meideverhalten also durchaus um etwas, was funktioniert. An Stelle des Tones für die Ratten in der Shuttle-Box, ist für die Hunde das Kommando das Warnsignal.

Wichtig ist dann aber, dass das Warnsignal auch jedes Mal(!) dem Leinenruck vorausgeht. Sonst kann der Hund die Verknüpfung nicht herstellen. Ist man in der Ausbildung aber konsequent und macht es vor allem richtig, braucht man nach einigen Wiederholungen keinen Leinenruck mehr. Und wie wir oben gehört haben, sind diese Verhaltensweisen dann nur sehr schwer zu löschen. Das heißt, man muss den Leinenruck, wenn überhaupt, nur ganz selten wiederholen.

Ist man aber nicht konsequent, kann man auch viel Unheil anrichten (siehe Kapitel: Verhängnisvolle Folgen falsch angewandter Strafe, Seite 90).

Nun aber noch ein praktisches Beispiel:

Nicht an der Leine ziehen

Ist man konsequent, lernt ein Hund innerhalb kurzer Zeit, nicht an der Leine zu ziehen. Sie bleiben einfach jedes Mal(!) stehen, wenn der Hund zieht. Ein Extra-Kommando ist nicht notwendig, weil die angespannte Leine zum Signal wird. Sie gehen erst weiter, wenn sich die Leine – wenn auch nur zufällig – wieder lockert.

Sie brauchen den Hund dann auch nicht weiter zu belohnen. Denn das Weitergehen ist Belohnung genug, vor allem, wenn Sie dann mit dem Hund gehen, wohin er will. Es kann zwar sein, dass Sie so während der ersten Übungseinheit nicht sehr weit kommen, aber verlassen Sie sich darauf – Ihr Hund lernt, was gemeint ist.

Wichtig ist nur, dass Sie auch konsequent sind! Im alltäglichen Leben ist das jedoch gar nicht so einfach. Dann muss man vielleicht schnell irgendwohin und hat weder Lust noch Zeit, beim Ziehen an der Leine sofort stehen zu bleiben, bis diese sich wieder lockert.

Wenn der Hund dann aber trotz Ziehen weiterkommt, ist das eine variable Verstärkung für sein Ziehen und es ist ihm dann umso schwerer abzugewöhnen.

Diese Schwierigkeit kann man umgehen, indem man das konsequente Üben mit einer bestimmten Leine macht. Die sollte sich deutlich von der Alltagsleine unterscheiden. Der Hund lernt diese Unterscheidung schnell.

Für Sie hat das den Vorteil, ihre Konsequenz zu üben. Schon bald wird der Hund aber gelernt haben, dass er dieses lästige Stehenbleiben vermeiden kann, indem er darauf achtet, dass sich die Leine nicht anspannt. Wenn der Hund das Nichtziehen mit der speziell dafür gewählten Übungsleine beherrscht, lassen Sie die andere Leine einfach an ihrem Haken hängen.

▶ Negative Verstärkung – Unangenehmes zufügen

Folgt auf ein Verhalten des Hundes etwas Unangenehmes für ihn, wird die Wahrscheinlichkeit, dass er sich wieder

... und wenn die Leine locker ist, gehen Sie sofort weiter.

so verhält, geringer. Was jetzt das Unangenehme ist, ob es nur ein lautes
Wort, eine schlimme Tracht Prügel
oder ein vorenthaltenes Leckerchen ist,
ist dabei egal. All das ist negative Verstärkung, also Strafe. Leider wird jedoch tagtäglich eine Strafe angewandt,
die eben laut Definition keine ist. Die
Hundebesitzer schimpfen immer wieder mit ihrem Vierbeiner, aber das Ver-

halten, um das es geht, zeigt der Hund
über Jahre. Dem Hund werden völlig
sinnlos unangenehme Dinge zugefügt. In meinen Augen grenzt das an
Tierquälerei.

Jetzt wollen wir uns ansehen, was
bei Anwendung negativer Verstärkung
wichtig ist:

Erst einmal ist zu sagen, dass sie
funktioniert. Bei richtiger Anwendung

Strafe richtig anwenden

Die Strafe muss, genau wie die Belohnung auch, auf die Sekunde
erfolgen! Schon zwei Sekunden nach dem unerwünschten Verhalten verknüpft der Hund nicht mehr das, was man eigentlich beabsichtigt hat. Die Strafe ist dann bestenfalls wirkungslos, aber meistens hat sie negative Auswirkungen (siehe Seite 90).

Die Strafe muss immer(!) dem unerwünschten Verhalten folgen! Ist
das nicht der Fall, wird das Verhalten, das ja für den Hund irgendwie belohnend sein muss (sonst würde er es nicht zeigen), variabel
positiv verstärkt, und es ist dann viel schwerer zu unterbinden.

Deshalb muss man sich überlegen, ob man auch wirklich in der
Lage und vor allem immer da ist, ein bestimmtes Verhalten zu
bestrafen. Wenn das nicht der Fall ist, sollte man die Finger davon
lassen. Man macht sonst mehr falsch als richtig.

Die Strafe muss hart genug sein, das unerwünschte Verhalten sofort zu unterbinden. Das ist nun relativ: Bei manchen Hunden
reicht ein lautes Wort, bei anderen müsste schon eine Bombe in
der Nachbarschaft einschlagen, damit sie von ihrem Tun ablassen.
Das ist nur sehr schwer abzuschätzen. Viele Leute machen leider
den Fehler und fangen mit einer leichten Strafe an und steigern diese dann allmählich, weil sie nicht wirkt. Damit erreichen sie nur einen Gewöhnungseffekt. Das macht es noch schwerer, das unerwünschte Verhalten zu unterbinden; und wollte man es dennoch
auf diese Art machen, braucht man eine viel stärkere Strafe, als ursprünglich zum selben Zweck notwendig gewesen wäre. Sie ahnen
jetzt schon, wie schwierig das alles ist und dass es in den meisten
Fällen besser ist, auf Strafe zu verzichten.

kann man unerwünschtes Verhalten damit schnell und dauerhaft unterdrücken. Das wurde an unzähligen Laborexperimenten gezeigt.

TIPP

Gewöhnen Sie sich an, nicht den Hund, sondern das unerwünschte Verhalten zu bestrafen. Das macht einen entscheidenden Unterschied!

Außerdem muss es nichts Grausames und Brutales sein. Manchmal ist Strafe notwendig und es ist wichtig zu wissen, wie man sie effektiv und human einsetzt.

Als Faustregel kann man sagen:

Wenn man eine Strafe öfter als zweimal anwenden muss, um ein bestimmtes Verhalten zu unterdrücken, ist die Strafe falsch angewandt!

Es muss sicher sein, dass die Strafe auch wirklich eine Strafe ist! Oft empfindet der Hund das nämlich ganz anders als wir.

Z.B. will jemand seinem Hund das Bellen abgewöhnen, wenn es an der Tür klingelt. Aus Herrchens Sicht schimpft er laut mit dem Hund, während er zur Tür geht. Aus Sicht des Hundes bellt Herrchen genau wie er, weil es ja an der Tür geklingelt hat. Und im Rudel bellt man eben gemeinsam.

Ein anderes Beispiel ist das Bestrafen beim Anspringen: Aus Frauchens Sicht versucht sie ihren Hund jedes Mal beim Anspringen zu bestrafen, indem sie ihn wegstößt oder ihr Knie in seinen Bauch stoßen will. Aus Sicht des Hundes ist das ein schönes Spiel, was Frauchen da mit ihm spielt.

Die Strafe sollte möglichst so angewendet werden, dass sie für den Hund durch sein Verhalten aus seiner Umgebung erfolgt. Der Hund sollte sie nie mit seinem Menschen in Verbindung bringen, damit das Vertrauen nicht gestört wird. Sonst lernt der Hund, dass man manche Dinge besser nur macht, wenn Frauchen oder Herrchen nicht da sind.

Einem Hund, der vom Tisch klaut, kann man z.B. einen Köder auslegen, der mit ein paar Rappelbüchsen (mit Kieselsteinen gefüllte Getränkedosen) verbunden ist. Beim Klauen gibt es dann auf einmal ein Riesengetöse, wenn die Büchsen auf den Boden fallen. Das sollte den Hund für die Zukunft vom Klauen abhalten. (Aus Sicht des Hundes klaut er übrigens nicht. Das, was die ranghöheren Rudelmitglieder übrig lassen, kann man sich ruhig nehmen.)

▶ Verhängnisvolle Folgen falsch angewandter Strafe

Falsch angewandte Strafe kann in mehreren Bereichen schlimme Folgen haben, und zwar für das Lernen, für die Psyche des Hundes, für die Mensch-Hund-Beziehung und für die Umwelt.

FÜR DAS LERNEN ▶ Eine Strafe erzeugt Stress und unter Stress kann man nicht lernen! Das ist es ja aber, was man eigentlich beabsichtigt, dass der Hund etwas lernen soll. (siehe hierzu auch Seite 110: Stress)

FÜR DIE PSYCHE DES HUNDES ▶ Kann der Hund nicht verknüpfen, weshalb er gestraft wird, geschieht für ihn

die Strafe aus heiterem Himmel. Erfolgt aber so unvorhersehbar etwas Unangenehmes, was man nicht unter Kontrolle hat, macht das Angst. Die Hunde werden unsicher. Sie wagen

All das sind Zeichen von Unsicherheit ...

es nicht mehr, irgendetwas zu machen. Das könnte ja wieder ein Auslöser für eine Strafe sein.

Das kann bis zur **Learned Helplessness** (erlernte Hilflosigkeit) führen. Das ist ein Phänomen, das auch im Versuchslabor entdeckt wurde. Durch für

die Hunde unvermeidbare und unkontrollierbare Strafen hörten sie schließlich auf, überhaupt zu reagieren. Bei Stromstößen lagen sie ängstlich, aber un-

beweglich auf dem stromführenden Boden. Auch als sie wieder die Chance bekamen, sich zu retten, unternahmen sie in dieser Hinsicht keinen Versuch mehr. Denn schließlich hatten sie bisher gelernt, dass ja doch alles keinen Zweck hat. Diese Hunde haben aufgegeben.

Diese Learned Helplessness wird aber leider nicht nur im Labor erzeugt. Auch viele Hunde leiden darunter. Denn das schlechte Timing und die Inkonsequenz vieler Hundehalter stellen fast dieselben Bedingungen dar, wie sie die armen Hunde im Labor erlebten.

FÜR DIE MENSCH-HUND-BEZIEHUNG ▶ Der Hund wird zu einem Menschen, der ihn scheinbar grundlos oder viel zu heftig schlägt, nie wirkliches Vertrauen aufbauen können. Immer hat er Angst. Vielleicht wird er auch aggressiv; denn das ist eine Möglichkeit, auf die Angst zu reagieren. Wie viele solcher Hunde wurden schon als bissig eingeschläfert, die sich »nur« gegen die unfaire Behandlung gewehrt haben.

Zum Glück (oder vielleicht doch nicht?) sind die meisten Hunde hart im Nehmen. Sie werden eben schon seit Jahrhunderten gezüchtet, um mit dem Menschen auszukommen. Sie lassen sich schon eine ganze Menge gefallen. Aber muss das wirklich sein? Es geht auch anders!

FÜR DIE UMWELT ▶ Wir können nie vorhersagen, was der Hund im Moment einer Strafe verknüpft. Verknüpft er den Schmerz mit dem Kind, das er gerade vorbeigehen sieht? Oder verknüpft er den Schmerz mit dem Hund, der ihm im Moment der Strafe entgegenkommt? In diesem Fall verallgemeinern Hunde sehr schnell.

Man kann sich so ein Aggressionsproblem mit entgegenkommenden Hunden unbeabsichtigt selbst aufbauen. Das passiert in der Tat sehr häufig. Ganz oft erzählen die Leute mir: »Ohne Leine ist er ganz friedlich. Aber an der Leine ...«

Drehen Sie sich weg, wenn der Hund Sie anspringt ...

▶ Negative Verstärkung – Entzug von Angenehmem

Als Konsequenz auf ein bestimmtes Verhalten wird etwas Angenehmes entfernt. Daraufhin wird das Verhalten in Zukunft weniger wahrscheinlich.

Es handelt sich dabei um eine Strafe, welche die meisten Leute anwenden, ohne zu wissen, dass sie damit strafen. Wenn der Hund gewohnt ist, für eine bestimmte Übung ein Leckerchen zu bekommen, und er bekommt dann keines, ist das streng genommen eine Strafe.

Eine ähnliche Strafe, also negative Verstärkung, ist es für den Hund auch, wenn man die Übungsstunde beendet und damit dem Hund die Aufmerksamkeit entzieht. Deshalb sollte man eine Übung nie einfach zwischendrin abbrechen, sondern immer mit einer gut gelungenen Aufgabe und viel Lob beenden.

Wenn man diese Art der Strafe bewusst – z.B. in Form von Aufmerksamkeit entziehen – anwendet, ist sie sehr gut geeignet, unerwünschtes Verhalten zu unterbinden. Denn unsere Hunde sind sehr soziale Tiere. Sie brauchen Aufmerksamkeit und Gesellschaft.

▶ Abgewöhnen von Anspringen

Diese Übung können Sie natürlich nur machen, wenn Ihr Hund die Angewohnheit hat, Sie zur Begrüßung anzuspringen und Sie ihm das auch abgewöhnen wollen.

Der Hund springt Sie an, weil dieses Verhalten ein Überbleibsel aus seinemWelpenverhalten ist. Die Welpen springen der Mutterhündin zur Begrüßung an die Mundwinkel, um sie zum Vorwürgen von Futter zu animieren. Dieses Mundwinkellecken wird später als Beschwichtigungsgeste übernommen. Da die menschlichen Mundwinkel etwas höher liegen, muss der Hund uns anspringen, um daran zu kommen. Aus seiner Sicht zeigt er also damit wieder ein völlig normales Verhalten, das für uns jedoch in den meisten Fällen inakzeptabel ist. Das müssen wir dem Hund so deutlich machen.

... und loben Sie ihn augenblicklich, wenn er alle Füße auf dem Boden hat.

wahrscheinlich nach nur wenigen Versuchen verstanden, was Sache ist.

Das muss er dann noch generalisieren (= verallgemeinern), indem er dasselbe Spielchen mit einigen eingeweihten Personen macht. Dann ist ihm bald klar, dass das Anspringen im Reich der Menschen unerwünscht ist.

▸   **Auszeit**

Eine weitere sehr wirkungsvolle negative Verstärkung ist die Auszeit. Dabei wird dem Hund unsere Aufmerksamkeit entzogen.

Es handelt sich hier um eine sehr wirkungsvolle Methode, einige unerwünschte Verhaltensweisen abzustellen, die verglichen mit anderen Formen von Strafe relativ wenig unangenehme Nebenwirkungen hat.

Man muss allerdings einiges beachten, um die Auszeit als wirkungsvolles Werkzeug anzuwenden.

Wie Sie oben schon gelesen haben, ist Gesellschaft für die Hunde sehr wichtig, um nicht zu sagen lebenswichtig. Hunde, die allein gelassen werden, besonders in einer fremden Umgebung, fühlen sich unwohl. Das kann sich zeigen in leichtem Unbehagen bis hin zu richtiger Panik. So kann schon eine kurze Isolation des Hundes so unangenehm für ihn sein, dass man damit unerwünschtes Verhalten kontrollieren kann. In Laborversuchen wurde herausgefunden, dass Hunde auf eine kurze Auszeit von einer Minute genauso reagierten wie auf einen Elektroschock von einer halben Sekunde Länge und einem Milliampere Stärke. Sie sehen also, wie wirksam solche anscheinend harmlosen Maßnahmen sind und wie bedacht sie daher auch angewendet werden müssen!

Eine sehr erfolgversprechende Möglichkeit ist die negative Verstärkung, indem man also dem Hund die Aufmerksamkeit entzieht, wenn er einen anspringt. Sie wissen noch: Aufmerksamkeit entziehen heißt: Nicht angucken, nicht anfassen und nicht anreden! Lassen Sie sich gegebenenfalls von einem Beobachter korrigieren; denn das ist zunächst gar nicht so einfach.

Sobald der Hund wieder alle Füße auf dem Boden hat, bekommt er aber wieder alle Aufmerksamkeit, sie freuen sich mit ihm, streicheln ihn und reden mit ihm. Vielleicht haben Sie auch noch ein Leckerchen.

Dabei lernt der Hund: »Durch Anspringen erreiche ich seltsamerweise nicht, was ich haben möchte. Die Menschen sind schon komisch. Aber wenn ich mit den Füßen am Boden bleibe, dafür werde ich belohnt.«

Sie wenden die negative Verstärkung an, wenn der Hund Sie anspringt und die positive Verstärkung, wenn er alle Füße auf dem Boden hat. Wenn Sie konsequent sind, hat der Hund

WAS MUSS MAN BEACHTEN? ▶

Wichtig ist, dass die Ausbildung über-
wiegend auf einer für den Hund angenehmen Art und Weise ausgeführt
wird. Dann ist es nämlich für den
Hund auch wirklich eine negative Verstärkung, wenn ihm die Gelegenheit,
sich etwas zu verdienen, verwehrt wird.
Wird in der Ausbildung viel mit aversiven (=unangenehmen) Methoden gearbeitet, kann es für den Hund unter
Umständen eine Belohnung sein,
wenn er mal für kurze Zeit dieser Situation entfliehen kann.

Auch hierbei ist das Timing von ent-
scheidender Bedeutung. Bei Auftreten
des unerwünschten Verhaltens muss
auf die Sekunde reagiert werden, damit
der Hund weiß, wofür er bestraft wird.
Wichtig ist wieder: Sie bestrafen ein
Verhalten und nicht den Hund!

Außerdem muss die eigentliche
Strafe mit dem Verhalten verknüpft
werden können. Das erreichen Sie auf
folgende Weise: Das unerwünschte Verhalten markieren Sie mit einem Wort,
z.B. »Ende«. Dabei fassen Sie den

Hund am Halsband, bzw. halten die
Leine etwas auf Spannung und bringen
den Hund so in sein Arrestzimmer. Bis
dahin sollte die Leine gespannt sein.
Sie brauchen nicht an der Leine zu
rucken und dem Hund Schmerzen zufügen, sondern Sie sollen dem Hund
damit nur ein Zeichen geben. Die ge-
spannte Leine überbrückt dann die Zeit
von dem markierten unerwünschten
Verhalten bis zur eigentlichen Auszeit.

Sie können als Marker für das uner-
wünschte Verhalten auch einen Ton
nehmen, den Sie dann anhalten bis zur
Auszeit. Wichtig ist nur, dass Sie dem
Hund auch wirklich deutlich machen:
Das ist das unerwünschte Verhalten,
und die Auszeit ist genau dafür die
Konsequenz!

Genau wie beim Konditionieren des
Klicker braucht der Hund auch hierfür
erst einmal einige Wiederholungen, bevor er versteht, was gemeint ist.

Die Dauer der Auszeit braucht gar
nicht lang zu sein. Schon ein bis zwei
Minuten reichen vollkommen aus. Danach sollte man den Hund wieder in
die ursprüngliche Situation nehmen
und ihm ein alternatives Verhalten zeigen, was man dann verstärken kann.
Reagiert er wieder auf unerwünschte
Art, wird die Auszeit wiederholt.

Als Ort für die Auszeit kann man
zum Beispiel einen Zaunpfosten benutzen. Daran wird der Hund dann angebunden, so dass er bequem sitzen und
stehen, sich aber nicht hinlegen kann.
Zu Hause kann man den Hund für die
Auszeit z.B. ins Badezimmer sperren.
Gut ist es, wenn er auch da z.B. an den
Türgriff angebunden wird, damit er
nicht herumläuft. Hierbei ist allerdings
Voraussetzung, dass er nicht an der Tür
kratzt. Dann sucht man sich besser ei-

**Die Auszeit ist
eine nicht zu unter-
schätzende negative
Verstärkung.**

nen anderen Platz, an dem man den Hund anbinden und er keinen Schaden anrichten kann.

Und denken Sie daran: Die Auszeit sollte wirklich nicht länger als ein bis zwei Minuten dauern!

▶ Kleinstmögliche Belohnung

Will man in der Ausbildung den Hund für einen Fehler korrigieren, vorausgesetzt es ist wirklich ein Fehler des Hundes, ist die Anwendung der kleinstmöglichen Belohnung die beste Möglichkeit. Erinnern Sie sich an unsere Motivationsskala? Die kleinstmögliche Belohnung liegt also knapp rechts vom Nullpunkt.

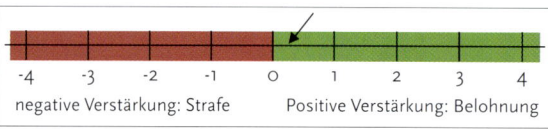

negative Verstärkung: Strafe   Positive Verstärkung: Belohnung

Die kleinstmögliche Belohnung auf der Motivationsskala. Ziel ist es, gerade noch im Bereich der positiven Verstärkung zu bleiben.

Praktisch sieht das z. B. so aus, dass Sie auf das fehlerhafte Verhalten des Hundes hin drei bis vier Sekunden gar nichts(!) machen. Sie entziehen dem Hund also nicht die Aufmerksamkeit, schimpfen nicht mit ihm oder sonst was, sondern tun einfach gar nichts. Dafür ist es natürlich wichtig, dass Sie mit Ihrem Hund eine Verständigung aufgebaut haben, die klar und eindeutig ist. Besonders sensible Hunde reagieren ganz ausgezeichnet darauf. Wenn Sie mit Ihrem Hund also schon erfolgreich mit Falsch-Signal oder Auszeit arbeiten, dabei aber das Gefühl haben, der Hund ist doch nicht so richtig mit Spaß bei der Sache (was kein Wunder ist, denn es handelt sich schließlich um negative Verstärkungen), dann versuchen Sie es mit der kleinstmöglichen positiven Verstärkung in diesem Fall.

Vielleicht verschwindet das fehlerhafte Verhalten nicht ganz so schnell, aber Ihr Hund ist weiterhin sehr motiviert bei der Arbeit. Und das ist die Hauptsache.

▶ Erziehungsmethoden beurteilen

Nachdem Sie jetzt einiges über Strafe gelesen haben, sind Sie sicher in der Lage, Erziehungsmethoden einigermaßen zu beurteilen. Wichtig ist eben, dass die jeweilige Methode funktioniert und dass es den Hunden dabei gut geht. Einmal bekam ich einen Hund vorgestellt, der mit Leinenruck ausgebildet wurde. Der ging genauso freudig an lockerer Leine, wie die vielen Hunde, die das Glück haben, über positive Ausbildungsmethoden ausgebildet zu werden. Es machte richtig Spaß, Hund und Halter bei der Arbeit zuzusehen. Als wir über die Ausbildungsmethode diskutierten, wollte sich dieser Mensch verteidigen und sagte: »Wie oft rucke ich an der Leine? Ist es einmal im Monat? Mehr nicht!« Da sieht man es: Richtig angewandt wirkt Strafe, also negative Verstärkung. Der Mann hatte aber auch das Timing und die Konsequenz, und der Hund konnte sich ohne Probleme darauf einstellen. In diesem Fall wurde außerdem mit viel Lob für das richtige Verhalten gearbeitet.

Vermeiden Sie Ausbildungen, wo mit Angst und Stress gearbeitet wird. Es bringt nämlich nicht nur nichts, es schadet teilweise massiv!

▶ Unerwünschtes Verhalten ändern

In diesem Kapitel will ich nicht sämtliche unerwünschten Verhaltensweisen aufzählen und beschreiben, wie Sie diese ändern können. Das Handwerkszeug dafür haben Sie in diesem Buch bekommen. Nun gilt es, das Gelernte anzuwenden.

Lassen Sie uns noch einmal die wichtigsten Dinge wiederholen.

Wenn Sie ein unerwünschtes Verhalten haben, müssen Sie zunächst einmal versuchen, es so gut es geht zu verstehen. Wie ist es entstanden? Ist es ein für den Hund normales Verhalten, dass mir aber nicht gefällt? Wie wird es positiv verstärkt, also aufrechterhalten? Ist der Hund körperlich gesund oder ist das Verhalten durch eine Krankheit bedingt? Diese Frage klären Sie dann mit Ihrem Tierarzt.

Wenn diese Fragen alle geklärt sind und der Hund gesund ist, suchen Sie sich ein »Werkzeug« aus den vielen Möglichkeiten heraus und wenden es für den Fall an. Überlegen Sie sich möglichst viele Behandlungsmethoden. Dann wenden Sie diejenige an, die Ihnen am meisten zusagt. Vielleicht können Sie auch mehrere kombinieren, um noch eher Erfolg zu haben. So können Sie versuchen, den positiven Verstärker für das unerwünschte Verhalten abzustellen, wenn Sie ihn gefunden haben; Sie können den Hund einfach durch »Management« daran hindern, das Verhalten zu zeigen (ein Hund an der Leine kann z.B. nicht wildern!) oder Sie können ein alternatives Verhalten aufbauen. Erst wenn Sie das alles in mehreren Varianten lange genug versucht haben und dann immer noch erfolglos sind (was ich mir kaum vorstellen kann!), könnte man eventuell über eine Strafe, d.h. eine negative Verstärkung nachdenken.

Vielleicht ist Ihnen das aber auch alles zu kompliziert und Sie wenden sich lieber an einen Fachmann. Es gibt inzwischen viele Verhaltenstherapeuten oder Tierärzte, die sich auf die Verhaltenstherapie spezialisiert haben. Sicher finden Sie auch einen in Ihrer Nähe. Man kann bei Verhaltensproblemen auf jeden Fall eine Menge machen. Mich wundert es oft, mit welcher Aufopferungsbereitschaft die Menschen mit den Problemen Ihrer Tiere leben, weil Sie es gar nicht für möglich halten, dass man daran etwas ändern könnte. Aber man kann!

Man sollte sich aber auch nicht dazu verleiten lassen, bestimmte Probleme sozusagen per Knopfdruck lösen zu wollen. Wer keine Zeit hat, einen Hund auszubilden, sollte sich ein Plüschtier zulegen. Denn jede Ausbildung ist auch immer eine Beschäftigung mit dem Tier, und da Hunde soziale Tiere sind, ist Beschäftigung sozusagen lebensnotwendig.

Rückrufkommando IV

Ihre Aufgabe in dieser Übung ist es jetzt, sich immer stärkere Ablenkungen einfallen zu lassen, um damit das Rufen zu trainieren. Überlegen Sie sich am besten in Ihrem Trainingstagebuch möglichst viele Steigerungen an Ablenkungen. Fangen Sie leicht an, werden Sie aber nach und nach immer schwieriger in Ihren Anforderungen, bis dann Ihr Endziel ist, den Hund von einem flüchtenden Kaninchen abzurufen.

Wichtig ist nun, dass Sie mit dem Hund aber immer nur auf der Stufe üben, wo er auch Erfolg haben kann! Das gilt für Sie natürlich auch. Ersparen Sie sich Misserfolg! Sie werden sehen, wie viel Spaß die Ausbildung dann machen kann! Wenn es auch so scheint, als käme man nur langsam

voran, erreicht man doch weitaus mehr, als wenn Sie die Anforderungen sofort zu hoch setzen.

Hier gebe ich Ihnen einige Anregungen. Bedenken Sie aber, dass Hunde sehr unterschiedlich sind. Wenn ich es hier als relativ leicht darstelle, einen Hund von einer gut riechenden Stelle abzurufen, aber als schwieriger, dasselbe zu machen, wenn er mit einem anderen Hund spielt, kann es sein, dass es für Ihren Hund genau umgekehrt ist. Versuchen Sie, Ihren Hund immer besser kennen zu lernen und versuchen Sie, ein Gefühl für immer steigende Anforderungen zu entwickeln.

Hier also die Anregungen für die Rückrufübung:

▶ Der Hund soll kommen, wenn er gerade irgendwo schnüffelt,

▶ wenn er von Ferne einen anderen Hund, andere Tiere oder Menschen entdeckt, wobei es natürlich schwieriger wird, je mehr sich die Entfernung verringert.

▶ Er soll kommen, wenn er mit anderen Hunden spielt,

▶ wenn er gerade einem Ball nachläuft,

▶ wenn er durch andere Hunde, Menschen, Sonstiges durchlaufen muss, um zu Ihnen zu kommen,

▶ wenn ein anderer Hund in die entgegengesetzte Richtung läuft,

▶ wenn Sie auf ihn zulaufen,

▶ wenn er sehr motiviert einer Beute an der Reizangel nachjagt,

▶ wenn er ein Kaninchen weit weg entdeckt hat und schließlich

▶ wenn er einem Kaninchen oder sonst einem für ihn hoch motivierenden Objekt in unterschiedlicher Entfernung folgt.

Viele Situationen sind dieselben, die Sie auch für die Übung des »Nein«-Kommandos benutzen können. Sie haben also nach einigem Üben zwei Kommandos, mit denen Sie den Hund aus einer eventuell kritischen Situation abrufen können.

Bis das aber einigermaßen verlässlich klappt, empfehle ich Ihnen, in Situationen, in denen Sie ziemlich sicher wissen, dass der Hund nicht folgen wird, entweder Ihr altes Rückrufkommando zu verwenden oder – wenn Ihr Hund von Anfang an das Glück hatte, auf die vorgestellte Weise ausgebildet zu werden – sich ein Wort auszudenken, auf das Ihr Hund nicht zu folgen braucht. Erfahrungsgemäß hat man nämlich sonst Probleme mit manchen Mitmenschen, die es in bestimmten Situationen absolut nicht nachvollziehen können, dass man den Hund manchmal besser nicht ruft, damit man sich sein Kommando nicht kaputt macht. Diesen Leuten zuliebe können Sie dann wenigstens so tun, als ob ...

»Sitz Bleib« II

Um diese Übung immer weiter zu verfeinern, müssen Sie sich zunächst einmal klar machen, welche Anforderungen Sie an den Hund stellen. In diesem Fall sind das:

▸ Er soll sitzen bleiben, bis Sie ihn wieder abrufen oder er das Freizeichen bekommt (und sich nicht hinlegen oder aufstehen),

▸ er soll sitzen bleiben, egal wie weit Sie weg sind,

▸ egal, wie lange Sie weg sind und

▸ unabhängig davon, welche Ablenkung um ihn herum herrscht.

Alle diese Dinge müssen unabhängig voneinander geübt werden. Und wenn man sie nicht geübt hat, darf man nicht erwarten, dass der Hund die einzelnen Sachen auch beherrscht. Es ist nämlich für den Hund wieder etwas ganz anderes, ob er liegen bleiben soll, wenn er Sie sieht oder wenn er Sie nicht mehr sieht, wenn Sie drei Meter neben ihm stehen oder zwanzig Meter weit weg sind, wenn keine Ablenkung da ist oder wenn z.B. andere Hunde vorbeigehen.

Üben Sie also die einzelnen Anforderungen einzeln. Wenn Sie an einer Sache üben, können Sie die übrigen in dem Moment vernachlässigen, wenn der Hund verstanden hat, worum es geht.

Dass er sitzen soll, wenn Sie »Sitz« sagen und sich nicht hinlegen oder aufstehen soll, haben Sie schon beim Kommando »Sitz« geübt. Jetzt könn-

Wenn Sie die Dauer beim »Sitz Bleib« schon geübt haben, kommt als nächstes Kriterium die Entfernung. Die Anforderungen an die Dauer werden in dem Moment erst mal wieder vernachlässigt. Hat der Hund verstanden, worauf es ankommt, wird unter allmählich steigender Ablenkung geübt (in diesem Fall ein vorbeigehendes Mensch-Hund-Team).

ten Sie als Nächstes an der Dauer arbeiten. Das tun Sie mit variabler Belohnung der unterschiedlichen Dauer des Verhaltens. Während Sie also vor oder neben dem Hund stehen, steigern Sie ganz allmählich den Zeitraum, in dem der Hund sitzen bleiben soll. Denken Sie daran, variabel zu sein, d.h. mal wird der Hund belohnt nach einer Minute, mal nach zwei, mal aber auch schon nach einer Sekunde.

Die Zeit sollten Sie nach und nach bis auf mehrere Minuten steigern.

Als Nächstes arbeiten Sie an der Entfernung. Jedes Mal entfernen Sie sich jetzt unterschiedlich weit von dem Hund, dabei wird zunächst die Zeit, die der Hund sitzen soll, nur so kurz gehalten, wie Sie benötigen, um einen bestimmten Abstand zu erlangen. Denken Sie daran: Jetzt arbeiten Sie nur an der Entfernung. Erst wenn auch die unterschiedlichen Entfernungen gut klappen, werden beide Dinge verbunden. Dann arbeiten Sie also in den jeweils unterschiedlichen Entfernungen an den unterschiedlichen Zeiten. Denken Sie daran, die Anforderungen immer nur so weit zu steigern, dass Sie und Ihr Hund auch Erfolg haben können! Denken Sie auch daran, von Zeit zu Zeit für eine besonders gut gelungene Übung einen Jackpot zu spendieren. Das sorgt dafür, dass das Lernen immer Spaß macht!

Erst wenn das alles in ablenkungsarmer Umgebung klappt, wird als Nächstes die Ablenkung eingebaut. Die anderen Kriterien werden dazu zunächst wieder deutlich zurückgeschraubt. Zuerst bleiben Sie also noch bei dem Hund oder entfernen sich dann nur kurz. Bei einer Art der Ablenkung werden dann wieder unterschiedliche Entfernungen und unterschiedliche Zeitdauern eingeführt. Wird die Ablenkung erhöht, bleiben Sie zunächst wieder bei dem Hund, usw. So können Sie Ihre Anforderungen in kleinen Schritten nach und nach steigern, bis Sie den Hund z.B. mitten auf einem Kirmesplatz hinsetzen können, um z.B. Karussell zu fahren. Für solche Situationen empfiehlt sich eher, den Hund abliegen zu lassen, wenn er länger warten muss. Das macht es ihm natürlich angenehmer. Das Liegenbleiben wird natürlich in gleicher Weise Schritt für Schritt aufgebaut wie das »Sitz Bleib«.

Sie werden bis jetzt sicher schon festgestellt haben, dass im Prinzip alle Übungen nach dem gleichen Schema ablaufen. Wenn man sich also an bestimmte Regeln hält, kann man dem Hund nahezu alles beibringen, wozu er körperlich und geistig in der Lage ist.

Auf einen Blick

▸ Strafe oder besser gesagt negative Verstärkung verringert die Wahrscheinlichkeit, dass ein bestimmtes Verhalten in Zukunft auftritt.

▸ Was herkömmlich unter Strafe verstanden wird, ist im engen Sinne eigentlich keine (weil das Verhalten eben nicht verringert wird) und von daher sehr fraglich in der Anwendung.

▸ Die Kriterien, die erfüllt sein müssen, um wirkungsvoll zu strafen, sind sehr schwierig zu erfüllen, weshalb man Strafe besser **nicht** in Betracht zieht im Umgang mit dem Hund!

Was beeinflusst das Lernen?

Was beeinflusst das Lernen?

▶ Dominanz

Dominanz beeinflusst das Lernen und die Ausbildung reichlich wenig. Aber gerade aus diesem Grund möchte ich sie hier behandeln, weil in dieser Hinsicht in der Hundewelt noch völlig falsche Vorstellungen herrschen.

Können Sie sich ein Leittier in einem Wolfs- oder Hunderudel vorstellen, das mit seinen »Untergebenen« so Sachen wie »Sitz«, »Platz«, »Bei Fuß« usw. exerziert? Wohl kaum. Das Leittier in einem Rudel hat seinen hohen Status nicht, um damit die anderen nach seiner Pfeife tanzen zu lassen, im Gegenteil: Die anderen interessieren ihn normalerweise reichlich wenig, und es gibt auch nicht so viele Machtkämpfe, wie vielfach angenommen wird. Anders ist es in der Paarungszeit. Allerdings sollte man diese hormonbeherrschte Zeit nicht als Vorbild für den normalen Umgang mit dem Hund nehmen.

Es ist außerdem etwas ganz anderes, ob sich zwei Hunde um eine Sache streiten oder wir mit unserem Hund. Wir sprechen nicht dieselbe Sprache und Missverständnisse sind daher schon vorprogrammiert. Dazu kommt noch, dass ich jeden nur warnen kann, sich auf eine direkte Konfrontation mit dem Hund einzulassen! Aber das ist auch gar nicht nötig. Selbst in der Verhaltenstherapie, wo es eben hauptsächlich um Problemverhalten geht, gibt es andere und bessere Wege, um einem Hund klar zu machen, »wer der Herr im Haus ist«.

Ein wirklich ranghohes Tier hat auch im Rudel Gewaltanwendung (außer in der Paarungszeit) meist gar nicht nötig. Die Tiere, die das nötig haben, sind weiter unten in der Rangfolge. Jeder, der also meint, sich seinem Hund gegenüber mit Härte und Strenge beweisen zu müssen, strahlt in den Augen des Hundes keine wirkliche Dominanz aus. Das tut eher jemand, der ruhig und gelassen über den Dingen steht und in kritischen Situationen seinen Kopf gebraucht. Man sollte wenigstens annehmen, dass wir in der Hinsicht dem Hund überlegen sind; obwohl mich das, was ich immer wieder erlebe, daran zweifeln lässt.

Vielleicht kann dieses Beispiel überzeugen, dass Dominanz nicht entscheidend für die Ausbildung eines Tieres ist: In amerikanischen Zoos werden die Tiere mehr und mehr über positive Erfahrungen ausgebildet. Einerseits wird das getan, um sie zu beschäftigen, andererseits, um sie besser behandeln zu können. So wird den Tieren z.B. beigebracht, dass sie von einem Gehege ins andere gehen, sich freiwillig Blut abnehmen(!) lassen und solche Dinge. Das wird auch mit Tieren gemacht, die gefährlich sind. Die Ausbildung wird dann zunächst so aufgebaut, dass der Ausbilder gar nicht in direktem Kontakt mit dem entsprechenden Tier ist. Auch das funktioniert, und man kann dann wohl kaum von einem Dominanzverhältnis sprechen.

Dasselbe gilt für die Hunde. Sie brauchen einen Hund nicht besonders hart anzupacken, damit er merkt, wer der Chef ist und Sie ihm etwas beibringen können!

Das soll nicht heißen, dass es in den meisten Fällen unwichtig ist, in der Rangordnung über dem Hund zu stehen. Aber das erreicht man nicht durch Gewalt und für die Ausbildung ist es nicht von Bedeutung. Als gegenüber dem Hund ranghoch hat man es höchstens entsprechend einfach, die Aufmerksamkeit des Hundes zu bekommen, wofür man sich sonst etwas mehr anstrengen muss.

▸   **Intelligenz**

Intelligenz ist ein sehr unterschiedlich definierter Komplex geistiger Fähigkeiten. Das Wort kommt aus dem Lateinischen. »Intellegentia« heißt so viel wie Vorstellung, Einsicht und Verstand. Nach Meyers Neuem Lexikon versteht man darunter »die übergeordnete Fähigkeit, die sich in der Erfassung und Herstellung anschaulicher und abstrakter Beziehungen äußert, dadurch die Bewältigung neuartiger Situationen durch problemlösendes Verhalten ermöglicht und somit Versuch-und-Irrtum-Verhalten und Lernen an Erfolgen, die sich zufällig einstellen, entbehrlich macht.«

Auch Welpen können schon Kommandos lernen, und sie sind mit Begeisterung bei der Sache, wenn das Training richtig aufgebaut ist.

Die Intelligenz eines Hundes ist sicher ein sehr interessantes Thema. Das gilt übrigens nicht nur für die Intelligenz der Hunde, sondern allgemein von Tieren. Bei Tieren wird an Stelle von Intelligenz oft von einsichtigem Verhalten gesprochen.

Jedoch sollten wir das für das Training nicht allzu wichtig nehmen. Man verfällt nämlich allzu leicht der Versuchung, ein Misslingen einer Übung der fehlenden Intelligenz des Hundes zuzuschreiben und nicht seinen eigenen Fehlern in der Ausbildung. Liest man die oben genannte Definition, kann man im Umkehrschluss nämlich auch sagen: Für Versuch-und-Irrtum-Verhalten und Lernen an Erfolgen ist keine Intelligenz nötig. Und das muss man sich immer wieder vor Augen halten: Die angewandten Techniken der Lerntheorie funktionieren; dabei ist es egal, ob sie an einer Schnecke oder an einem Gymnasiasten angewendet werden. Das gilt ganz besonders für die für das Tier angenehme und erfolgversprechende Ausbildung ohne aversive Mittel. Tiere, die auf diese Weise ausgebildet werden, erscheinen uns als besonders intelligent, was die Delfine schön zeigen.

1. Ein Hund, der dazu gezüchtet wurde, mit den Menschen zu arbeiten, wie auf dem Foto der Border Collie, lässt sich naturgemäß leichter motivieren ...
2. ... als einer, der dazu gezüchtet ist, alleine zu arbeiten, wie hier der Kangal.

Es gibt Verhaltensforscher, die sich mit der Intelligenz der Hunde befasst haben. Die Forscher Scott und Fuller kamen nach dreizehn Jahren intensiver Forschung auf dem Gebiet zu folgendem Ergebnis: »Aus all den Informationen, die wir bis jetzt haben, können wir schließen, dass in etwa alle Rassen dasselbe Niveau an Leistung erbringen, wenn es darum geht, Probleme zu lösen; vorausgesetzt, sie können ausreichend motiviert werden, und vorausgesetzt, körperliche Unterschiede und eventuelle Nachteile wirken sich nicht im Test aus, und vorausgesetzt, dass störende emotionelle Reaktionen wie Angst ausgeschlossen werden können. Kurz gesagt: Hunde aller Rassen scheinen sich, was die Intelligenz angeht, ziemlich zu gleichen.«

Die Forscher Breland-Bailey und Bailey, die wohl die meiste Erfahrung darin haben, unterschiedliche Tierarten auszubilden, gehen sogar so weit, dass sie sagen: »Jedes Tier ist das intelligenteste in der ökologischen Nische, in der es lebt.«

Außerdem ist es ja schon schwierig, die menschliche Intelligenz zu messen.

Wie sollten wir das für ein Tier anstellen, damit wir ihm auch gerecht werden und es nicht anhand menschlicher Maßstäbe beurteilen.

TIPP
Wir dürfen Intelligenz nicht mit Trainierbarkeit und Gehorsam gleichsetzen. Das eine hat mit dem anderen nichts zu tun.

Damit kommen wir auch schon zum nächsten Punkt:

▶ Unterschiedliche Rassen – unterschiedliches Lernen
Die vielen Hunderassen sind zum großen Teil entstanden, weil der Mensch Hunde für bestimmte Aufgaben brauchte. Die Hunde, die sich für eine Aufgabe besonders eigneten, wurden weitergezüchtet. Aufs Aussehen wurde ursprünglich keinen Wert gelegt. Das hat sich heute geändert. Heute suchen sich viele Menschen einen Hund aus, weil er ihnen vom Aussehen gut gefällt. Das führt häufig zu Problemen. Man kann einen Arbeitshund

nicht den ganzen Tag in der Wohnung einsperren und meinen, drei mal zehn Minuten Auslauf seien genug für ihn.

Aber das ist jetzt nicht unser Thema, denn es geht um das Lernen. Da gibt es dann auch beträchtliche Unterschiede in der Art und Weise oder in der Schnelligkeit, in der die unterschiedlichen Hunde lernen. Das hängt nicht nur von der Rasse ab. Selbst innerhalb einer Rasse zeigen sich oft große Unterschiede. Daher besteht absolut kein Grund, neidig auf dem Hundeplatz zum Nachbarteam zu schielen, wie gut diese die gestellte Aufgabe schon lösen, man selber jedoch nicht so richtig weiterkommt.

Mit manchen Hunden ist es eben einfacher als mit anderen. Auch wenn es schon innerhalb einer Rasse große Unterschiede geben kann, fallen noch deutlicher die Unterschiede zwischen den Rassen auf.

Es kommt viel darauf an, wozu der Hund gezüchtet wurde. Wurde er auf die Zusammenarbeit mit dem Menschen gezüchtet, wie das bei bestimmten Jagdhunden oder Hütehunden der Fall ist, oder war er für die selbstständige Arbeit gedacht? »Eigenwillig«, »unabhängig«, »selbstbewusst« oder »stur« findet man oft als Beschreibungen für Rassen, die nicht so leicht zu erziehen sind. Aber auch bei denen funktionieren die Lerngesetze. Daher kann man jeden Hund erziehen! Für manche Hunde muss man nur etwas einfallsreicher als für andere sein und darf seine Erwartungen vielleicht nicht ganz so hoch stecken. Auf jeden Fall tut man immer gut daran, sich beim Anschaffen eines Hundes mehr nach seinen Eigenschaften als nach seinem Aussehen zu richten.

▶ **Lernen findet immer statt**

Lernen findet nicht nur samstags vormittags auf dem Hundeplatz, sondern immer statt. Das muss man sich immer bewusst machen! Vieles bringen wir dem Hund nämlich ganz unbeabsichtigt bei, obwohl wir das vielleicht gar nicht wollen.

Manche Hunde machen z.B. ein Riesentheater, bevor es zum Spazierengehen losgeht. Es wird an der Haustür herumgesprungen und gebellt, sobald Frauchen oder Herrchen die Leine in der Hand hat. Was passiert? Dadurch, dass die Tür dann aufgeht und der Hund hinauskommt, wird er für sein Verhalten positiv verstärkt. Die Wahrscheinlichkeit, dass er sich das nächste

Ein Hund, der vor dem Spaziergang an der Tür verrückt spielt, herumspringt und bellt, wird durch das Öffnen der Tür genau für dieses Verhalten belohnt.

Mal wieder so anstellt, wird erhöht. So lernt der Hund ganz schnell ein von uns eigentlich unerwünschtes Verhalten.

Im Folgenden sehen wir uns noch einige Beispiele dieser Art an. Es ist für eine gute Verständigung mit dem Hund nämlich wichtig, sich dieser Tatsachen bewusst zu sein. Außerdem ist es wieder nicht die Schuld des »dummen Hundes«, wenn er manch ein ungewolltes Verhalten lernt, sondern meistens unsere eigene.

SO LERNT JEDER HUND PERFEKT, AN DER LEINE ZU ZIEHEN ▶ »Das will ich meinem Hund ja gar nicht beibringen!« werden Sie denken. »Dann brauche ich dieses Kapitel auch nicht zu lesen.«

Tun Sie es lieber doch. Aus Erfahrung kann ich Ihnen nämlich sagen, dass – obwohl niemand dem Hund das An-der-Leine-Ziehen beibringen will – es so gut wie jeder unbewusst tut.

Sehen wir uns das mal genauer an: Der Welpe ist das erste Mal an der Leine. Anfangs geht man meistens mit dem kleinen Kerl vor die Tür, damit er sein Geschäft erledigen kann. Man lässt ihn also hier und da schnüffeln, damit er sich den besten Platz aussuchen kann. Zieht er zu seiner Lieblingshecke, geht man hinterher. Der Welpe wird also für sein Ziehen von Anfang an positiv verstärkt.

Später nimmt man den Hund dann auf Spaziergängen mit. Man hat eine bestimmte Richtung eingeschlagen, der Hund zieht, weil er ein viel schnelleres Grundtempo hat, man selber geht schön hinterher, verstärkt also den Hund in seinem Verhalten. Irgendwann sagt man sich dann, dass es so nicht weitergehen kann. Der Kleine

wird schließlich immer stärker und kommt in ein Alter, in dem man sich so langsam benehmen muss. Also wird hier und da einmal mehr oder weniger kräftig an der Leine geruckt. Wenn man gerade so im Gespräch mit einem Begleiter vertieft ist, denkt man vielleicht nicht immer daran, auch zu reagieren, wenn der Hund zieht. Der Hund hat also wieder Erfolg und wurde zudem perfekt variabel verstärkt. Mal klappt es und mal klappt es nicht, dass er seinen Menschen vorwärts ziehen kann.

Sie haben schon gelernt, dass die variable Verstärkung optimal dazu dient, ein bestimmtes Verhalten auch gut im Hund zu festigen.

Was also passiert meistens? Ganz unbewusst wendet man perfekt die Lerntheorien an, um dem Hund ein Verhalten beizubringen, was man eigentlich gar nicht beabsichtigt hat.

DIE SACHE MIT DEM BRIEFTRÄGER ▶ Stellen Sie sich doch jetzt einfach vor, Sie wären ein Hund. Sie liegen gelangweilt in der Wohnung herum. Auf einmal hören Sie, dass sich jemand der Haustür nähert. Das müssen Sie als dazu veranlagter Hund auch melden, indem Sie bellen. Jetzt lässt dieser Jemand auch noch etwas durch den Türschlitz fallen. Er markiert also vor Ihren Augen. Das geht doch zu weit! Den wollen Sie jetzt aber vertreiben. Laut bellend machen Sie dann einen richtigen Aufstand und geben Ihr Bestes, diesen Eindringling in die Flucht zu schlagen. Und siehe da: Zuerst können Sie es gar nicht fassen, aber Ihnen ist es tatsächlich gelungen, diesen Eindringling in die Flucht zu schlagen. Voller Stolz lässt Sie das als Hund um einige Zentimeter wachsen. »Der soll sich

hält ihn fest und redet mit dem Tierarzt über alle möglichen Dinge. Der zieht die Spritze auf. Vielleicht wird es in dem Moment auch dem Besitzer schon etwas mulmig, schließlich leidet man als Mensch mit seinem Hund mit.

Automatisch wird also der Hund etwas fester angefasst. Die Spannung des Besitzers überträgt sich natürlich auf das Tier, es wird unsicher. Da es aus dieser Situation nicht weg kann, knurrt es, um sich zu verteidigen. Wie reagiert jetzt so gut wie jeder Besitzer? Er versucht seinen Hund zu beruhigen! Er streichelt ihn: »Ist doch gar nicht so schlimm! Es tut ja auch gar nicht weh! Sei schön brav, du darfst doch den Onkel Doktor jetzt nicht anknurren....«

Was bedeutet das aber für den Hund? Er bekommt eine ganz tolle positive Verstärkung für sein ängstliches und aggressives Verhalten. Er versteht nämlich nicht die Worte, sondern nimmt nur den sanften Tonfall wahr. Für ihn bedeutet das dasselbe wie: »Schön machst du das, mach weiter so!«

Viele Hunde lernen – von ihren Besitzern unbeabsichtigt –, Briefträger vehement zu vertreiben.

bloß noch einmal trauen, wieder zu kommen. Dem werde ich es schon zeigen!« denken Sie sich vielleicht.

Und dieser jemand kommt wieder. Pünktlich um dieselbe Zeit wagt er sich am nächsten Tag wieder an die Tür und wagt es auch diesmal, in dieser seltsamen Art zu markieren. Sie strengen sich wieder an und vertreiben den Feind. Erfolgreich!

Natürlich ist das jetzt alles sehr vermenschlicht dargestellt. So wird Ihnen aber die positive Verstärkung deutlich. Etwas Unangenehmes, nämlich der Briefträger, verschwindet, wenn der Hund bellt. Dass der sowieso gehen würde, weil es eben sein Beruf ist, von Haus zu Haus zu gehen, das kann der Hund nicht wissen. In seiner Welt gibt es einen solchen Beruf nicht.

HILFE, MEIN HUND KNURRT ... ▶

... z. B. den Tierarzt an! Stellen wir uns einmal einen ganz normalen Tierarztbesuch vor, vielleicht zu einer Impfung. Der Hund sitzt auf dem Tisch, Besitzer

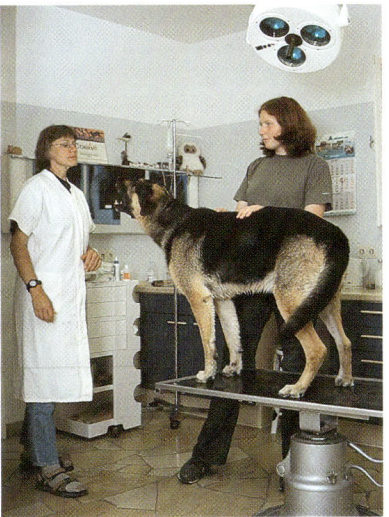

In der Tierarztpraxis kommt es häufig zu Missverständnissen zwischen Hund und Besitzer. Der Mensch sagt: »Bleib ruhig, es passiert dir schon nichts!«
Der Hund versteht: »Gut machst du das, bell weiter!«

Was lernt also der Hund? Richtig: dass er sich beim nächsten Mal wieder so verhalten soll.

Seltsamerweise stimmt auch hier bei allen Hundebesitzern das Timing, auch bei denen, die sonst Schwierigkeiten damit haben.

Wenn man diesen Lernprozess in der Weise vermeiden will, darf man den Hund also nur streicheln, solange er ruhig und entspannt ist.

Hunde knurren auch in anderen Situationen, meistens wenn sie sich unsicher fühlen. In vielen Köpfen herrscht noch die Meinung, ein Hund darf einen nicht anknurren. Da sollte man in der Tat etwas dagegen tun, nur nicht dem Hund das Knurren verbieten.

Als Beispiel der knurrende Hund an der Futterschüssel. Sein ganzer Körper drückt Unsicherheit aus: die angelegten Ohren, die nach hinten gezogenen Mundwinkel und der eingeklemmte Schwanz.

Wenn man in dieser Situation dem Hund durch Schimpfen oder – wie es auch oft geschieht – durch Prügel das Knurren verbietet, nimmt man ihm damit nicht seine Angst. Eher das Gegenteil ist der Fall. Der Hund lernt aber durch diese Strafe (bzw. negative Verstärkung) durchaus, dass er nicht mehr knurren darf. Also wird er beim nächsten Mal ohne Vorwarnung zuschnappen! Wieder ist es dann meistens der böse Hund, der aus heiterem Himmel und ohne Anzeichen beißt. Dabei wurde ihm das genauso beigebracht!

Das Knurren sollten Sie daher in jeder Situation ernst nehmen und nicht unterdrücken. Natürlich sollte der Hund nicht knurren und man muss auch daran arbeiten! Aber das wird man machen, indem man dem Hund die Angst vor der furchteinflößenden Situation nimmt oder indem man ihm einen Ausweg schafft.

Auf keinen Fall darf man diesen wertvollen Anzeiger der Hundeverfassung durch Gewalt unterdrücken. Es würde schließlich auch keiner auf die Idee kommen, das Birnchen aus dem Ölstandsanzeiger im Tachometer zu entfernen, weil es nicht gut ist, wenn dieses Licht angeht. Denn auch das ist eine wichtige Warnung und abstellen tut man es auf andere Weise.

WARUM BELLT MEIN HUND ANDERE HUNDE AN, WENN ER AN DER LEINE IST? ▶

»Mein Hund bellt nur so, wenn er an der Leine ist. Wenn er frei läuft, ist er ganz friedlich.« Das ist ein Satz, den ich von ganz vielen Hundehaltern höre. Und ganz viele Hundehalter haben eine richtige Bestie an der Leine, wenn ihnen ein anderer Hund entgegenkommt. Das macht natürlich gerade in der heutigen Zeit keinen guten Eindruck, also sehen wir uns diese Situation einmal genauer an:

Dieser Hund knurrt vor lauter Angst. Man könnte ihm zwar das Knurren verbieten, würde ihm damit jedoch die Angst nicht nehmen.

Viele Hundehalter verstärken unbe- wusst das Bellen ihrer Hunde an der Leine bei Hunde- begegnungen.

Viele Hunde fühlen sich an der Leine etwas unsicher, wenn ihnen ein starker Hund entgegenkommt, sie aber nicht ausweichen können, weil sie an der Leine sind. Etwas, wovor man nicht weglaufen kann, kann man aber immer noch versuchen, selber in die Flucht zu schlagen.

Deshalb bellt der Hund vielleicht das erste Mal an der Leine. Wie reagiert der Besitzer darauf? Es gibt mehrere Möglichkeiten, die alle das Verhalten des Hundes positiv verstärken.

Manche Hundehalter versuchen, den Hund zu beruhigen. Sie streicheln ihm über den Kopf und reden auf ihn mit sanfter Stimme ein: »Sei schön brav, der macht doch nichts. Das ist doch nur der Max.« Dieses Beispiel kennen Sie schon aus der Tierarztpraxis. Der Besitzer lobt den Hund ganz toll und könnte genauso gut sagen: »Schön machst du das, mach weiter so!«

Oder der Mensch schimpft und schreit seinen Hund an. Der merkt zwar, dass Herrchen schimpft, verknüpft das aber eher mit dem anderen Hund als mit seiner Verhaltensweise. Und wenn Herrchen auch schimpft,

dann klappt das zu zweit natürlich doppelt gut. Auch das wird also das Verhalten des Hundes verstärken.

Nach diesen für den Hund durchaus positiven Erfahrungen und weil es ja zusätzlich noch immer geklappt hat, den anderen Hund zu verjagen (der Hund weiß nicht, dass der sowieso weitergegangen wäre), wird er das Verhalten immer öfter und immer stärker zeigen.

Jetzt kommt dazu, dass Herrchen oder auch Frauchen direkt die Leine stramm hält, wenn der andere Hund in Sicht kommt. Das stramme Halsband hält dem Hund den Sauerstoff ab, was zusätzlich für Stress sorgt. Auch der Mensch am Ende der Leine ist schon ganz aufgeregt und nervös, was sich natürlich sofort auf den Hund überträgt. Wenn der jetzt – auf Rat eines guten(?) Freundes hin – ein Stachelhalsband trägt, damit er besser zu halten ist, kommen zu dieser Aufgeregtheit auch noch die Schmerzen am Hals, die mit diesem fremden Hund zu tun haben. Noch ein Grund mehr, sich richtig ins Zeug zu legen, um diesen Störenfried zu vertreiben!

Es ist sehr wichtig, mit einem Welpen eine Welpenspielgruppe zu besuchen.

Einem auf diese Weise immer bestärkten Hund sieht man seine ursprüngliche Unsicherheit kaum noch an. Das kann höchstens ein Fachmann noch erkennen. Wird man ständig für ein Verhalten belohnt, indem man erfolgreich ist, gibt das natürlich eine große Sicherheit. Das gilt für den Hund ganz genau wie für einen Menschen.

Sie sehen also: Lernen findet immer statt; nicht nur dann, wenn wir denken, jetzt üben wir mit unserem Hund. Dessen muss man sich immer bewusst sein. In jedem Augenblick finden Verknüpfungen statt! Wenn man sich dessen bewusst ist und die Gesetze des Lernens kennt, kann man das meiste Lernen in die richtigen Bahnen lenken.

Das waren natürlich alles nur Einzelfälle, obwohl sie relativ häufig so vorkommen. Sollten Sie mit Ihrem Hund ein solches Problem haben, wenden Sie sich an einen kompetenten Therapeuten. Mit Absicht vermied ich den Ausdruck »erfahrenen Therapeuten«. Es gibt nämlich leider viele, die in den letzten Jahren nichts dazu gelernt haben, immer noch dieselben Fehler machen, aber das dann Erfahrung nennen. Also seien Sie wachsam! Spätestens, wenn Ihr Therapeut zum Stachelhalsband greift, wissen Sie, dass Sie an den Falschen geraten sind!

▶   **Lernen und Alter**

Grundsätzlich können Hunde jeden Alters lernen und sie tun es auch. Man kann also in jedem Alter anfangen, einen Hund auszubilden. Der Satz »Mein Hund ist schon zu alt dazu« gilt nicht. Ein alter Hund lernt langsamer, weil auch die ganzen Stoffwechselfunktionen im Gehirn langsamer ablaufen. Vielleicht behält er auch nicht alles so gut, wie in jungen Jahren. Aber wie gut auch sehr alte Hunde noch lernen, kann man immer wieder feststellen, wenn die altersbedingten Wehwehchen losgehen. Da hat man z.B. einen Hund mit Blasenproblemen, der eine Zeit lang nachts hinaus muss. Dann ist das zu Grunde liegende Problem behoben, aber der Hund hat hervorragend gelernt: »Wenn ich nachts fiepse, steht Frauchen oder Herrchen auf und kümmert sich um mich.« Sie sehen hier wieder: Lernen findet immer statt, auch in jedem Alter!

Besonders wichtig fürs Lernen ist jedoch die Jugendzeit. Bei den Hunden ist in dieser Hinsicht die allerwichtigste Zeit die Sozialisationsphase bis zum Alter von ca. 12 Wochen. In dieser Zeit wird sozusagen das Fundament gelegt, auf das später aufgebaut werden kann. Mit unserem Nervenmodell können wir uns das so vorstellen, dass in dieser

Zeit die Verbindungen hergestellt werden, die wir später dann ausbauen. Verbindungen, die nicht da sind, können auch nicht ausgebaut werden! Das bedeutet, dass das, was in dieser Zeit versäumt wird, nie wieder nachgeholt werden kann! In dieser Zeit muss der Hund von A bis Z kennen lernen, was er später fürs Leben braucht. Alles, was er in dieser Zeit nicht kennen lernt, wird er später fürchten. Meist heißt es dann: »Der hat bestimmt mal eine schlechte Erfahrung gemacht.« Das trifft aber nur in den seltensten Fällen zu. Viel häufiger als eine schlechte hat der Hund gar keine Erfahrung gemacht. Mit etwa 12 Wochen ist diese wichtige Zeit vorbei, und das unwiederbringlich. Bitte helfen Sie mit zu verbreiten, wie wichtig Welpen- und Sozialisationskurse sind! Ein ganz großer Teil aller Verhaltensprobleme, die später in der Praxis auftauchen, beinhaltet eine mangelhafte Sozialisation. Und das müsste wirklich nicht sein!

Oft habe ich schon das Argument gehört: »Unser Kleiner folgt doch schon so gut. Was braucht der eine Welpenschule?« Erstens sollte es in einer Welpenschule nicht primär um das Befolgen von Kommandos gehen, sondern um das Kennenlernen möglichst vieler Umweltreize, vieler verschiedener Menschen und anderer Hunde. Entgegen der leider selbst in aktuellen Büchern über Hunde noch weit verbreiteten Auffassung ist z.B. eine Beißhemmung oder auch der Welpenschutz nicht angeboren, sondern muss in dieser Zeit erlernt werden. Zweitens ist es dagegen jungen Hunden schon angeboren, etwas zu folgen, was sich bewegt. Und ein Welpe, der nicht völlig isoliert vom Menschen aufwächst, wird

natürlich seinem Menschen folgen. Er kann sozusagen zunächst gar nicht anders. Das darf man aber nicht mit Gehorsam verwechseln, was die allermeisten dann leider später auch feststellen. Nur ist es dann für viele Dinge zu spät.

Nutzen Sie also die Sozialisationsphase, denn wie gesagt: Verknüpfungen, die gar nicht vorhanden sind, kann man nicht ausbauen.

Auch Kommandos kann ein Welpe schon früh lernen. In einem unserer Kurse hatten wir vor einiger Zeit einen sechs Monate alten Landseer. Dieser Riese von einem Hund zog sein Frauchen wie ein Fähnchen hinter sich her. »Mir wurde gesagt, dass man erst ab einem halben Jahr mit einem Hund in die Hundeschule kann. Und jetzt wird es höchste Zeit!« Welch kostbare Zeit ist in diesem Fall schon verstrichen! Diese Altersgrenze von einem halben Jahr ist da von Bedeutung, wo mit Zwang ausgebildet wird. Diese Belastung hält ein jüngerer Hund nämlich nicht aus. (Selbst die allermeisten älteren Tiere haben Probleme damit.) Beruht die Ausbildung aber auf positiven Erfahrungen, stehen Spiel und Spaß im Vordergrund und wird darauf ge-

Im Spiel miteinander lernen die Welpen so wichtige Dinge wie die Beißhemmung.

achtet, den Welpen nicht zu überfordern, kann selbst ein Hund, der erst wenige Wochen alt ist, schon Kommandos lernen. Und Sie sollten sehen, mit wie viel Spaß die kleinen Kerlchen dann bei der Sache sind!

▸ **Stress**

Wer unter Stress steht, kann nicht lernen! Mehr noch: Chronischer Stress führt wahrscheinlich zu einem Absterben der Gehirnzellen. Das wurde zumindest an Pavianen schon nachgewiesen. Schön und gut, werden Sie sagen, aber was hat das jetzt mit der Ausbildung des Hundes zu tun?

Im Folgenden werden wir uns das genauer ansehen:

Zuerst überlegen wir einmal, was Stress erzeugt. Da können Sie ruhig von sich selber ausgehen, dann werden Ihnen sicher viele Beispiele einfallen.

So ist es sehr stressend, wenn man überfordert wird. Damit meine ich hier, wenn etwas von einem verlangt wird, das man gar nicht richtig beherrscht. Stressend ist auch, wenn man gar nicht weiß, was einen erwartet. Überhaupt alles Unbekannte kann stressen. Auch, wenn man etwas tun soll, was man gar nicht tun will, führt das leicht zum Stress. Versagen oder Misserfolg führt auch dazu. Das sind nur einige wenige Beispiele. Ihnen fallen sicher noch mehr ein.

Jetzt sehen wir uns mal einen Hund in der Trainingssituation an.

Oft werden Hunde überfordert, weil viel zu viel auf einmal von ihnen verlangt wird, was sie womöglich noch gar nicht richtig gelernt haben. Sie versagen bei einer Aufgabe. Das machen ihnen ihre Besitzer oft ziemlich deutlich. Auch der Besitzer ist in dem Moment gestresst, weil auch er versagt hat. Diese Stimmung wird dann noch zusätzlich auf den Hund übertragen. Der Hund weiß nicht, was ihn erwartet. Vielleicht kommt ja wieder ohne Vorwarnung ein Ruck an der Leine. Das ist übrigens auch noch schmerzhaft. Das verursacht zusätzlich Stress. Vielleicht wird dem Hund durch den Zug an der Leine auch die Luft abgehalten. Auch Sauerstoffmangel bedeutet Stress.

Wie Sie sehen, gibt es in der normalen Ausbildungssituation genügend Ursachen für Stress beim Hund. Und entsprechend häufig sieht man auch gestresste Hunde. Woran man sie erkennt, verdeutlichen **die nebenstehenden Abbildungen:**

Lämmerschwanz, Peniserektion, Hecheln, angelegte Ohren und Urinieren. All das, sowie über die Schnauze lecken, verspannte Muskulatur, Verweigern des Futters, Sichkratzen, Rennen und Bellen können Anzeichen von Stress sein, auch wenn sie es nicht unbedingt sein müssen. Sieht man solche Verhaltensweisen an seinem Hund im Training, sollte man sie auf jeden Fall wahr- und dann auch ernst nehmen. Denn Sie wissen ja: Unter Stress kann man nicht lernen. Ich erspare Ihnen in diesem Fall die biochemischen Ursachen dafür. Denn ich bin sicher, dass Sie diese Tatsache auch schon am eigenen Leib erfahren haben, als es um Prüfungen ging.

Das berühmte Black out in der Prüfung: Die Gedanken sind dann regelrecht blockiert.

Und blockiert ist auch der Hund in dem Fall und nicht stur. Er will Sie dann auch nicht vor den anderen bloßstellen. Er hat eben nur Stress. Er kann nichts dafür. Und er kann vor allen Dingen auch nicht mehr lernen. Sie können sich und dem Hund also weiteren Frust ersparen, indem Sie das Training an der Stelle abbrechen. Am besten machen Sie das mit einer sehr einfachen Übung, die der Hund auch in dieser Situation noch beherrscht, damit Sie ihn dafür noch loben können.

Wichtig ist also in der Ausbildungssituation, den Hund gar nicht erst bis zu dem Augenblick kommen zu lassen, in dem er dann gestresst ist. Eigentlich sollte es in einer Hundeschule Sache des Übungsleiters sein, die Anforderungen für Hund und Halter so zu gestalten, dass ein Lernen ohne Stress möglich ist. Das bedeutet jedoch, dass er alle Teams gut beobachten muss, was z.B. bei einer zu großen Gruppe nicht möglich ist. Das bedeutet auch, dass er seine Übungen wahrscheinlich nicht nach einem festen Schema durchziehen kann, denn er muss die Übun-

gen immer wieder der Situation und dem jeweiligen Hund-Mensch-Team anpassen. Das bedeutet auch, dass manche Hunde vielleicht zunächst gar nichts in einer Hundeschule verloren haben, weil allein das Dasein sie schon stresst, z.B. weil sie die vielen fremden Hunde nicht gewöhnt sind oder weil Frauchen oder Herrchen auch ganz aufgeregt sind und sich diese Stimmung überträgt. Ein solcher Hund und sein Mensch brauchen dann zunächst ein Einzeltraining. Denn bei jeder Teilnahme in der Gruppe ist der Misserfolg vorprogrammiert. Um dem abzuhelfen, wird dann häufig zu strengeren Ausbildungsmethoden gegriffen. Dadurch entsteht ein Teufelskreis, bei dem der Hund eines gewiss nicht kann: nämlich lernen!

Achten Sie also auf die Zeichen, die Ihnen Ihr Hund gibt, und wenn Stressanzeichen darunter sind, hören Sie auf, ihm etwas beibringen zu wollen.

Kommando zum Entspannen

Auch mit einem Hund kann man Entspannungsübungen machen. Diese können in Situationen angewendet werden, wo Sie merken, es wird für den Hund stressig. Folgendermaßen können Sie ein Entspannungssignal aufbauen: Zuerst geht es wieder darum, eine Verknüpfung herzustellen. Geben Sie Ihrem Hund also so oft wie möglich ein bestimmtes Signal, wenn er entspannt in seinem Korb liegt oder wenn er z.B. entspannt neben Ihnen beim Fernsehen liegt. Das kann z.B. eine bestimmte Melodie sein, die Sie summen, oder es kann ein Kraulen am Ohr sein; ganz wie Sie wollen, vorausgesetzt, es ist für den Hund auch angenehm.

Wenn Sie das entsprechend oft ver-knüpft haben, können Sie dazu überge-hen, in bestimmten Situationen das Signal zu geben, um den Hund zu be-ruhigen. Fangen Sie damit zunächst wieder in ablenkungsarmer Umge-bung an. Beobachten Sie, ob sich der Hund deutlich entspannt, wenn Sie das Signal geben. Nach und nach können Sie die Ablenkung wieder steigern.

Natürlich werden Sie es wohl kaum schaffen, damit Ihren Hund zu beru-higen, wenn er sozusagen auf 180 ist. Aber in manchen Situationen kann es durchaus sehr hilfreich sein, den allge-meinen Erregungslevel des Hundes auf diese Art und Weise etwas zu sen-ken. Achten Sie nur darauf, dass Sie diese Entspannungssignale nicht ge-ben, wenn Ihr Hund schon so aufge-regt ist, dass er z.B. einen anderen Hund an der Leine anbellt oder andere unerwünschte Verhalten zeigt. Die könnten Sie nämlich damit positiv ver-stärken. Sie können aber mit dieser Übung im Vorfeld den Hund deutlich ruhiger halten und damit vielleicht ver-hindern, dass er sich zu sehr aufregt.

▶   **Krankheiten**

Auch Krankheiten können das Lernen beeinflussen, und das tun sie sogar häufiger als man gemeinhin annimmt. Oft fallen einem bestimmte Sachen durch die Ausbildung erst auf, weil es nicht so recht klappt, wie es klappen sollte. So kann es z.B. sein, dass der Hund blind oder taub ist und Ihre Kommandos gar nicht versteht. Beides sind Dinge, die man gar nicht so leicht bei einem Hund feststellen kann. Oft kommen Leute mit ihrem Hund in die Tierarztpraxis aus einem ganz anderen Anlass und sind sehr erstaunt, wenn sie dann hören müssen, dass ihr Tier blind ist. Einen fehlenden Sinn können Hunde sehr gut durch andere ausglei-chen. Daher ist es auch nicht so schlimm, wenn man einen blinden Hund hat. Aber man sollte sich dessen bewusst sein, dass Sichtzeichen als Kommandos in dem Fall denkbar unge-eignet sind. Dasselbe gilt für Hörkom-mandos bei einem tauben Hund.

Es kann auch sein, dass Ihr Hund Schmerzen hat und daher bestimmte Kommandos nicht ausführt. Auch das kommt häufiger vor, als Sie vielleicht annehmen und ist nicht immer so of-fensichtlich, wie man vielleicht vermu-ten könnte. Manchmal fallen Schmer-zen nur durch ein Verweigern eines be-stimmten Kommandos auf, bei dem der Hund sich eben so bewegen muss, dass es ihm wehtut. Besonders ver-dächtig und auffällig ist das natürlich, wenn er dasselbe Kommando sonst im-mer ohne Probleme ausgeführt hat und dem plötzlichen Nichtbefolgen auch keine sonstige lerntechnische Ursache zu Grunde liegt.

Stoffwechselstörungen haben eben-falls häufig Auswirkungen auf das Ver-

Birgit nutzt dieses Entspannungs-moment, um Ginger ein entsprechendes Signal zu geben, damit diese später gezielt entspannen kann.

halten und damit auf das Lernverhalten von Hunden, z.B. könnte man den Verdacht auf eine Schilddrüsenunterfunktion haben, wenn der Hund ständig unkonzentriert und nervös ist.

Das sind nur einige von sehr vielen Beispielen, wie Krankheiten das Lernen beeinflussen können. Sollten Sie in dieser Hinsicht einen Verdacht haben, lassen Sie das unbedingt bei einem Tierarzt abklären. Dadurch ersparen Sie sich und dem Hund nämlich unnötigen Frust, wenn etwas nicht so klappt, wie es klappen sollte. Das soll allerdings nicht heißen, dass es für jedes Erziehungsproblem eine Pille gäbe.

Hundeausbildung ist letztendlich Fleißarbeit. Man muss schon eine Menge Zeit und Wissen darin investieren. Dessen sollte sich jeder Hundehalter bewusst sein. Und an dieser Stelle noch einmal: Wir können nur von einem Hund das erwarten, was wir ihm auch beigebracht haben.

»Bei Fuß« II

Bis jetzt haben Sie Ihrem Hund beim Üben von nur wenigen Schritten eine Idee davon gegeben, was es heißt, »Bei Fuß« zu gehen. Jetzt wird es Zeit, auf variable Verstärkung umzuschalten. Als erstes bleibt nun das Leckerchen oder der Ball aus der Hand weg und wird erst wieder hervorgeholt, wenn der Hund zwei(!) bis drei(!) Schritte schön gegangen ist. Hierfür ist wieder der sekundäre positive Verstärker wichtig! So können Sie den Hund genau dann belohnen, wenn er schön geht, haben aber dann Zeit, Futter oder Spielzeug aus der Tasche zu suchen.

Wenn der Hund jetzt also die Idee davon hat, was er tun soll, wird eine variable Belohnung nach einer bestimm-

ten Dauer eingeführt. Mal muss der Hund also nur kurze Zeit »Bei Fuß« gehen, dann immer länger, wobei es Ihre Aufgabe ist, die jeweiligen Zeitabstände immer unterschiedlich zu halten. Wichtig ist auch, nur allmählich die Anforderungen zu steigern. Verlangen Sie also nicht schon direkt vom Hund, dass er zehn Minuten »Bei Fuß« geht. Auch hier gilt, wie bei allen Übungen: Von einem Hund, der die Sache auf Grundschulniveau beherrscht, kann man nicht Hochschulniveau verlangen!

Die Feinheiten des »Bei Fuß«-Gehens kann man hervorragend über freies Formen erarbeiten. Dazu müssen Sie sich zunächst überlegen, aus welchen Einzelteilen die Übung aufgebaut ist:

▶ Der Hund soll auf Kniehöhe laufen,
▶ er soll möglichst nah an meinem Knie gehen und
▶ er sollte mich ansehen.

Allein diese drei Dinge sind für das Geradeausgehen wichtig. Beim Gehen von Winkeln wird die Sache entsprechend komplizierter.

Nun ist es wichtig, dass Sie immer nur an einem Kriterium gleichzeitig arbeiten. Was heißt das?

Das erste Kriterium war, dass der Hund auf Kniehöhe gehen soll. Um ihm das deutlich zu machen, wird er in einer Übungseinheit nur dafür positiv verstärkt, wenn er sich auf der richtigen Höhe befindet. Ob er dabei nah an meinem Knie geht oder weiter weg, ist in dem Moment nebensächlich. Hat Ihr Hund das verstanden, dann müssen Sie ihm klar machen, dass er möglichst nah an Ihrem Knie gehen soll. Dafür wird in einer Übungseinheit dann nur darauf Wert gelegt. Ob der

Hund dabei auch auf richtiger Höhe geht, kann man jetzt vernachlässigen. Jetzt ist nur die Nähe zum Knie wichtig. Das dritte Kriterium ist das Anschauen, die anderen solange vernachlässigen.

Erst wenn man so dem Hund Schritt für Schritt beigebracht hat, auf was es beim »Bei Fuß«-Gehen ankommt, kann man alle Einzelteile zusammensetzen, und der Hund weiß dann, was von ihm erwartet wird. Arbeitet man stattdessen an allen Kriterien gleich-

zeitig, wird das verwirrend und der Hund lernt nicht wirklich, was wir von ihm wollen.

In demselben Maße, wie Sie sich darin üben, die Erwartungen, die Sie an Ihren Hund haben, in möglichst kleine Schritte zu unterteilen, wird Ihr Hund Sie von Mal zu Mal besser verstehen. Er lernt, zu lernen. Sie werden staunen, welche Möglichkeiten der Verständigung Sie dann mit dem Hund haben!

▶ Auf einen Blick

▶ Das Befolgen von Kommandos hat nichts mit Dominanz zu tun. Es ist eher eine Sache der Motivation und der Verständigung. Voraussetzung ist natürlich noch, dass der Hund die Kommandos auch gelernt hat.

▶ Die Gesetzmäßigkeiten der Lerntheorie funktionieren weitgehend unabhängig von Intelligenz. Wichtig ist aber die Intelligenz des Hundehalters! Der sollte nämlich durchschauen und verstehen, was er mit seinem Hund tut.

▶ Die unterschiedlichen Hunderassen sind für unterschiedliche Aufgaben gezüchtet und können dementsprechend manche Dinge besonders gut, andere weniger gut. Wichtig ist, dass man sich eine Rasse nach ihren Eigenschaften aussucht und nicht nach ihrem Aussehen. Ausbilden kann man aber jeden Hund!

▶ Lernen findet in jedem Augenblick statt! Dessen sollte man sich immer bewusst sein. Viele Dinge bringen wir dem Hund

ganz unbewusst bei, wobei das letztendlich auch oft unerwünschte Verhaltensweisen sind. Es ist wichtig, sich immer wieder die Gesetzmäßigkeiten des Lernens vor Augen zu führen und das eigene Handeln dem Hund gegenüber auch kritisch zu überprüfen.

▶ Ein Hund kann in jedem Alter lernen und macht das auch! Besonders wichtig für die Entwicklung des Hundes ist jedoch die Zeit bis zu seiner 12. Lebenswoche. In dieser Zeit werden die Fundamente gelegt, auf denen später aufgebaut werden kann.

▶ Unter Stress kann man nicht lernen! Das kann auch der Hund nicht. Wichtig ist es daher, für eine stressfreie Atmosphäre in der Ausbildung zu sorgen!

▶ Viele körperliche Krankheiten können das Lernverhalten des Hundes beeinflussen. Wenn man in dieser Hinsicht Bedenken hat, sollte man das unbedingt bei seinem Tierarzt abklären lassen.

Service

Service

▶ **Anregungen für das Üben mit dem Hund**

Auf dieser Seite finden Sie einige Beispiele, was Sie Ihrem Hund alles beibringen können. Es ist nur eine kleine Auswahl, damit Sie sehen, was Hunde außer »Sitz«, »Platz« und »Bei Fuß« sonst noch lernen können:

▶ »Bitte, bitte«
▶ »Bell mal und sag Danke«
▶ »Schäm dich«
▶ »Verbeug dich«
▶ »Peng«
▶ »Tanzen«
▶ »Winken«
▶ »Wie groß bist du?«

▶ »Tür zu«
▶ »Bring die Fernbedienung«
▶ »Wo ist mein Autoschlüssel?«

▶ »Sprung durch die Arme«
▶ »Sprung über die Beine«
▶ »Achterbahn um die Beine«
▶ »Slalom durch die Beine«
▶ »Maulkorb tragen(s. S.73)«

»Sprung durch die Arme«

»... über das Bein«

»Bitte, bitte«

»Peng«

Lexikon

AXON Abführende Faser einer Nervenzelle, worüber die Reizweiterleitung zu anderen Zellen stattfindet.

ASSOZIATIONEN Verknüpfungen, die zwischen verschiedenen Gehirnbereichen gebildet werden.

ASSOZIATIONSZEIT Die Zeit, in der solche Verknüpfungen gebildet werden können.

ASSOZIATIVES LERNEN Das Bilden von Verknüpfungen im Gehirn ist die Voraussetzung dafür, dass Lernen stattfinden kann.

AUSZEIT Form der Strafe.

AVERSIVER STIMULUS Etwas für den Hund Unangenehmes.

BLACK OUT Plötzliche vorübergehende Bewusstseinseintrübung.

DOMINANZ Zeigt der in einer Zweierbeziehung Ranghöhere.

FORMEN (aus dem Englischen: shaping) Dem Hund etwas beibringen, indem man zuerst schon Vorstufen des gewünschten Verhaltens belohnt und die Anforderungen ganz allmählich steigert.

FORMEN DURCH HILFESTELLUNG Man gibt dem Hund eine Hilfe, indem man ihn z. B. in eine bestimmte Position lockt.

FREIES FORMEN Hierbei erarbeitet sich der Hund das gewünschte Verhalten ganz alleine. Er bekommt keinerlei Hilfe, außer dass mit Klicker und Belohnung gezeigt wird, wenn er sich auf dem richtigen Weg befindet.

FREIZEICHEN Ein Signal, das dem Hund deutlich macht, dass ein zuvor verlangtes Verhalten beendet ist und er bis zum nächsten Kommando machen kann, was er möchte.

GEGENKONDITIONIEREN Eine Möglichkeit, eine konditionierte (erlernte) Reaktion zu eliminieren.

GENERALISIEREN Verallgemeinern, ein bestimmtes Verhalten wird unter ähnlichen Bedingungen gezeigt.

INSTRUMENTELLE KONDITIONIERUNG Die Wahrscheinlichkeit des Auftretens eines Verhaltens ändert sich, weil dieses Verhalten eine bestimmte Folge hat.

JACKPOT Eine ganz besonders gute oder große Belohnung.

KLASSISCHE KONDITIONIERUNG Auf einen Stimulus wird zunehmend in einer bestimmten Weise reagiert, weil dieser mit einem bestimmten Ereignis zusammenfällt.

KLICKER Ein dem Knackfrosch nachempfundenes Kästchen, mit dem ein kurzes, prägnantes Geräusch erzeugt werden kann.

KOMMANDO Wort oder auch Körperbewegung, womit dem Hund signalisiert wird, dass ein bestimmtes Verhalten von ihm erwartet wird.

KONDITIONIERUNG Festigung von etwas Erlerntem durch sehr häufiges Wiederholen in kurzem Zeitabstand.

KONDITIONIERTER STIMULUS (CS) Ein Stimulus, der eine Reaktion hervorruft, weil er zuvor mit einem unkonditionierten Stimulus gepaart wurde.

KONDITIONIERTE REAKTION (CR) Die Reaktion auf einen konditionierten Stimulus.

KONDITIONIERTE HEMMUNG Durch einen bestimmten Stimulus (= konditionierter Hemmer) wird eine Reaktion, die normalerweise auf einen CS hin gezeigt wird, gehemmt oder blockiert. Beispiel für einen konditionierten Hemmer ist das

Schild an einem Automaten:
Außer Betrieb!

LEARNED HELPLESSNESS Erlernte
Hilflosigkeit: Der Hund hat gelernt,
dass er keinen Einfluss auf seine
momentane unangenehme Lage
hat. Durch sein Verhalten kann er
nichts ändern.

LÖSCHEN Das Verschwinden einer
konditionierten Reaktion, weil der
CS immer wieder alleine präsen-
tiert wird.

MARKER Ein Geräusch, eine
Berührung oder ein Sichtzeichen,
wodurch ein bestimmtes Verhalten
markiert, also hervorgehoben wird.

MEIDEVERHALTEN Der Hund vermei-
det ein bestimmtes Verhalten,
einen Gegenstand oder eine
Situation, weil er davor Angst hat.

MOTIVATION Bereitschaft und Wille
des Hundes, zu lernen und Gelern-
tes auszuführen.

MULTIPLIKATOR Vervielfacher – in
diesem Fall jemand, der dazu
beiträgt, ein bestimmtes Wissen
zu verbreiten.

NEGATIVE VERSTÄRKUNG Alles, was
dazu führt, dass der Hund ein
bestimmtes Verhalten seltener
ausführt.

NEGATIVER VERSTÄRKER z. B. Schmerz,
Angst, Frustration, Enttäuschung.

POSITIVE VERSTÄRKUNG Alles, was
dazu führt, dass der Hund ein bestimmtes Verhalten häufiger ausführt.

POSITIVER VERSTÄRKER z. B. Futter,
Spiel, etc ...

PREMACK-PRINZIP Ein nach seinem
Entdecker benanntes Prinzip, wobei man den Hund mit allem belohnen kann, was er lieber tun würde
als das, was er gerade tut.

PRIMÄRER POSITIVER VERSTÄRKER
Alles, was sozusagen von Natur aus
als positiver Verstärker dient, wie
Futter, Wasser, Sex ...

REIZ Ein Zeichen in der Umgebung
des Hundes, das eine Reaktion
auslöst.

SEKUNDÄRER POSITIVER VERSTÄRKER
Etwas, was von sich aus unbedeu-
tend ist und erst durch die Verknüpfung mit einem primären
positiven Verstärker bedeutend
wird, wie der Klicker für den Hund
oder das Geld für Menschen.

SHAPING aus dem Englischen: Formen (siehe oben).

SIGNAL Ein Zeichen, das für den
Hund im Laufe der Ausbildung
eine bestimmte Bedeutung bekommt.

SIGNALKONTROLLE Der Hund führt
ein bestimmtes Verhalten nur dann
zuverlässig aus, wenn er das entsprechende Signal dafür bekommt.

TARGETSTICK aus dem Englischen:
Zielstock, in unserem Fall ein
Ausbildungshilfsmittel.

TIMING Wahl des richtigen Zeitpunktes.

UNKONDITIONIERTER STIMULUS (US)
Ein Stimulus, der eine bestimmte
Reaktion hervorruft, ohne dass
diese trainiert werden muss.

UNKONDITIONIERTE REAKTION (UR)
Reaktion, die auf einen unkonditionierten Stimulus hin gezeigt wird.

VERHALTENSKETTE Der Hund führt
mehrere einzelne Verhaltensweisen
in einer bestimmten Reihenfolge
hintereinander aus.

VERSTÄRKER Etwas, was dazu führt,
dass ein bestimmtes Verhalten
häufiger (positiver Verstärker)
oder weniger häufig (negativer
Verstärker) auftritt.

▶ **Zum Weiterlesen**

Abrantes, Roger: Hundeverhalten von A-Z. Kosmos, Stuttgart 2005.

Blenski, Christiane: Hunde erziehen, ganz entspannt. Kosmos, Stuttgart 2005.

Bloch, Günther: Der Wolf im Hundepelz. Kosmos, Stuttgart 2004.

Bodfäldt, Eva: Hunde erziehen mit dem Kontakt-Pakt. Kosmos, Stuttgart 2007.

DelAmo, Celina: Probleme mit dem Hund verstehen und vermeiden. Ulmer, Stuttgart 1999.

Donaldson, Jean: Hunde sind anders ... Menschen auch – so gelingt die Verständigung zwischen Mensch und Hund. Kosmos, Stuttgart 2000.

Feddersen-Petersen, Dr. Dorit: Hundepsychologie. Sozialverhalten und Wesen, Emotionen und Individualität. Kosmos, Stuttgart 2004.

Feltmann-von Schroeder, Gudrun: Die Kunst, mit dem Hund zu reden. Kosmos, Stuttgart 2003.

Feltmann-von Schroeder, Gudrun: Welpentraining mit Gudrun Feltmann. Kosmos, Stuttgart 2000.

Fichtlmeier, Anton: Grunderziehung für Welpen. Kosmos, Stuttgart 2005.

Führmann, Petra und Iris Franzke: Erziehungsprobleme beim Hund. Kosmos, Stuttgart 2004.

Führmann, Petra und Iris Franzke: Zwei Hunde – doppelte Freude. Kosmos, Stuttgart 2005.

Führmann, Petra und Nicole Hoefs: Erziehungsspiele für Hunde. Kosmos, Stuttgart 2002.

Hoefs, Nicole und Petra Führmann: Das Kosmos-Erziehungsprogramm für Hunde. Kosmos, Stuttgart 2006.

Hoefs, Nicole, Petra Führmann und Perdita Lübbe-Scheuermann: Das Kosmos-Erziehungsprogramm für Hunde. DVD. Kosmos, Stuttgart 2006.

Jones, Renate: Aggressionsverhalten bei Hunden. Kosmos, Stuttgart 2003.

Jones, Renate: Aggressiver Hund – was tun? Kosmos, Stuttgart 2005.

Krauß, Katja: Hunde erziehen mit dem Clicker. Kosmos, Stuttgart 2006.

Lindsay, R.S.: Applied dog behaviour and training. Iowa State, University Press, USA 2000.

Lübbe, Perdita und Ulrike Thurau: Das Kosmos-Buch vom Apportieren. Kosmos, Stuttgart 2007.

Mücke, Anke: Zufrieden an der Leine. Kosmos, Stuttgart 2007.

Nijboer, Jan: Hunde erziehen mit Natural Dog manship®. DVD. Kosmos, Stuttgart 2006.

Nijboer, Jan: Hunde erziehen mit Natural Dogmanship®. Kosmos, Stuttgart 2002.

Nijboer, Jan: Treibball für Hunde. DVD. Kosmos, Stuttgart 2007.

Pietralla, Martin: Clicker-Training für Hunde. Kosmos, Stuttgart 2000.

Pryor, Karen: Positiv bestärken, sanft erziehen. Kosmos, Stuttgart 2006.

Ramirez, Ken: Animal Training: Successful Animal Management though Positive Reinforcement. Shedd Aquarium 1999.

Reid, Pamela J.: Excel-erated Learning. James & Kenneth 1996.

Schneider, Dorothee: Fährtentraining für Hunde. Kosmos, Stuttgart 2005.

Schöning, Barbara: Hundeprobleme erkennen und lösen. Kosmos, Stuttgart 2005.

Schöning, Dr. Barbara, Nadja Steffen und Kerstin Röhrs: Hundesprache. Kosmos, Stuttgart 2004.

Schöning, Dr. Barbara: Hundeverhalten. Kosmos, Stuttgart 2001.

Tellington-Jones, Linda: Tellington-Training für Hunde. Das Praxisbuch zu TTouch und TTeam. Kosmos, Stuttgart 1999.

Tellington-Jones, Linda: Tellington-Training für Hunde. DVD. Kosmos, Stuttgart 2006

Tellington-Jones, Linda: Welpenschule mit Linda Tellington-Jones. Kosmos, Stuttgart 2006.

Theby, Viviane und Michaela Hares: Agility. Kosmos, Stuttgart 2003.

Theby, Viviane: Das Kosmos-Welpenbuch. Mit Geräusch-CD zur sanften Gewöhnung. Kosmos, Stuttgart 2004.

Theby, Viviane: Verstehe deinen Hund. Kommunikationstraining für Hundehalter. Kosmos, Stuttgart 2006.

Weber, Nicole: Dog Dancing. Kosmos, Stuttgart 2004.

Winkler, Sabine: Hundeerziehung. Kosmos, Stuttgart 2000.

Winkler, Sabine: So lernt mein Hund. Kosmos, Stuttgart 2005.

Winkler, Sabine: Trainingsbuch Hundeerziehung. Kosmos, Stuttgart 2006.

Wright, John C. und Judi Wright Lashnits: Wenn Hunde machen was sie wollen ... und wie man sie davon abbringt. Kosmos, Stuttgart 2001.

Zvolsky, Norma: Die Kosmos-Retrieverschule. Kosmos, Stuttgart 2002.

▶ **Danksagung**

»Ganz herzlich möchte ich mich bei allen bedanken, die auf ihre Art an der Entstehung dieses Buches mitgewirkt haben: bei meinen Eltern, meiner Familie, meinen Lehrern, v.a. Barbara Schöning, Christiane Quandt, Anne McBride, beim Kosmos Verlag, »meinen« Lektorinnen Angela Beck und Jutta Eymann, beim Fotografen Christof Salata und seiner »Assistentin« Frau Sträb, bei der Zeichnerin Silke Bergener, bei den Models und natürlich bei allen Hunden bzw. Hund-Mensch-Teams, die mir bisher bei der Ausbildung begegnet sind und die mit zu diesem Wissen beigetragen haben, was ich in diesem Buch gerne weitergeben möchte.«

▶ **Register**

Bildnachweis
75 Farbfotos von Christof Salata; Viviane Theby (S. 2 unten, 9, 19, 22, 23, 25, 30, 34 beide, 38 alle, 39, 57, 64, 65, 66 beide, 73, 78 beide, 79 beide, 96, 103, 105 beide, 106, 108, 109, 112, 116 beide unten); Karl-Heinz Widmann (S. 16).

Zeichnungen von Silke Bergener (S. 46, 47, 90, 110).

Impressum
Umschlaggestaltung von eStudio Calamar unter Verwendung von 2 Aufnahmen von Ulrike Schanz (Vorderseite) und Karl-Heinz Widmann/Kosmos (Rückseite).

Alle Angaben in diesem Buch erfolgen nach bestem Wissen und Gewissen. Sorgfalt bei der Umsetzung ist indes dennoch geboten. Der Verlag und die Autorinnen übernehmen keinerlei Haftung für Personen-, Sach- oder Vermögensschäden, die aus der Anwendung der vorgestellten Materialien und Methoden entstehen könnten.

Bibliografische Information der Deutschen Nationalbibliothek
Die Deutsche Nationalbibliothek verzeichnet diese Publikation in der Deutschen Nationalbibliografie; detaillierte bibliografische Daten sind im Internet über http://dnb.ddb.de abrufbar.

Unser gesamtes lieferbares Programm und viele weitere Informationen zu unseren Büchern, Spielen, Experimentierkästen, DVDs, Autoren und Aktivitäten finden Sie unter **www.kosmos.de**

Gedruckt auf chlorfrei gebleichtem Papier

© 2007, Franckh-Kosmos Verlags-GmbH & Co. KG, Stuttgart
Aktualisierte Neuauflage der Titel:
© 2001, Franckh-Kosmos Verlags-GmbH & Co. KG, Stuttgart
Hundehaltung von Yvonne Kejcz
© 2002, Franckh-Kosmos Verlags-GmbH & Co. KG, Stuttgart
Hundeschule von Viviane Theby
Alle Rechte vorbehalten
ISBN 978-3-440-11088-1
Redaktion: Angela Beck
Produktion: Kirsten Raue, Eva Schmidt
Printed in The Czech Republic / Imprimé en République Tchèque

Lesefutter für Hundefreunde

Anja Weiershausen
Populäre Irrtümer über Hunde
172 Seiten, 50 Illustrationen
€/D 12,95; €/A 13,40; sFr 23,–
Preisänderung vorbehalten
ISBN 978-3-440-10635-8

- Heulen Wölfe bei Vollmond? Regnet es, wenn Hunde Gras fressen? Haben Hunde ein schlechtes Gewissen?

- Anja Weiershausen deckt diese und viele weitere Anekdoten, Unwahrheiten und Vorurteile auf und geht wahren Fakten auf den Grund – amüsant und informativ

KOSMOS

Spiel und Spaß für Mensch und Hund

Christiane Blenski
Hundespiele
128 Seiten, 250 Farbfotos
€/D 14,95; €/A 15,40; sFr 26,4«
Preisänderung vorbehalten
ISBN 978-3-440-10711-9

- Frische Spielideen – individuell auf jeden Hundetyp abgestimmt

- Ob mit Schwung oder mit Köpfchen, zu zweit oder mit Kindern, ob draußen oder im Wohnzimmer, hier sind über 50 Anleitungen für Spiele, die die Hundebegeisterung neu entfachen

Hunde aus dem Süden

Claudia Ludwig

Straßenhunde suchen ein Zuhause
128 Seiten, ca. 100 Farbfotos
€/D 12,95; €/A 13,40; sFr 23,–
Preisänderung vorbehalten
ISBN 978-3-440-10637-2

- Claudia Ludwig, bekannt aus der Sendung „Tiere suchen ein Zuhause", berichtet von ihren Erfahrungen, die sie in den Heimatländern dieser Hunde gesammelt hat

- Mit vielen praktischen Tipps, wie man die ehemaligen Streuner in den häuslichen Alltag integriert

www.kosmos.de

KOSMOS

InfoLine

Viviane Theby

ist Tierärztin und hat sich auf Verhaltenstherapie spezialisiert. Mit den Problemen der Hundeerziehung ist sie aus der täglichen Beratung in der eigenen Praxis bestens vertraut.

Seit ihrer Kindheit ist Viviane Theby mit Tieren vertraut, da sie jede freie Minute auf dem Hof ihrer Großeltern verbrachte und dort Hunden, Katzen und sogar Kälbern lustige Dinge beibrachte.

In Wittlich leitet sie die Tierakademie Scheuerhof, in der Ausbildungskurse für Hunde, Welpenspielstunden, Klickertraining (auch für Pferde und Katzen), Dogdancing, Agility und Flyball angeboten werden.

Es ist ihr besonderes Anliegen, Tiere gewaltfrei und artgerecht auszubilden und tierschutzwidrigen Ausbildungen endlich ein Ende zu bereiten.

Sie können sich mit Ihren Fragen und Problemen an Viviane Theby wenden.
Schreiben Sie an die »Hunde-InfoLine« (bitte mit Rückporto):

Kosmos-Verlag
»Hunde-InfoLine«
Postfach 10 60 11
D-70049 Stuttgart